21 世纪高职高专规划教材系列

Photoshop CC 平面设计教程

第 2 版

主编　邹利华　崔春莉

参编　王超英　吴海棠　叶裴雷

机 械 工 业 出 版 社

本书力求通过大量生动实用的项目和案例讲解使读者了解如何使用Photoshop CC进行抠图、绘图、照片处理及制作各种图片特效，并通过3个综合案例介绍了海报设计、封面设计、网页界面设计的元素及设计技巧，使读者在学中做，在做中学，能够快速提高Photoshop的制作水平及综合运用Photoshop制作平面作品的能力。

本书共由6个项目组成，分别是抠图、绘图、图层特效、图像滤镜、照片处理和综合作品设计。6个项目又由20个任务组成，每个任务都是一个具体的子项目，内容由案例效果、案例分析、相关知识、案例实现、案例拓展5部分构成。在“相关知识”部分，有时为了更好地理解和熟练掌握知识点，在其中穿插了若干相关的小实例来讲解。

本书可作为高职高专计算机及相关专业教材，也可作为平面设计与制作培训班教材及Photoshop爱好者的自学参考书。

为便于学习，本书附赠光盘，内容含素材和效果。另外，本书配有授课电子课件，需要的教师可登录www.cmpedu.com免费注册、审核通过后下载，或联系编辑索取（QQ：1239258369，电话：010-88379739）。

图书在版编目（CIP）数据

Photoshop CC平面设计教程 / 邹利华，崔春莉主编. —2版. —北京：机械工业出版社，2016.6

21世纪高职高专规划教材系列

ISBN 978-7-111-53759-5

Ⅰ. ①P… Ⅱ. ①邹… ②崔… Ⅲ. ①图像处理软件－高等职业教育－教材 Ⅳ. ①TP391.41

中国版本图书馆CIP数据核字（2016）第103792号

机械工业出版社（北京市百万庄大街22号 邮政编码100037）

策划编辑：鹿 征 责任编辑：鹿 征

责任校对：张艳霞 责任印制：李 洋

三河市宏达印刷有限公司印刷

2016年7月第2版 • 第1次印刷

184mm×260mm • 17印张 • 407千字

0001－3000册

标准书号：ISBN 978-7-111-53759-5

ISBN 978-7-89386-063-8（光盘）

定价：45.00元（含1DVD）

前　言

Photoshop 是 Adobe 公司推出的图像处理软件，它广泛应用于广告设计、数码照片处理、网页设计、产品外观设计、CI 设计、多媒体界面设计等领域，是电脑平面设计软件中的佼佼者。

本书根据高职高专院校和培训学校学生的学习特点，融合先进的教学理念，区别于传统的同类书籍，主要采用项目化的形式来组织教学内容，和企业共同开发实际工作中的典型项目，将工作中常用的理论知识、技能融合到项目的任务中，从而避免枯燥地讲解理论知识，注重对学生的动手能力的培养。在内容上力求循序渐进、学以致用，通过任务让学生去掌握理论知识，通过案例拓展去巩固知识，达到举一反三的目的，增强学生自主学习的能力。

本书共由 6 个项目组成，分别是抠图、绘图、图层特效、图像滤镜、照片处理和综合作品设计。6 个项目又由 20 个任务组成，每个任务都是一个具体的子项目，内容包括案例效果、案例分析、相关知识、案例实现、案例拓展 5 部分。在“相关知识”部分，有时为了更好地理解和熟练掌握知识点，在其中穿插了若干个相关的小实例来讲解。

本书的编者均为“双师型”教师，有着丰富的高职高专教育教学经验，理论知识扎实，专业知识丰富，长期从事平面设计与制作的教学和研究，能将软件应用和艺术设计巧妙结合，能从学习者的角度把握教材编写的脉络，将实际教学中的“项目教学法”融入到本书的编写中，满足各类读者的需求。

本书项目 1 中的任务 1 由太原旅游职业学院崔春莉编写；项目 1 中的任务 3 和项目 2 中的任务 3 由东莞职业技术学院邹利华编写；项目 1 中的任务 2 和项目 2 中的任务 1，2，4 由广东白云学院叶裴雷编写；项目 3、项目 4 由东莞职业技术学院王超英编写；项目 5、项目 6 由东莞职业技术学院吴海棠编写。以上典型综合案例是与企业（东莞易得科技有限公司）共同开发的。

由于编者的学识水平有限，书中难免存在疏漏和不足，恳请读者批评指正。

编　者

目　录

项目1 抠图

教学目标

- ✧ 了解 Photoshop 的应用领域。
- ✧ 了解 Photoshop 的界面。
- ✧ 了解位图与矢量图的区别。
- ✧ 了解 Photoshop 的色彩及模式。
- ✧ 熟练使用“自由变换工具”。
- ✧ 熟练设定前景色和背景色。
- ✧ 熟练使用“缩放工具”。
- ✧ 熟练使用“规则选区工具”。
- ✧ 熟练使用“魔棒工具”。
- ✧ 熟练使用“套索工具”。
- ✧ 熟练使用调整边缘命令抠取毛发。
- ✧ 理解路径的概念。
- ✧ 熟练使用“钢笔工具”进行抠取图形。
- ✧ 熟练使用“画笔工具”对路径进行描边。
- ✧ 掌握“文字工具”与路径、形状之间的转换。

任务 1　初识 Photoshop

1.1.1　案例效果

将标志贴上墙的效果如图 1-1 所示。

图 1-1　案例效果图

1.1.2　案例分析

本案例是将标志贴到墙上。首先得将标志从复杂的背景上抠取出来：使用规则选择工具选择出标志。然后将标志贴至墙上：复制标志贴入，使用自由变换工具将标志缩放，并透视贴至墙上。

1.1.3　相关知识

1.1.3.1　矢量图与位图

矢量图和位图在计算机中的生成原理是完全不同的，这两种图像格式在不同的应用场合具有各自的优点和缺点，本节将分别介绍这两种图像格式的特点，以便读者在应用时能够作出正确的选择。

1. 矢量图

矢量图通过轮廓线条来定义图像的形状，而图像的颜色由轮廓线条及其围成的封闭区域内的填充颜色来决定。使用矢量图的优点在于：文件尺寸比较小并且图形质量不受缩放比例的影响。缺点是：高度复杂的矢量图也会使文件尺寸变得很大，并且矢量图形不适合创建连续的色调、照片或艺术绘画。

2. 位图

位图通过组成图像的每一个点（像素）的位置和色彩来表现图像。与矢量图不同，位图图像的缩放性能不好，简单的位图图像比矢量图的文件尺寸要大。不过位图图像的优点在于：位图可以很好地表现图像的细节，可以用于显示照片、艺术绘画等，这些都是矢量图所无法表现的。

1.1.3.2　分辨率与图像尺寸

分辨率是指单位长度内所包含的像素值。

1. 图像分辨率

图像分辨率是指每英寸图像含有多少个点或者像素，单位为点 / 英寸(dpi)，例如，600dpi 就是指图像每英寸含有 600 个点或者像素。在 Photoshop 中也可以用厘米来计算图像分辨率，当然，这样计算出来的分辨率是不同的。

2. 显示分辨率

显示分辨率是指屏幕图像的精密度，是指显示器所能显示的点数的多少。显示器可显示的点数越多，画面就越精细，同样的屏幕区域内能显示的信息也越多，所以分辨率是个非常重要的性能指标。以分辨率为 1024×768 像素的屏幕来说，每一条水平线上包含有 1024 个像素点，共有 768 条线，即扫描列数为 1024 列，行数为 768 行。一般 17 英寸的显示器，其最大分辨率为 1600×1280 像素，15 英寸的显示器其最大分辨率为 1280×1024 像素，14 英寸的显示器，其最大分辨率为 1024×768 像素。

3. 打印分辨率

打印分辨率是指打印机在打印图像时每英寸产生的点数，如 360dpi 是指每英寸 360 个点。打印机分辨率的这个数越大，表明图像输出的色点就越小，输出的图像效果就越精细。打印机色点的大小只同打印机的硬件工艺有关，而与要输出图像的分辨率无关。

4. 图像尺寸与分辨率的关系

图像分辨率的大小同图像的质量息息相关。分辨率越高，图像就越清晰，产生的文件也就越大，编辑处理时所占用的内存和 CPU 资源也就越多。因此，在处理图像时，不同品质的图像最好设置不同的分辨率，这样才能避免资源浪费。通常，在打印输出的时候，应设置较高的图像分辨率，而在普通浏览的时候，就可以设置得低一些。

图像的尺寸、分辨率和文件的大小之间有着很密切的关系，相同分辨率的图像，如果尺寸不同，那么它的文件大小也就不同。图像尺寸越大，文件也就越大。

1.1.3.3　色彩的初识

自然界中的颜色是与光照有关的。不同波长的光呈现不同的颜色，可被人眼接受的称为可见光。而物体呈现的色彩，主要是由于物体对光线漫反射的结果。

颜色的作用首先是向人传递相关的信息，这些信息对人也可以产生不同的影响。例如，有的颜色使人感到紧张，有的颜色使人精神舒畅；有的颜色使人兴奋，有的颜色使人沮丧。所以，在实际设计中，运用不同的颜色，将产生不同的效果。

色彩的基本属性如下。

（1）色相：色相也叫色调或色彩，指颜色所呈现出来的质地面貌，即从物体反射或透过物体传播的颜色。如红、橙、黄、绿、青、紫等。在 0° ~360° 的标准色轮上，按位置度量色相（圆周方向）。

（2）饱和度：饱和度也叫彩度，指颜色的强度或纯度。饱和度表示色相中灰色分量所占的比例，使用从 0%（灰色）~100%（完全饱和）的百分比来度量。在标准色轮上，饱和度从中心到边缘递增，饱和度为零时呈灰色，而最大饱和度可能是最深的颜色。

（3）亮度：亮度是指颜色的相对明暗程度，表现为光源所发的光由极暗（亮度最小）到极亮（亮度最大）之间的变化。通常用从 0%（黑色）~100%（白色）的百分比来度量。

色相、饱和度和亮度在 Photoshop 中可以做细致的调整，执行菜单“图像”→“调整”→“色相/饱和度”选项即可调整，如图 1-2 所示。

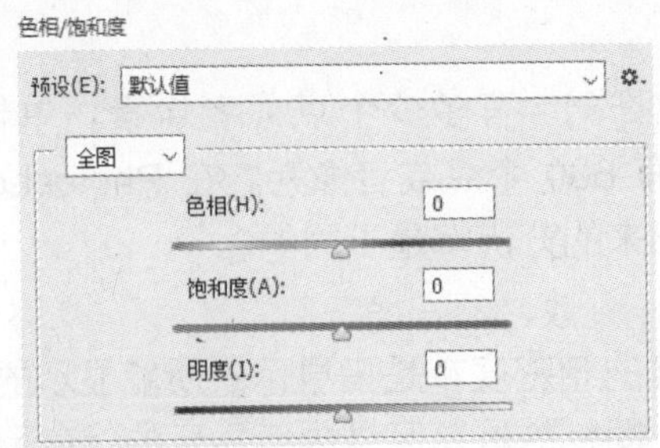

图 1–2 “色相/饱和度”对话框

1.1.3.4 色彩模式

自然界中的颜色和计算机中用于显示的颜色是有区别的，计算机中用于显示和打印图像的颜色是一种模型，用于描述和重现色彩。

Photoshop 中使用的色彩模式有 8 种，它们分别是：位图模式、灰度模式、双色调模式、索引颜色模式、RGB 模式、CMYK 模式、Lab 模式和多通道模式。

色彩模式除了用于确定图像中显示的颜色数量外，还影响通道数和图像的文件大小。色彩模式的设置可通过单击菜单“图像”→“模式”，然后选择其中所需模式，如图 1–3 所示。

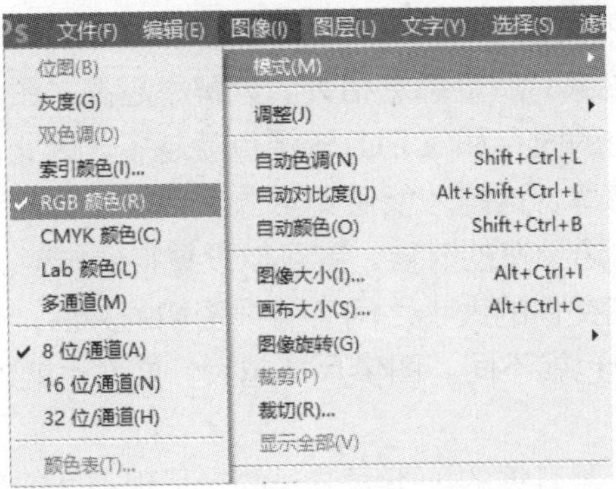

图 1–3 色彩模式菜单

1. 位图模式

位图模式使用两种颜色值（黑色或白色）之一表示图像中的像素。因为其位深度为 I，所以位图模式下的图像被称为位映射一位图像，其文件也最小。

RGB 模式与位图模式图像比较如图 1–4 所示。

图 1–4 RGB 模式（左）与位图模式（右）

2．灰度模式

灰度模式能表示从 0（黑色）~255（白色）之间的 256 级灰度。该模式能产生色调丰富的黑白图像，灰度模式可以在位图模式、RGB 模式的图像之间相互转换。但是，将灰度模式的图像转换成位图模式的图像后，将会丢失掉一部分信息。若要转回灰度模式的图像，此时将显示不出原来的效果。RGB 模式的图像转换成灰度模式的图像后，将舍弃图像的色相及饱和度信息，只保留原来的明亮度效果，再转换回去时也会出现类似的情况。

3．索引颜色模式

索引颜色模式只能表现出 256 种颜色值。它根据图像中的像素建立一个索引颜色表，表格里只有使用最多的 256 种颜色，其他的颜色用相近的颜色来代替。

由于使用索引颜色模式创建的图像会出现失真的情况，无法表现出色彩丰富的图像，所以该模式在印刷中很少应用，而常被应用在多媒体或网络上。使用这种模式的图像文件比 RGB 模式的图像文件要小很多，因此可以节约大量的磁盘空间。

4．RGB 颜色模式

Photoshop 的 RGB 模式使用 RGB 模型，即加色原理。这是 Photoshop 中最常用的颜色模式。新建的 Photoshop 图像的默认模式为 RGB 模式，计算机显示器使用 RGB 模型显示颜色，这意味着使用非 RGB 颜色模式（如 CMYK）时，Photoshop 将使用 RGB 模式显示屏幕上的颜色。

RGB 模式为彩色图像中每个像素 R（红）、G（绿）、B（蓝）分量指定强度值。强度大小介于 0~255 之间，当 R、G、B 分量的值均为 255 时，为纯白色；均为 0 时，为纯黑色，当 3 个分量的值相等时，结果是中性灰色。

5．CMYK 颜色模式

CMYK 模式由纯青色（C）、洋红（M）、黄色（Y）和黑色（K）四种色素组成。CMYK 模型以打印在纸上的油墨的光线吸收特性为基础。在实际印刷中，当白光照射到半透明油墨上时，某些可见光波长被吸收，而其他波长则被反射回眼睛。理论上，纯青色、洋红和黄色色素在合成后可以吸收所有光线并产生黑色。这些颜色因此称为减色。

CMYK 模式使用减色原理，这与 RGB 的加色正好相反。由于所有打印油墨都包含一些杂质，因此纯青色、洋红和黄色三种油墨实际生成土灰色，必须与黑色（K）油墨合成才能生成真正的黑色。将这些油墨混合重现颜色的过程称为四色印刷。在准备用印刷色打印图像时，应使用 CMYK 模式。

在 Photoshop 的 CMYK 模式中，为每个像素的纯青色、洋红、黄色和黑色四种印刷油墨分别指定一个百分比值。最亮（高光）颜色的印刷油墨颜色百分比较低，较暗（暗调）颜色的百分比较高。当四种分量的值均为 0% 时，就会产生纯白色。

CMYK 模式与 RGB 模式图像的效果几乎没有差别。RGB 模式多用于在计算机中显示，CMYK 模式多用于打印。

6．Lab 颜色模式

Lab 颜色由亮度或光亮度分量（L）和两个色度分量 a、b 组成。a 分量为从绿色到红色，b 分量为从蓝色到黄色。该颜色最大优点是与设备无关，无论使用什么设备（如显示器、打印机、计算机或扫描仪）创建或输出图像，这种模型都能生成一致的颜色，可在不同系统之间移动图像。Lab 颜色是 Photoshop 在不同颜色模式之间转换时使用的中间颜色模式。

在 Photoshop 的 Lab 模式中，亮度分量范围可从 0～100。在拾色器中，a 分量和 b 分量的范围可从+128～−128；在“颜色”面板中，a 分量和 b 分量的范围可从+120～−120。

1.1.3.5 Photoshop CC 的界面

依次执行任务栏上的“开始”→“程序”→“Adobe Photoshop CC”选项，启动 Photoshop。

启动后的 Photoshop CC 操作界面如图 1-5 所示。如果用户喜欢清爽一点的感觉，可以把导航器、颜色面板组关闭。“图层”面板组最好不要关，因为 Photoshop 大部分操作都需要它。当然，如果不小心关掉了，可以打开菜单栏上的“窗口”菜单，从中选择需要重启的面板。

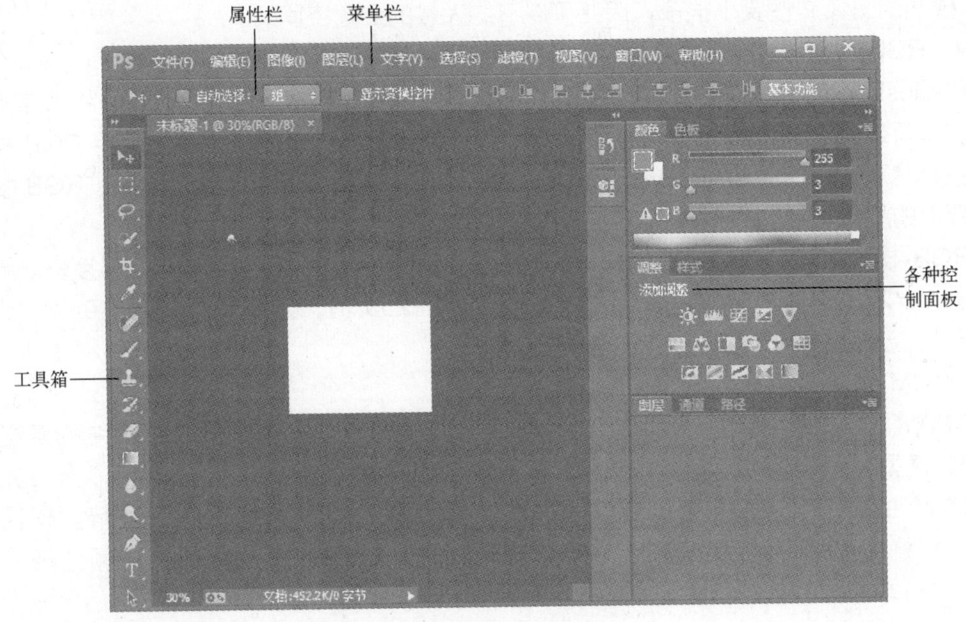

图 1-5 Photoshop CC 操作界面

1.1.3.6 设定前景色与背景色

在绘图时经常需要自行设定前景色和背景色。前景色是各种绘图工具绘图时所采用的颜色，而背景色则可以理解为画布所用的颜色，当用擦除工具擦除图像时，所显露出来的就是背景色。在工具箱中，有设定与显示前景色和背景色的按钮。系统默认的前景色为黑色，背景色为白色，如果前景色和背景色的颜色被改变，按快捷键【D】可将前景色与背景色恢复为默认颜色。前景色与背景色按钮如图 1-6 所示。

图 1-6 前景色与背景色按钮

在单击前景色或背景色时，会弹出“拾色器”对话框，如图 1-7 所示。利用“拾色器”调色板可以设定前景色或背景色。

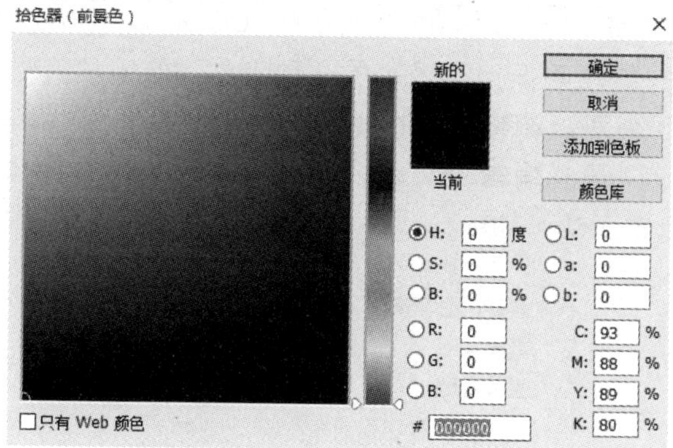

图 1-7 “拾色器”对话框

1.1.3.7 缩放工具

当用户所处理的图像局部太大或太小，不方便处理时，就需要将图像进行缩放。图像的缩放可以用菜单实现也可以用“缩放工具”等多种方法实现，下面分别介绍。

（1）使用菜单命令打开“视图”菜单，如图 1-8 所示，该菜单中共包括 6 个用于改变图像显示比例的级连菜单，单击“放大”或“缩小”命令可以放大或缩小显示比例；执行“按屏幕大小缩放”命令可以按屏幕以最合适的大小显示图像。

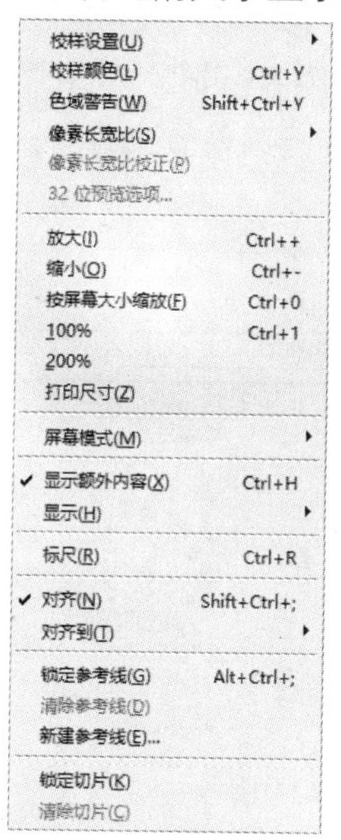

图 1-8 “视图”菜单

（2）在工具箱中单击“缩放工具”按钮，将鼠标指针移动到图像窗口中，此时鼠标指针变成放大镜的形状，拖动鼠标即可放大和缩小图像，按下空格键，鼠标形状变为一只手，这时移动鼠标则可移动图像。

（3）使用状态栏和快捷键。用户可以利用状态栏左侧的“显示比例”文本框来调节图像的比例，方法是：只需要在此文本框中输入需要的比例数值，然后按下【Enter】键即可。另外，使用快捷键可以更方便地放大和缩小图像的显示比例：按下【Ctrl++】组合键放大图像显示比例，按下【Ctrl+-】组合键缩小图像显示比例。

1.1.3.8 自由变换工具

“自由变换工具”是编辑图像用得较多的一种工具，使用“编辑”菜单的“自由变换”（组合键为【Ctrl+T】）工具可以调整图像的大小、位置、旋转、斜切等。

可以使用菜单命令打开“编辑”菜单，在弹出的菜单中选择相关的命令进行变换，如图 1-9 所示，有“自由变换”“操控变形”“透视变形”“内容识别缩放”等命令。

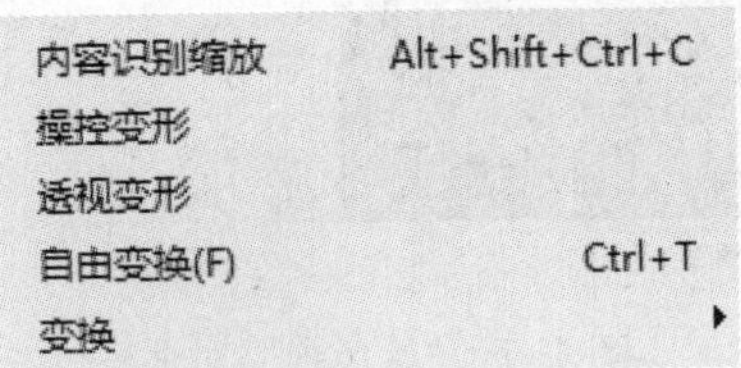

图 1-9 变换菜单

当选择某一种变换命令后，在界面上就会出现其选项栏，如图 1-10 就是按下“自由变换”工具后相应的选项栏。在其中输入数据，可以进行精确变换。

图 1-10 变换选项栏

【例 1-1】 打开素材中的“自由变换.psd”，对其中的花进行复制并旋转。

01 启动 Photoshop CC，执行菜单“文件”→“新建”命令，弹出“新建”对话框，如图 1-11 所示。

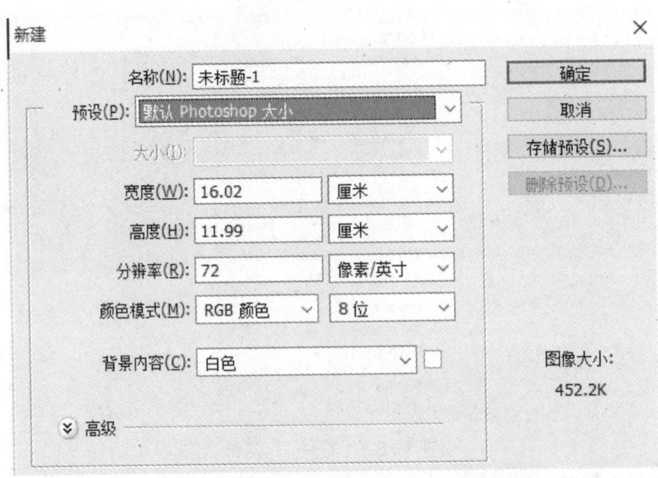

图 1—11 “新建”对话框

02 执行菜单“文件”→“打开”命令，打开“自由变换.psd”文件。

03 因为花在图层 1 上，选择工具箱中的“图层移动工具”，按住鼠标左键直接把花拖动到新建文件中。这时需要两个文件同时显示在屏幕上。

04 花在文件中显得很大，这里用“自由变换”命令对它进行缩小。按【Ctrl+T】组合键进行自由变换，花的周围出现了 8 个控制点，如图 1-12 所示。

图 1-12　自由变换状态

05　当鼠标放到图的左上角控点时，鼠标箭头变为双向箭头时，再同时按住【Alt+Shift】组合键进行拖动，使花以中心为基点等比例进行缩放，按【Enter】键结束。花被缩小的结果如图 1-13 所示。

06　接着复制并旋转花。按住【Alt+Ctrl+T】组合键，对花进行复制并自由变换，这时花的周围同样出现了 8 个控制点，把中间的中心点向下移动到如图 1-14 所示位置。

图 1-13　花被缩小的结果

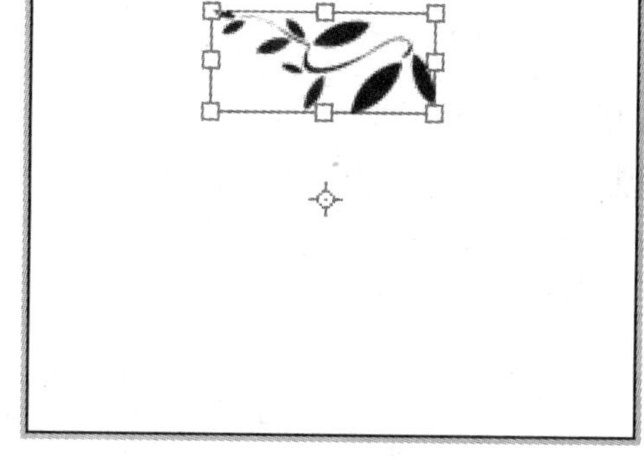

图 1-14　按住【Alt+Ctrl+T】组合键时移动中心点位置

07　这时，在上面的工具栏中的角度△输入 60，如图 1-15 所示。这时花被复制了一个，并且旋转了 60°，如图 1-16 所示。按【Enter】键结束此步操作。

图 1-15　自由变换工具栏

08　这时再按下【Alt+Ctrl+Shift+T】组合键，它的作用是把前面第 6、7 步的工作再做一次，每按下这 4 个键就会又复制出一朵花并同时旋转了 60°。按了 4 次【Alt+Ctrl+Shift+T】组合键的效果如图 1-17 所示。

图 1-16 按下【Alt+Shift】组合键复制并旋转的结果

图 1-17 按下【Alt+Ctrl+Shift+T】组合键 4 次的结果

"自由变换工具"组合键

◇【Ctrl+T】：可对物体进行缩放、位置移动、旋转、斜切等自由变换。

◇【Alt+Ctrl+T】：可对物体进行缩放、位置移动、旋转、斜切的同时并进行复制。

◇【Alt+Ctrl+Shift+T】：可对【Alt+Ctrl+T】的动作结果进行重复做一次。可按多次。

◇ 按下【Ctrl+T】键后再按住【Ctrl】键拖动 4 个角可以进行透视。

◇ 按住【Alt+Shift】键进行拖动，可以以物体中心为基点等比例进行缩放。

【例 1-2】 利用自由变换工具制作图案。

01 新建文件，在"图层"面板中单击"创建新图层"按钮，新建图层 1，如图 1-18 所示。新建图层的目的是将新绘制的图形放在该新图层上，方便对新图形进行编辑，如果直接在背景层上绘制图形，图形就无法进行如位置的移动、大小的缩放等编辑操作。

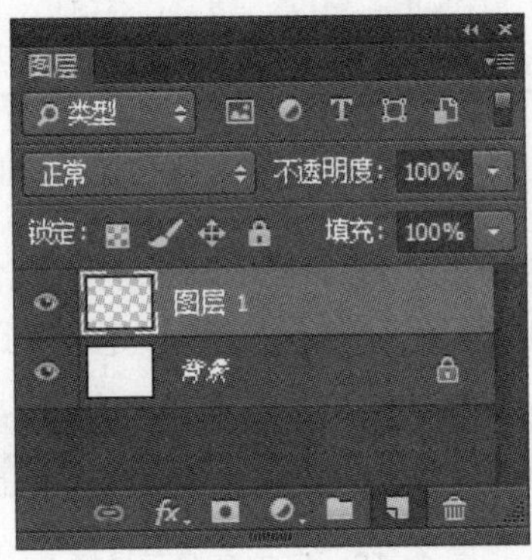

图 1-18 新建图层

02 在新建图层 1 上绘制一红色矩形框。选择工具箱中的矩形选择工具，按住【Shift】键拖动矩形选择工具绘制一正方形框。然后执行菜单"编辑"→"描边"命令，在弹出的“描边”对话框中设置描边的宽度为2像素，颜色为红色，红色框绘制出来了，效果如图1–19所示。按下【Ctrl+D】组合键，取消选择框。

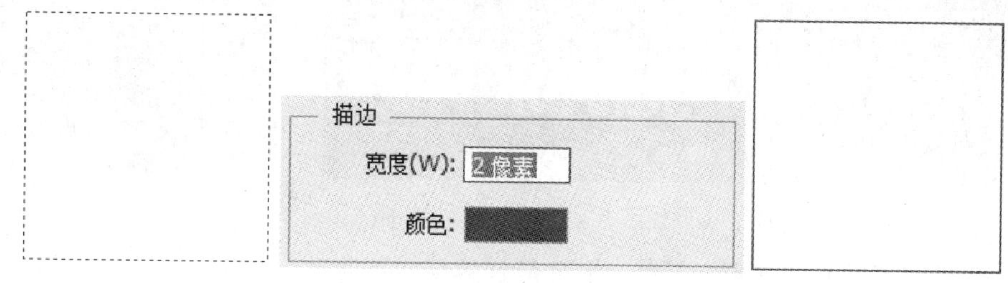

图1–19　选区描边

03 按下【Ctrl+Alt+T】组合键，这时复制出一个正方形框，将正方形框旋转一定的角度后缩小，如图1–20所示，这时按下【Enter】键结束这步操作。接着连续按下【Ctrl+Alt+Shift+T】组合键多次，一边复制、一边旋转、一边缩小出多个红色正方形框，效果如图1–21所示。

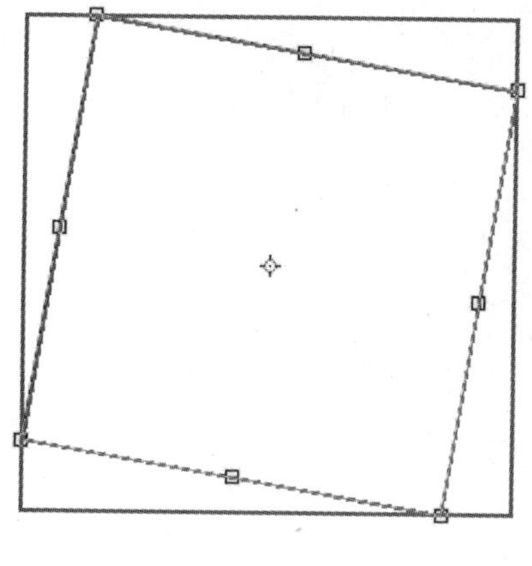

图1–20　复制变换

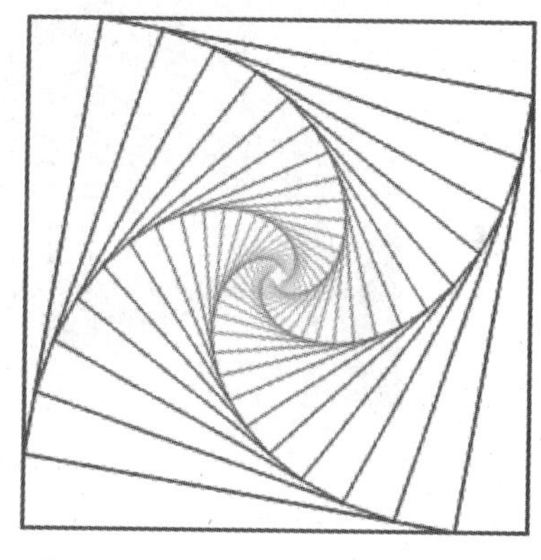

图1–21　变换效果图

1.1.4　案例实现

01 同时打开素材文件“标志.jpg”和“墙.jpg”。选择“椭圆选取工具”框选标志中的圆形部分，如图1–22所示。如果框选得不到位，可以执行菜单“选择”→“变换选区”命令对选框进行微调。然后选取工具箱中的“矩形选框工具”，并在界面上方的矩形选框工具选项栏中选择“添加到选区”按钮，如图1–23所示，将标志中矩形部分框选出来，并加入到原来的圆形选区中，效果如图1–22所示。

图 1-22　选取标志

图 1-23　添加到选区按钮

02 选择“图层移动工具” ，将选择好的标志拖放到“墙”文件中。说明：用“图层移动工具”移动一个物体到另一文件中，相当于复制该物体。

03 复制过来的标志比较大，位置和角度也不对。按下【Ctrl+T】组合键对物体进行自由变换。首选按住【Shift+Alt】组合键拖动变换框的 4 个角等比例缩放标志到合适大小，然后移动标志到合适位置，接着按住【Ctrl】键并拖动变换框的 4 个角进行透视，使标志看起来和墙上的字平行，效果如图 1-24 所示。

图 1-24　标志贴墙上效果图

1.1.5　案例拓展

把图像中的西红柿放入碗中，效果如图 1-25 所示。

方法：首先将西红柿选取和复制出来放到碗上，然后将西红柿下覆盖住的碗部分选取并复制出来盖到西红柿上。

图 1-25　图像处理前后对照图

01 执行菜单“文件”→“打开”命令，进入“打开”对话框，选择素材文件中的“辣椒.jpg”文件，然后单击“打开”按钮，打开一幅辣椒图像，如图 1-26 所示。

02 单击工具箱中的“椭圆选取工具”◯，鼠标移到图像左下角的西红柿上，按住鼠标拖动出一椭圆区域，刚好选中西红柿，所选中区域就会被高亮蚂蚁虚线围住，如图 1-27 所示。

03 按下【Ctrl+J】组合键，复制选区中的西红柿到新的图层，如图 1-28 所示。“图层”面板中多了图层 1，这时复制出来的西红柿还在原来的位置，选择工具箱中的图层移动工具，把西红柿移动到碗上，如图 1-29 所示。

图 1-26　原图

图 1-27　创建选区

图 1-28　图层 1

图 1-29　移动图层 1 中的西红柿

04 选择图层 1，并设置其透明度为 53%，如图 1-30 所示。西红柿变半透明了，隐约可见西红柿下面的碗，这时就可以将西红柿盖住的碗部分抠取出来。

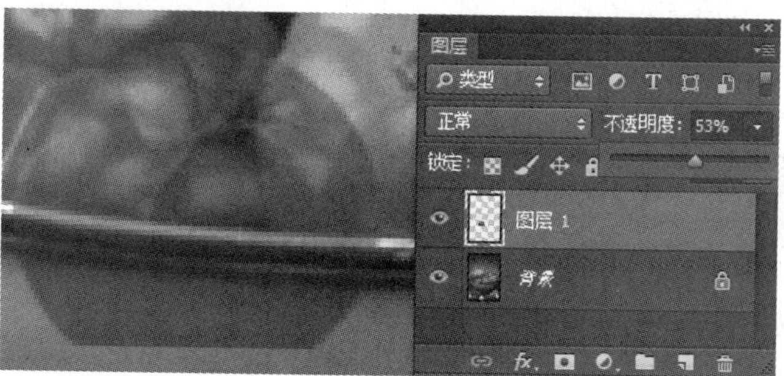

图 1-30　设置图层 1 透明度

05 选择“背景”图层，如图 1–31 所示。用选择工具（如“磁性套索工具”）选出如图 1–32 所示的区域。注意碗的边缘一定要精确选择，下面部分只要把西红柿包围就行了。

图 1–31　选择“背景”图层

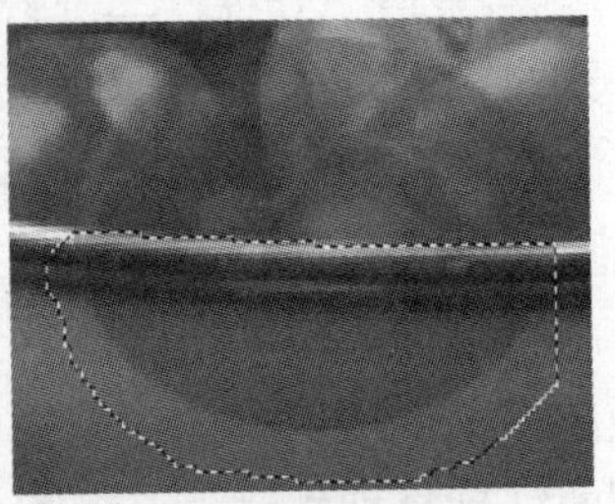

图 1–32　选择区域

06 按下【Ctrl+J】组合键把“背景”图层中选中的碗部分复制到新的图层 2 上，如图 1–33 所示。按住鼠标左键，拖动图层 2 到图层 1 上，这时碗部分就盖住了图层 1 的西红柿部分，如图 1–34 所示。

图 1–33　图层 2

图 1–34　移动图层

07 再选择图层 1，把图层 1 的透明度重新设为 100%，如图 1–35 所示。这时，图像中的西红柿就被放入了碗中，如图 1–36 所示。

图 1–35　设置图层 1 的透明度

图 1–36　效果图

08 执行菜单“文件”→“存储为”对话框，以“辣椒变换.psd”保存。

任务 2　实物的抠取

1.2.1　案例效果

案例“网站首页”主要学习抠图的常用技法。效果如图 1–37 所示。

图 1-37　网站首页

1.2.2　案例分析

本案例主要使用“魔棒工具”“磁性套索工具”“多边形套索工具”等选取图像，学习抠图的基本方法，再结合图层样式和图层混合模式，制作精美的网站首页。

1.2.3　相关知识

Photoshop 对图像的处理，很多时候都不是对整个图像进行的，当要对图像中部分像素进行处理时，会用工具把不需要处理的像素保护起来。选区就是 Photoshop 提供的保护像素的方式。

Photoshop 选区是由一条流动的闭合虚线构成的区域，虚线以内的部分是可以被修改的对象，而虚线以外的像素则被有效地保护起来。

在学习使用选择工具和命令前，先介绍一些与选区基本编辑操作有关的命令。

1. 全选与反选

执行“选择”→“全部”命令或按下【Ctrl+A】组合键，可以选择当前文档边界内的全部图像。

如果需要复制整个图像，可执行该命令，再按下【Ctrl+C】组合键。如果文档中包含多个图层，则可按下【Shift+Ctrl+C】组合键（合并复制）。

2. 取消选择与重新选择

创建选区以后，执行“选择”→“取消选择”命令或按下【Ctrl+D】组合键，可以取消选择。如果要恢复被取消的选区，可以执行“选择”→“重新选择”命令。

3. 移动选区

创建选区以后，如果新选区按钮■为按下状态，则使用“选框工具”“套索工具”和“魔棒工具”时，只要将光标放在选区内，单击并拖动鼠标即可移动选区。如果要轻微移动选区，可以用键盘中的上、下、左、右键。

4. 选区运算

选区运算是指在画面中存在选区的情况下，使用“选框工具”“套索工具”和“魔棒工具”等创建选区时，新选区与现有选区之间的运算。图 1-38 所示为工具属性栏中的选区运算按钮。

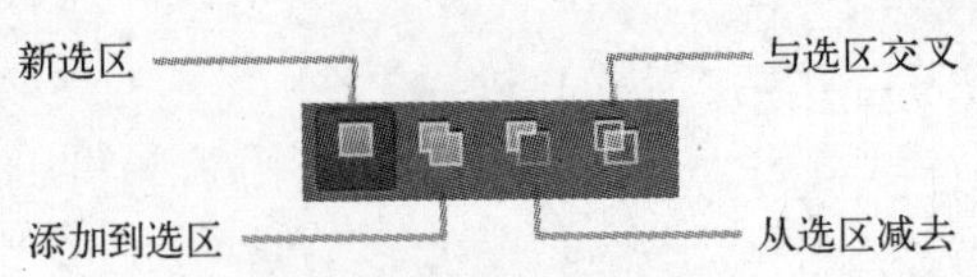

图 1-38　选区运算按钮

- 按钮■表示新建选区，如果图像中原来有选区，操作后将取消上次选择，变成新建选区。
- 按钮■表示选取的结果是原来的选区和新建选区叠加后的区域。
- 按钮■表示选取的结果是原来的选区减去新建选区后的区域。
- 按钮■表示选取的结果是原来的选区和新建选区交叉的区域。

图 1-39 分别显示新建选区、添加到选区、从选区中减去、选区交叉的运算结果。

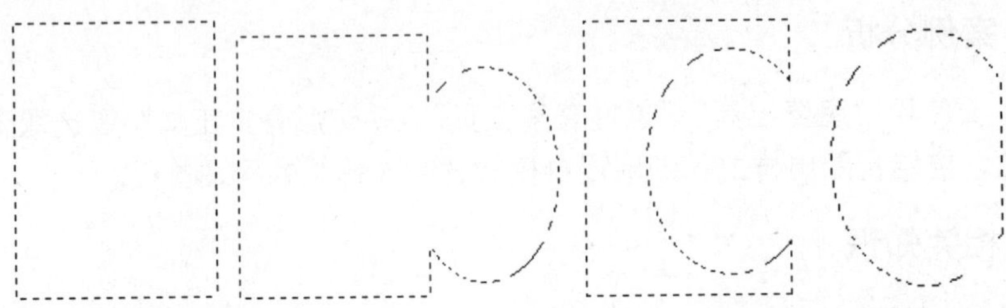

图 1-39　选区运算结果

1.2.3.1　规则选区工具

规则选区工具主要是用来在图像上建立一个规则图形选区，包含 4 个工具："矩形选框工具""椭圆选框工具""单行选框工具"和"单列选框工具"。用鼠标按住工具栏中的■，就能选择其中的一个工具来使用，如图 1-40 所示。

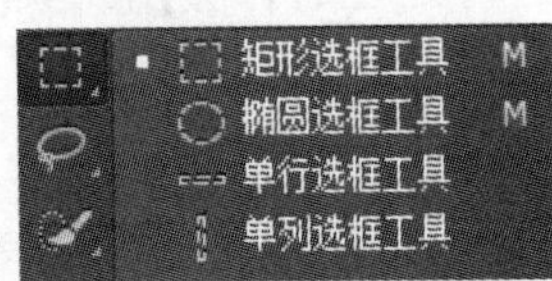

图 1-40　规则选区工具

1．矩形选框工具

"矩形选框工具"是用来在图像中建立一个矩形的选区。操作方法是：选用该工具后，在图像中按下左键，然后拖动鼠标到结束的位置单击，即建立了一个矩形选区。

图 1-41 是"矩形选框工具"选项栏，相关选项介绍如下。

图 1-41　"矩形选框工具"选项栏

（1）羽化选项：使用羽化选项可以使选区内图像的边缘出现色彩渐变软化的效果，羽化的半径越大，渐变的效果越明显，如图 1-42 和图 1-43 所示。

图 1-42　选区没有羽化填充的效果

图 1-43　选区羽化后填充的效果

（2）样式：是对矩形选区的形状的设定，有“正常”“固定大小”和“固定长宽比”3种方式。“正常”表示可任意建立选区；“固定大小”表示在图像中建立固定长和宽的选区；“固定长宽比”则表示建立的选区无论有多大，但长和宽的比例是确定的。

（3）调整边缘：单击该按钮，可以打开“调整边缘”对话框，对选区进行平滑、羽化等处理。

2．椭圆选框工具

“椭圆选框工具”主要是用来在图像中建立圆形或椭圆形的选区。其建立选区的方式和辅助键的功能与“矩形选框工具”相同，但其选项栏中多了一个“消除锯齿”选项（见图1-44）。像素是组成图像的最小元素，由于它们都是正方形的，因此在创建圆形选区时很容易产生锯齿。勾选该项后，Photoshop会在选区边缘1个像素宽的范围内添加与周围图像相近的颜色，使选区看上去光滑。由于只有边缘像素发生变化，因而消除锯齿不会丢失细节。这项功能在剪切、复制和粘贴选区以及创建复合图像时非常有用。

图1-44 “椭圆选框工具”选项栏

消除锯齿命令使用前后的比较，如图1-45和图1-46所示。

图1-45 不用消除锯齿的效果

图1-46 用消除锯齿的效果

3．单行、单列选框工具

单行和单列选框工具主要是用来在图像中建立一行或一列像素的选区，是特殊选区创建的一种手段。

【例1-3】 创建如图1-47所示的英语作业本的内页。

01 新建一个2cm×2cm、分辨率为72像素/厘米的图像，利用标尺作为辅助，用单行选框工具并按住【Shift】键在图像中建立如图1-48所示的选区。

图1-47 英语作业本内页

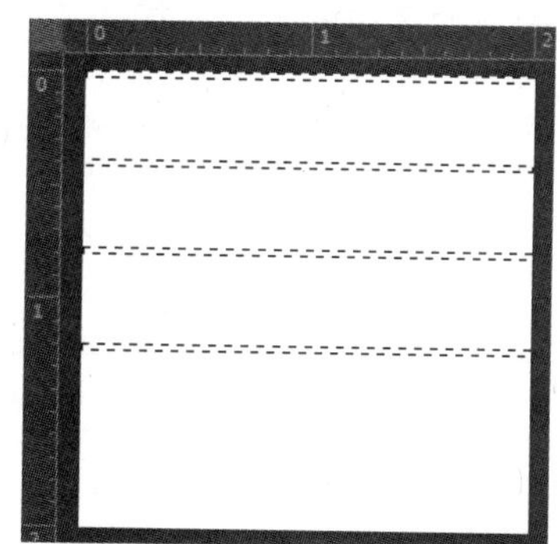

图1-48 用单行选框工具建立的选区

02 执行菜单“编辑”→“填充”命令将选区填充成黑色，按下【Ctrl+A】组合键全选图像，再执行菜单“编辑”→“定义图案”命令将该图像定义为图案。

03 新建 25cm×20cm、分辨率为 72 像素/厘米的空白图像，用“矩形选框工具”在图像中选出要画格子的图像区域。

04 执行菜单“编辑”→“填充”命令，选择“用图案填充”项，将刚才创建的图案填充到选区中，取消选定后就完成了英语作业本内页的制作。

【Shift】键和【Alt】键在选区增减上的辅助功能

- 【Shift】键：选取的结果将是原来的选区和新建选区叠加后的区域。
- 【Alt】键：选取的结果将是原来的选区减去新建选区后的区域。
- 【Shift+Alt】组合键：选取的结果将是原来的选区和新建选区交叉的区域。

1.2.3.2 套索工具

套索工具共有 3 种类型：“套索工具”“多边形套索工具”和“磁性套索工具”，如图 1-49 所示。这 3 种工具各有特点，是进行复杂图像选取时应用较多的选取工具之一。

图 1-49 套索工具

1. 套索工具

“套索工具”使用时按住鼠标左键在图像中拖动，起点和终点重合时，指针下方会出现一个圆圈，松开鼠标，就完成了选区的创建操作，鼠标所画轨迹内就是选区；当起点和终点没重合就松开鼠标时，系统会自动用连线连接两点，也会形成选区。“套索工具”建立选区比较灵活，但精确度不高，此工具主要用于粗略地建立选区，如图 1-50 所示。

2. 多边形套索工具

“多边形套索工具”在建立选区时，单击鼠标一次增加一个拐点，但起点和终点重合时，单击鼠标，或中途双击鼠标，结束选区的创建，此时的选区就是由起点、终点和各拐点之间的线段围成的多边形区域，如图 1-51 所示。

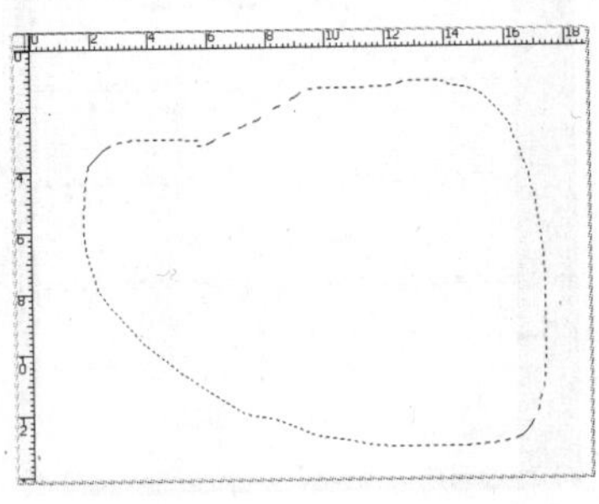

图 1-50 “套索工具”建立的选区

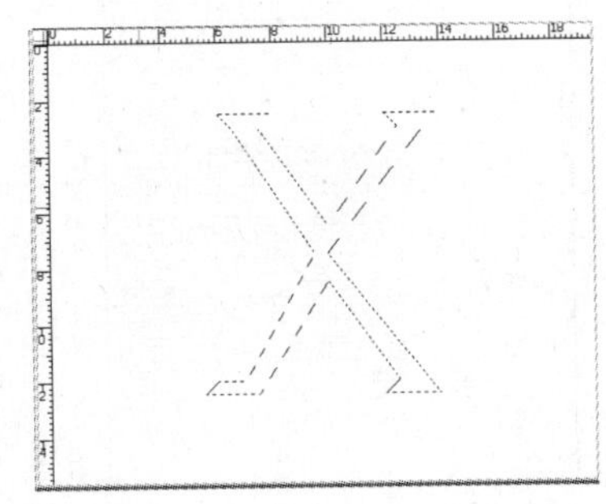

图 1-51 “多边形套索工具”建立的选区

【例 1-4】 用“多边形套索工具”制作选区。

01 打开素材文件“窗.jpg”，选择“多边形套索工具”，在工具选项栏中单击按钮，在左侧窗口内的一个边角上单击，然后沿着它边缘的转折处继续单击鼠标，定义选区范围；将光标移至起点处，光标右下角会出现圆圈，单击可封闭选区，如图 1-52 所示。

02 采用相同的方法，将中间窗口和右侧窗口内的图像都选中，如图 1-53 所示。

图 1-52　选择左侧窗口

图 1-53　选择所有窗口

03 按下【Ctrl+J】组合键，将选中的图像复制到一个新的图层中，如图 1-54 所示。打开素材文件“帆船.jpg”，使用“移动工具”将它拖曳到窗口文档中，如图 1-55 所示。

图 1-54　复制图层

图 1-55　拖入帆船素材

04 按下【Alt+Ctrl+G】组合键创建剪贴蒙版，就可以在窗口内看到另一种景色，如图 1-56 所示。

图 1-56　窗口效果

3．磁性套索工具

使用“磁性套索工具”在图像的边缘附近移动鼠标指针时，“磁性套索工具”会自动根据颜色差别勾出选区。“磁性套索工具”适用于要选取的区域和其他区域色彩差别较大的图像选取。

磁性套索工具在创建选区时涉及边缘像素的概念，由“宽度”和“对比度”两个选项的值来控制选取的精度，图 1–57 是“磁性套索工具”选项栏。

图 1–57 “磁性套索工具”选项栏

- 宽度：设置“磁性套索工具”自动搜索的范围，数值越大，自动搜索的范围就越大。
- 对比度：确定在搜索范围内的边缘像素的差别范围，数值越大，选取的精确度就越高。
- 频率属性：是“磁性套索工具”在进行选区创建时锚点的密度，数值越大，锚点就越密。
- 调整边缘：优化选取的边缘，功能与矩形选取工具类似。

1.2.3.3 智能选择工具

“魔棒工具”和“快速选择工具”都是以单击点为基准，将颜色相似的图像区域指定为选区。

1. 魔棒工具

“魔棒工具”是通过图像中颜色值的信息来定义和建立选区的选择工具。在图像中某一点单击鼠标，“魔棒工具”会根据参考点的颜色信息，将与此点颜色值相近的像素作为选区进行建立。魔棒工具的选项栏如图 1–58 所示。

图 1–58 “魔棒工具”选项栏

- 容差：确定“魔棒工具”选取的精度，容差值越大，所容许的颜色值范围就越大，选择的精确度就越小，反之精确度就越大。
- 连续：勾选该项时，只选择颜色连续的区域，如图 1–59 所示；取消勾选时，可以选择与鼠标单击点颜色相近的所有区域，包括没有连接的区域，如图 1–60 所示。

图 1–59 连续属性勾选效果

图 1–60 连续属性不勾选效果

- 对所有图层取样：定义“魔棒工具”作用的范围，选中时魔棒工具作用的范围为所有图层，不选中时仅作用于当前图层。

2. 快速选择工具

“快速选择工具”可以通过调整画笔的笔触、硬度和间距等参数而快速通过单击或拖动创建选区。拖动时，选区会向外扩展并自动查找和跟随图像中定义的边缘。

【例 1-5】 选取素材中的儿童。

01 打开素材，选择快速选择工具，在工具选项栏中设置笔尖大小，在小孩帽子上单击并沿着身体拖动鼠标，将小孩选中，如图 1-61 所示。

图 1-61 "快速选择工具"选项栏

02 有些背景也被选中了，按住【Alt】键在选中的背景上单击并拖动鼠标，将其从选区中排除，如图 1-62 所示。

03 打开另一个素材文件，使用移动工具将小孩拖曳到该文档中，如图 1-63 所示。

图 1-62 选区效果

图 1-63 合成效果

1.2.4 案例实现

01 新建文档，设置文档宽度为 10 厘米，高度为 6 厘米，命名为"网站首页"。执

行“文件”→“打开”命令，打开素材文件 01.jpg 和 02.jpg，拖曳至“网站首页”文件中，如图 1-64 所示。

02 对图层 2 执行“滤镜”→“模糊”→“高斯模糊”命令，在弹出的对话框中设置“半径”为 8 像素，并将图层 2 的混合模式设置为“色相”，效果如图 1-65 所示。

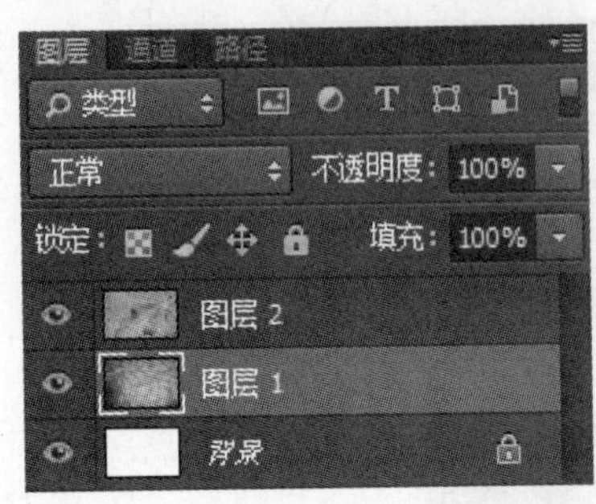

图 1-64 图层 1，2 效果

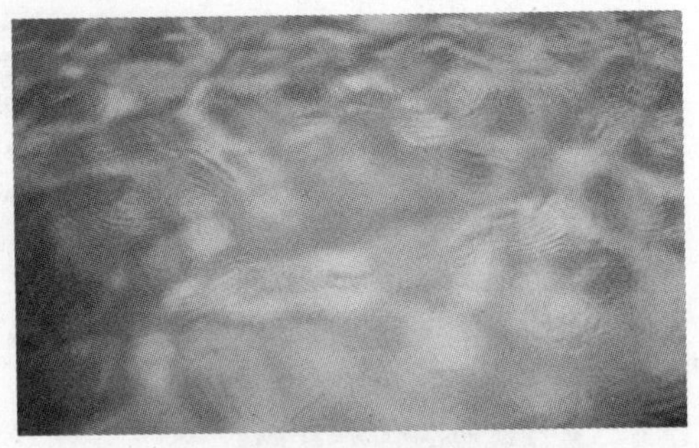

图 1-65 色相混合效果

03 执行“文件”→“打开”命令，打开素材文件 03.jpg，将其拖曳至“网站首页”文件中，得到图层 3，对图像执行“编辑”→“变换”→“水平翻转”命令，适当调整图像的位置，如图 1-66 所示。设置图层的混合模式为“柔光”，如图 1-67 所示。

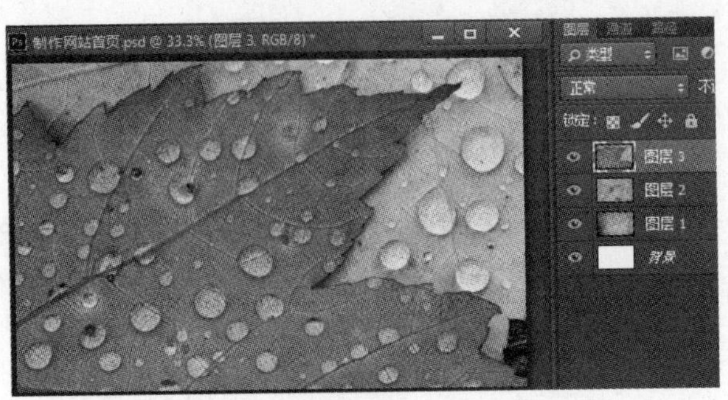

图 1-66 图层 3 效果

图 1-67 柔光混合效果

04 单击“图层”面板下方的“创建新的填充或调整图层”按钮，在弹出的菜单中执行“色相/饱和度”命令，在弹出的对话框中设置“色相”为-98，“明度”为-10，再单击“确定”按钮，画面的颜色变为红色，效果如图 1-68 所示。

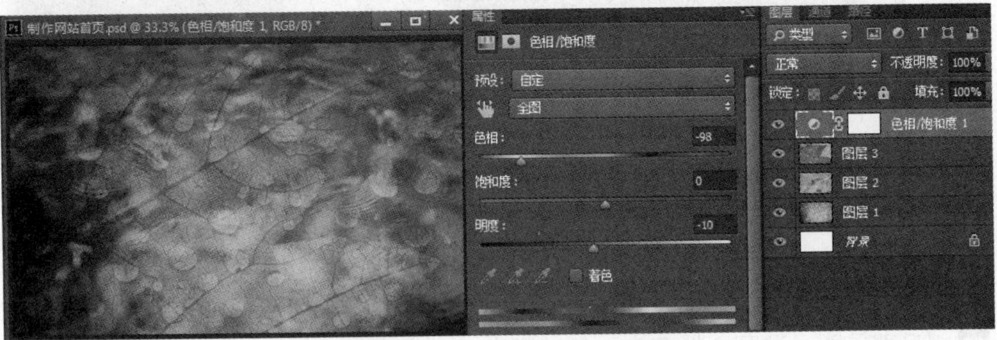

图 1-68 调整“色相/饱和度”效果

05 执行“文件”→“打开”命令，打开素材文件04.jpg，单击“魔棒工具”，在选项栏中设置“容差”为35，分别选中“消除锯齿”和“连续”复选框，在画面的白色部分单击，选取白色背景，再执行“选择”→“反选”命令，对选区进行反向选择，如图1-69所示。单击“移动工具”，将选中的图像拖曳至“网站首页”文件中，得到图层4，如图1-70所示。调整图像的大小，并将图像的位置调整至画面的右上角，效果如图1-71所示。

图1-69　选取图像

图1-70　图层4效果

图1-71　图像大小和位置

06 为图层4添加图层样式。双击“图层4”图层名称旁的灰色区域，弹出“图层样式”对话框，在对话框左侧分别选中“外发光”和“内发光”复选框，然后按图1-72所示设置各项参数，将“外发光”颜色设置为R70、G1、B50，“内发光”颜色设置为R62、G118、B1，单击“确定”按钮，效果如图1-72所示。

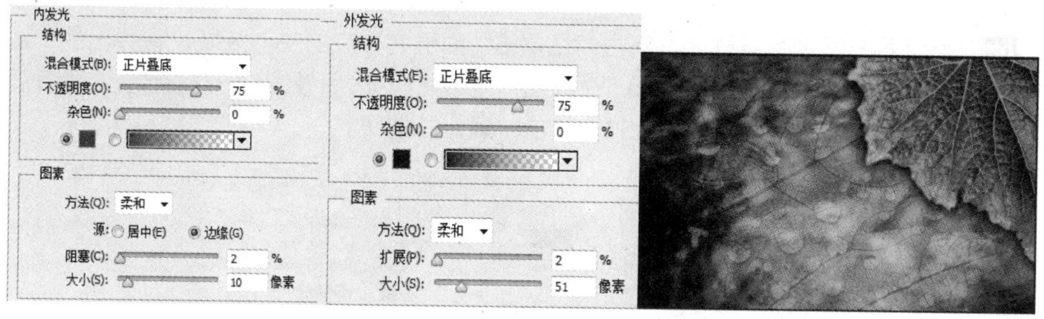

图1-72　调整图层样式设置及效果

07 调整树叶的色相。单击“图层”面板下方的“创建新的填充或调整图层”按钮，在弹出的菜单中执行“色相/饱和度”命令，在弹出的对话框中设置“色相”为-11，“饱和度”为+9，再单击“确定”按钮。再次单击“图层”面板下方的“创建新的填充或调整图层”按钮，在弹出的菜单中执行“曲线”命令，在弹出的对话框中单击并拖动节点，调整色阶，如图1-73所示。

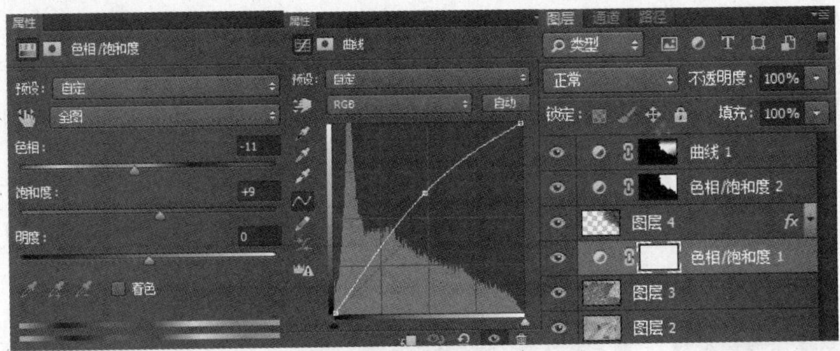

图 1–73　调整图层

08 打开素材文件 05.jpg，单击“磁性套索工具”，沿茶碗的边缘进行选取，创建选区，再单击“多边形套索工具”，按住【Shift】键的同时选择漏选的图像，然后单击“移动工具”，将选中的图像拖曳至“网站首页”文件中，得到图层 5，如图 1–74 所示，适当调整图像的大小和位置，效果如图 1–75 所示。

图 1–74　图层 5 效果

图 1–75　茶杯效果

09 为图层 5 添加图层样式。双击“图层 5”图层名称旁的灰色区域，在弹出的“图层样式”对话框中分别选中“投影”和“外发光”复选框，然后按图 1–76 所示设置各项参数，其中颜色均设置为 R70、G1、B50，单击“确定”按钮。

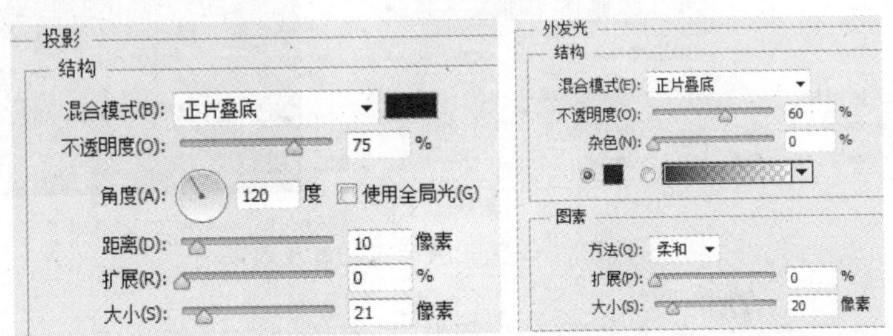

图 1–76　“图层 5”图层样式设置

10 打开素材文件 06.jpg，单击“魔棒工具”，按住【Shift】键的同时在树枝和果子上单击选取图像，然后执行“选择”→“选取相似”命令，反复操作几次，完整地选取树枝和果子。单击“移动工具”，将选中的图像拖曳至“网站首页”文件中，得到图层

6，调整图层的顺序并适当调整图像的大小和位置，如图 1−77 所示。

11 为图层 6 添加投影效果。双击“图层 6”图层名称旁的灰色区域，在弹出的“图层样式”对话框中选中“投影”复选框，然后按图 1−78 所示设置各项参数，其中颜色均设置为 R70、G1、B50，单击“确定”按钮。

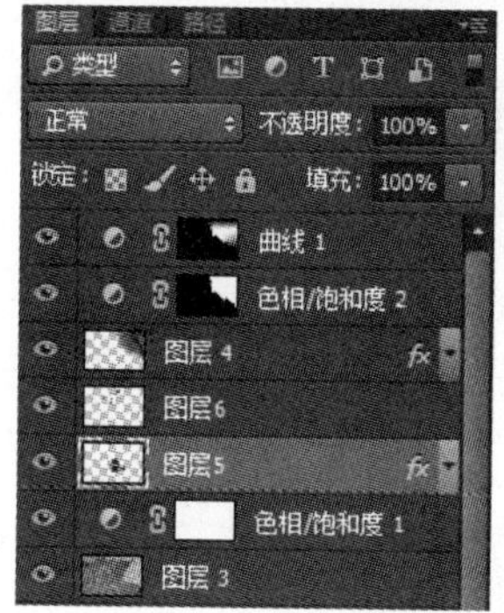

图 1−77　图层 6 效果

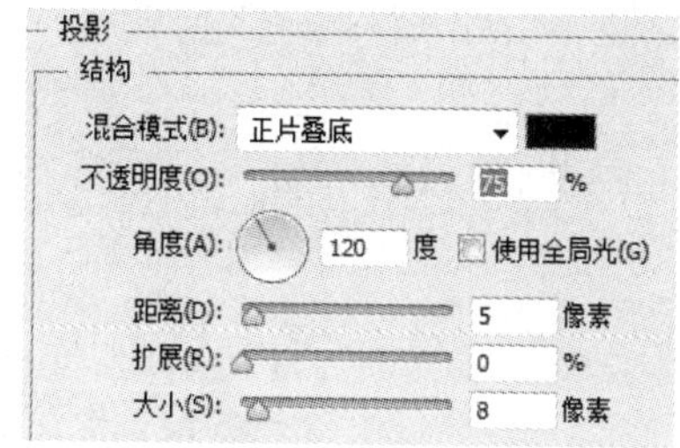

图 1−78　“图层 6”图层样式设置

12 打开素材文件 07.jpg，选择“快速选择工具”，在红色图像上单击，选取樱桃。单击“移动工具”，将选中的图像拖曳至“网站首页”文件中，得到图层 7，为其添加“外发光”样式，如图 1−79 所示。

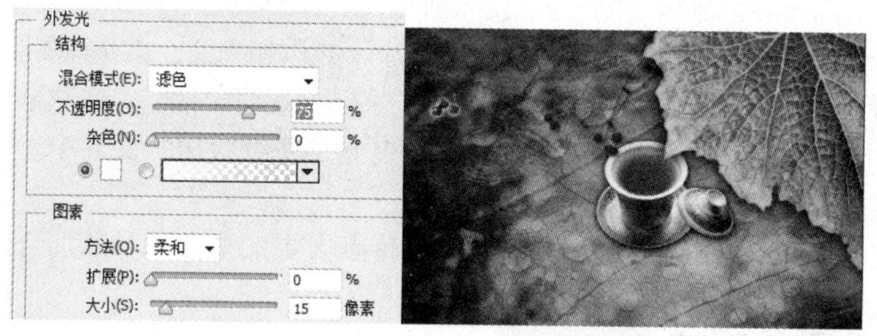

图 1−79　“图层 7”图层样式设置及效果

13 打开素材文件 w01.png 和 w02.png，将水滴图像拖曳至“网站首页”文件中，然后再添加一些文字，最终效果如图 1−80 所示。

图 1−80　案例最终效果

1.2.5 案例拓展

本拓展案例“壁纸效果”如图 1-81 所示，主要利用“魔棒工具”“多边形套索工具”“快速选取工具”等选取图像，以深入学习抠图的常用技法，再结合图层样式和图层混合模式，制作清新壁纸效果。

图 1-81 壁纸效果

01 背景制作。新建文件，命名为“壁纸效果”。打开素材文件 01.jpg、02.jpg、03.jpg，并拖曳到“壁纸效果”文件中，调整图像顺序和大小，并添加亮度、柔光等图层混合模式。

02 添加素材图像。分别利用“魔棒工具”“多边形套索工具”“快速选取工具”等，将素材文件 04.jpg ~ 08.jpg 中的图像选取出来，拖曳到“壁纸效果”文件中。为图像添加合适的图层样式效果并调整图像的颜色。

03 选取其他的素材图像并添加到画面中，使画面更加丰富，并添加合适的文字。

任务 3 毛发物体的抠取

1.3.1 案例效果

将图中的马抠取出来，放置到另一背景图片中。效果如图 1-82 所示。

图 1-82 马的抠取

1.3.2　案例分析

本案例中的马分两部分进行抠取：第一部分马的身体用钢笔工具进行抠取；第二部分马的毛发用调整边缘进行抠取。

1.3.3　相关知识

1.3.3.1　调整边缘

调整边缘命令不仅可以对选区进行羽化、扩展、收缩、平滑处理，还能有效识别透明区域、毛发等细微对象，如果要抠此类对象，可以先用魔棒、快速选择或色彩范围等工具创建一个大致的选区，再使用调整边缘命令对选区进行细化，从而选中对象。

1．视图模式

在 Photoshop 中，选区能够以很多种面貌出现。在画面中，它是闪烁的蚂蚁线；在通道中它又变为一张定格的黑白图像。选区的各种形态不仅有利于用户对其进行编辑，也为更好地观察选区范围提供了帮助。“调整边缘”命令能够将选区的全部面貌展现在我们面前。

首先在图像中用各种选择工具创建好选区，然后选择工具选项栏中的“调整边缘”按钮，打开“调整边缘”对话框，如图 1-83 所示。在视图下拉列表中包含有 7 种视图模式，如图 1-84 所示。

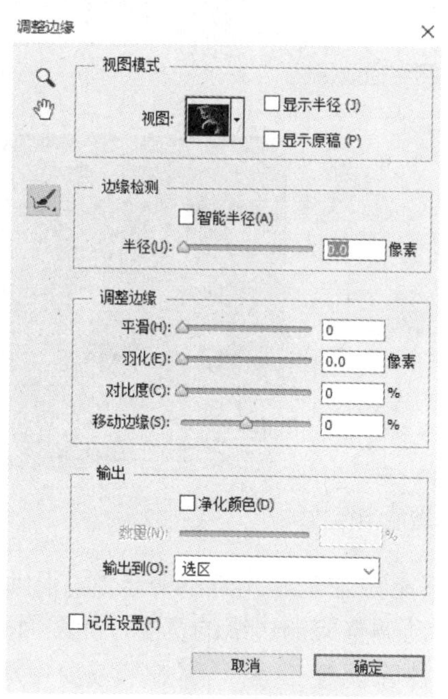

图 1-83　“调整边缘”对话框

图 1-84　视图模式

- 闪烁虚线：可查看具有闪烁边界的标准选区。
- 叠加：可在快速蒙版状态下查看选区。
- 黑底：可在黑色背景上查看选区。

- 白底：可在白色背景上查看选区。
- 黑白：可预览用于定义选区的通道图像。
- 背景图层：如果当前图层不是“背景”图层，选择该项以后，可以将选择的对象放在“背景”图层上观察。
- 显示图层：可查看整个图层，不显示选区。

2．边缘检测

当勾选“视图模式”中的“显示半径”，同时拖动“边缘检测”中的“半径”，在叠加视图方式下观察，如图 1-85 所示，物体内部为红色的区域就是保留部分，物体外部为红色的区域就是完全舍弃的部分，中间就是边缘检测的大小，与保留区域相近的像素保留，不相近的则舍弃。当勾选“智能半径”时，边缘检测就会按实际像素分析其宽度，如图 1-86 所示。

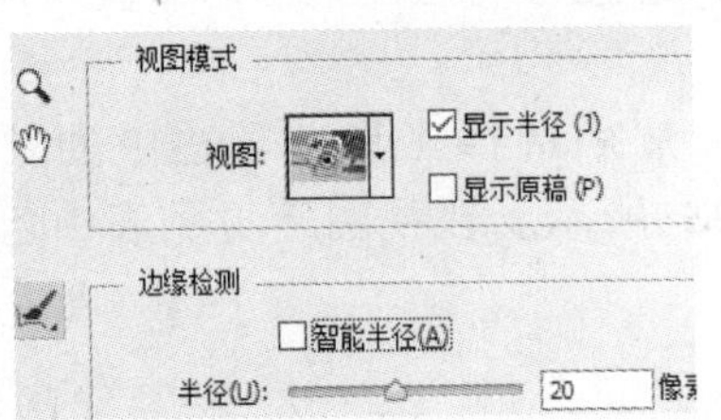

图 1-85　边缘检测半径效果

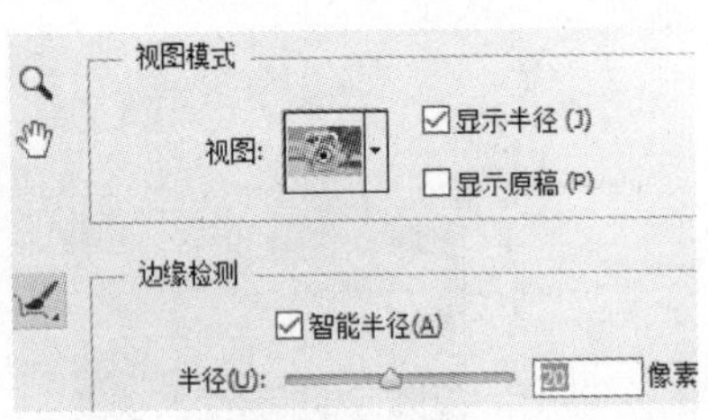

图 1-86　边缘检测智能半径效果

在实际应用中单靠软件的自动边缘检测是不能完全满足用户的需求的，因此需要使用“调整半径工具”和“抹除调整工具”来手动调整检测边缘的宽度，如图 1-87 所示。“调整半径工具”是来增加检测边缘宽度，“抹除调整工具”是来减少检测边缘宽度的，这两个工具是相反的操作。

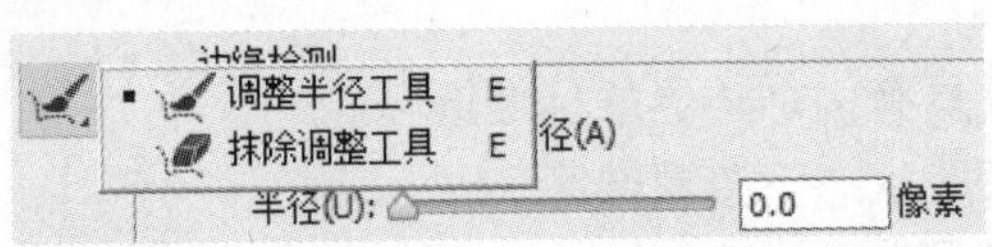

图 1-87　“调整半径工具”和“抹除调整工具”

3．调整边缘

“调整边缘”选项组可以对选区进行平滑、羽化、扩展等处理。

平滑：可以减少选区边界中的不规则区域，创建更加平滑的轮廓。对于矩形选区，则可以使其边角变得圆滑。

羽化：可以对选区进行羽化，使选区边缘模糊过渡，范围为 0~250 像素。

对比度：与羽化功能相反，可以锐化选区边缘并去除模糊的不自然感。对于添加了羽化效果的选区，增加对比度可以减少或削除羽化。

移动边缘：设置为负值时，可以收缩选区边界；设置为正值时，可以扩展选区边界。抠图时，当边缘出现多余的“色边”时，将边界向内收缩一点，可以清除不必要的色边。

4．输出

“输出”选项组用于消除选区边缘的杂色、设定选区的输出方式。

净化颜色：勾选该项后，拖动“数量”滑块可以将彩色边替换为附近完全选中的像素的颜色，是去除边缘杂色的好办法。

输出到：在该选项的下拉列表中可以选择选区的输出方式，它们决定了调整后的选区是变为当前图层上的选区或蒙版，还是生成一个新图层或文档。

Photoshop 以前的版本是使用抽出滤镜进行物体毛发的抠取，Photoshop CC 版本已经没有这个工具了，现在是用“调整边缘工具”来代替其功能，用于抠取毛发等物体。

【例 1-6】用调整边缘抠取小猫。将文件保存为“小猫抠取.fla”。

将图 1-88 中的小猫抠取后放置另一背景图中，效果如图 1-89 所示。

图 1-88 小猫原图

图 1-89 抠取后效果图

01 打开素材图片“小猫.jpg”。选择“快速选择工具”选中小猫，如图 1-90 所示。

02 单击工具选项栏中的“调整边缘”按钮，打开“调整边缘”对话框。选择“视图模式”为“黑底”进行观察选区，这样可以更清楚地看到毛发细节，如图 1-91 所示。

图 1-90　快速选取效果图

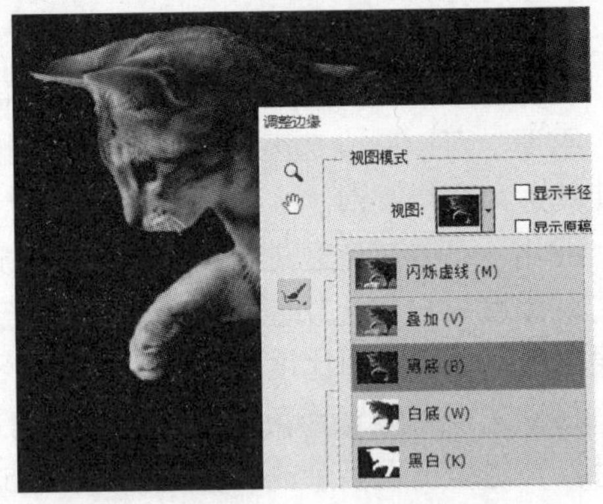

图 1-91　黑底视图模式效果

03 在对话框的左侧选择“调整半径工具”抠取小猫的毛发。将“调整半径工具”的光标放在小猫的身体边缘，然后单击鼠标左键的同时沿着它的身体拖动鼠标涂出胡须区域，一定都要覆盖住，如图 1-92 所示，放开鼠标之后，选区就被细化了，胡须已经显现出来了。

图 1-92　调整半径工具涂抹小猫边界毛发的效果

04 勾选“智能半径”选项，并拖动滑块，将半径调整到最高值，如图 1-93 所示，并继续在小猫头部和嘴部的胡须上涂抹，这时小猫的胡须显示得更加完整。

图 1-93　边缘检测智能半径

05 在“视图模式”中选择“黑白”，如图 1-94 所示，在该模式下观察选区，发现两个问题，如图 1-94 所示，一是小猫身体内部有浅灰色部分，说明小猫身体内并没有完全选中，抠出后会呈现透明效果；二是小猫爪子外部有多余图像。选择“抹除调整工具”在上述有问题的地方进行涂抹，能解决这两个问题，效果如图 1-95 所示。

图 1-94　黑白视图模式

图 1-95　“抹除调整工具”涂抹后的效果图

06 将视图模式选回黑色，这时可以看到，小猫身体的边缘有一圈很明显的背景颜色。勾选净化颜色选项，如图 1-96 所示，并设置“数量”为 100%，可以看到，大部分颜色被清除了，如图 1-97 所示，剩余少量在图层中处理。

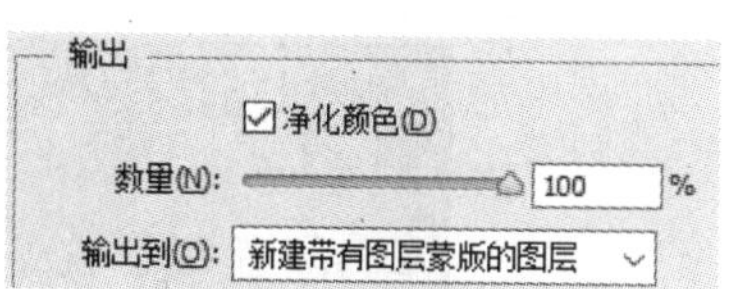

图 1-96　输出净化颜色设置

图 1-97　净化后效果图

07 单击“确定”按钮返回图层，小猫被抠取出来了，将小猫复制到新的背景中，效果如图 1-98 所示。

图 1-98　最后的效果图

1.3.3.2 路径工具

Photoshop 是位图处理软件，而在这样一个位图处理软件中，也有路径的绘制。虽然路径属于矢量图的范畴，但是 Photoshop 也借助路径工具进行图形的绘制和精确的选区操作。如果想在 Photoshop 中制作出各式各样的图形或者进行精确选取，都离不开路径，路径在 Photoshop 中扮演了一个重要的桥梁作用。

路径是由两个以上的点和两个点之间的线段组合而成，如图 1-99 所示。连接锚点的部分叫作线段。

在 Photoshop 中，“路径工具”位于工具箱的下部，共有 4 组，如图 1-100 所示。这 4 组工具代表 4 种功能，每组工具中包含若干个工具，按住鼠标左键，单击工具右下角的灰色小三角形，就会弹出相关工具。如图 1-101 钢笔工具组是进行路径绘制和路径编辑的，图 1-102 选择工具组是进行路径选择的，图 1-103 形状绘制工具组包含几种简单的形状绘制，还有文字工具组。

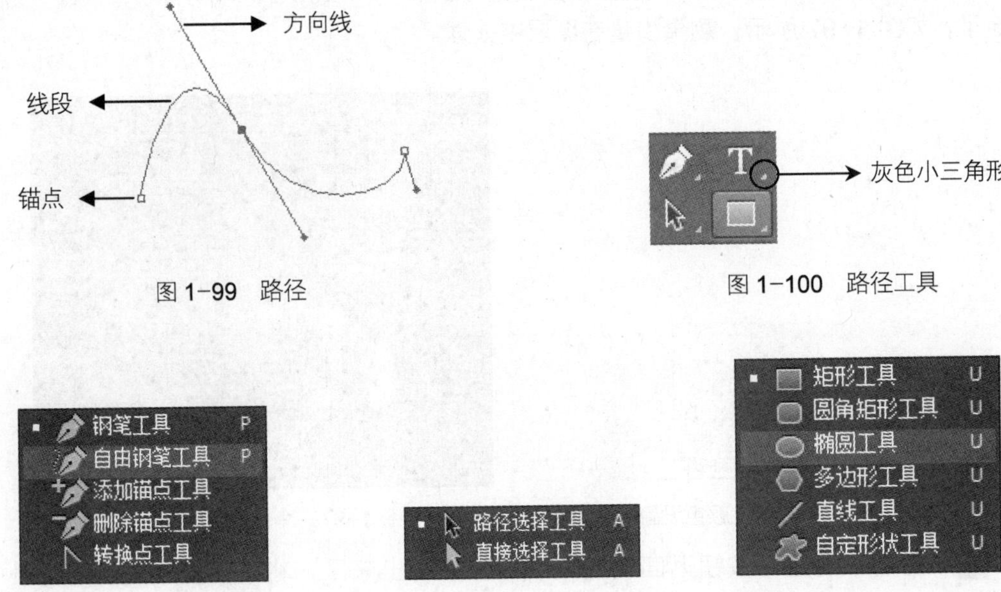

图 1-99 路径

图 1-100 路径工具

图 1-101 钢笔工具组

图 1-102 选择工具组

图 1-103 形状工具组

当选择钢笔工具组或形状工具组时，首先要选择正确的绘图方式，在其选项栏有一项“选择工具模式”，单击其弹出下拉菜单，包含 3 种绘图方式，如图 1-104 所示。

形状绘图方式：绘制出来的图形自动放在新图层上，并有填充色，还可继续修改它的形状，如图 1-105 所示。

图 1-104 绘图方式

图 1-105 形状绘图方式结果

路径绘图方式：绘制出来的图形不出现在图层上，只在“路径”面板上，无填充色，只有路径线条，如图 1–106 所示。

像素绘图方式：绘制出来的图形出现在当前图层上，直接生成普通的位图图形，很难改变其形状，如图 1–107 所示。

图 1–106　路径绘图方式结果

图 1–107　像素绘图方式结果

由图 1–105～图 1–107 可知，当想绘制有填充色的图形并且随时想修改它的形状时，选择形状绘图方式最好；当想绘制普通的几何形状的填充图形而不想修改它的形状时，选择像素绘图方式；当想精确选取图像或者做路径描边时，选择路径绘图方式。

1.3.3.3　钢笔工具

如果想要在图像中准确地设置选区，一般不是使用选择工具，而是使用“钢笔工具”来创建精确路径，然后将路径转为选区。如果想获得高品质的图像，“钢笔工具”的使用也是必不可少的。

1．钢笔工具

“钢笔工具”绘制出来的可以是直线、曲线、封闭的或不封闭的路径线。还可以利用快捷键的配合（如【Alt】、【Ctrl】键）把“钢笔工具”切换到“转换点工具”，选择工具，即自动添加或删除工具。这样可以在绘制路径的同时编辑和修改路径。

（1）直线路径只需要选择“钢笔工具”通过连续单击就可以绘制出来。如果要绘制直线或 45° 斜线，按住【Shift】键的同时单击即可，如图 1–108 所示。

（2）曲线路径的绘制就是在起点按下鼠标之后不要松手，向上或向下拖动出一条方向线后放手，然后在第二个锚点拖动出一条向上或向下的方向线，如图 1–109 所示。

（3）当要绘制封闭曲线时，把“钢笔工具”移动到起始点，当看见“钢笔工具”旁边出现一个小圆圈时单击，路径就封闭了，如图 1–110 所示。

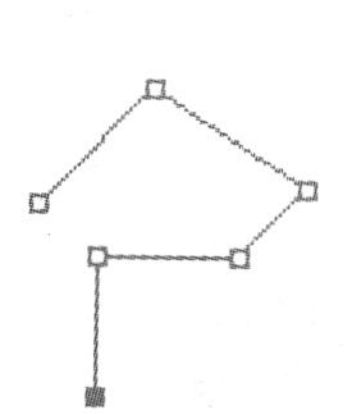

图 1–108　直线路径

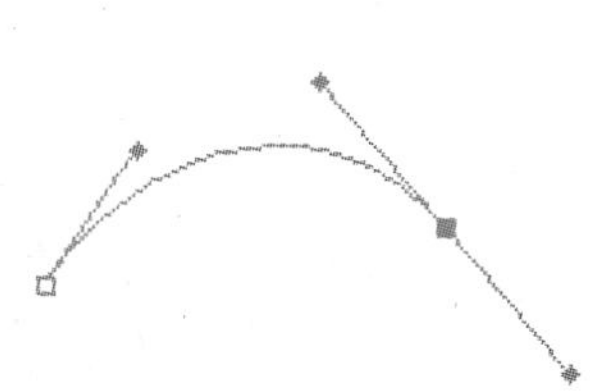

图 1–109　曲线路径

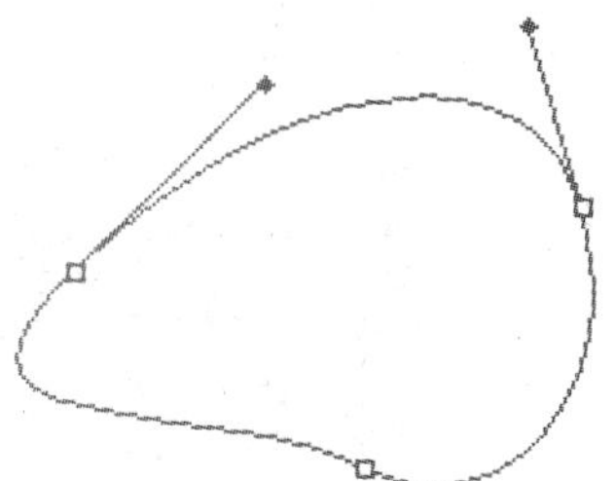

图 1–110　封闭路径

（4）选中“钢笔工具”选项栏中的“自动添加/删除”复选框 ✓自动添加/删除，可直接使用“钢笔工具”在路径上单击，自动添加或删除锚点。这个选项默认是勾选的。

当“钢笔工具”在路径上所指的位置没有锚点，则“钢笔工具”自动变成 ，单击路径可添加新锚点；当“钢笔工具”在路径上所指的位置有锚点，则“钢笔工具”自动变成，单击此锚点可删除此锚点。

（5） 要改变路径的形状时，按住【Alt】键的同时把“钢笔工具”放置在锚点上，“钢笔工具”变成“转换点工具” 转换点工具，可以改变锚点类型。

当锚点连接的是直线时，按住【Alt】键同时把“钢笔工具”放置在锚点上拖动，直线变成曲线，如图 1-111 和 1-112 所示。

当锚点连接的是曲线时，按住【Alt】键同时把“钢笔工具”放置在锚点上单击，曲线变直线，如图 1-111 和 1-112 所示。

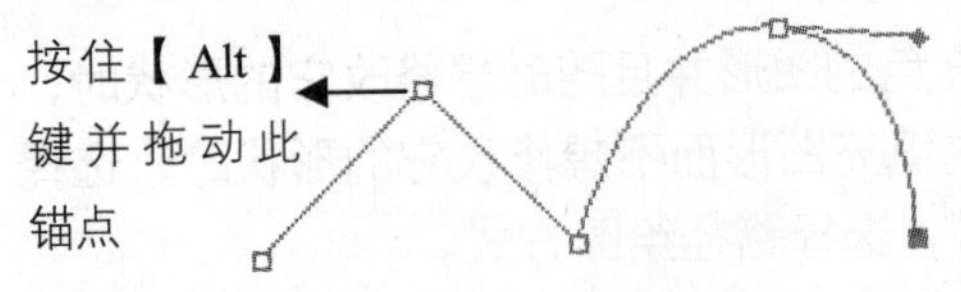

图 1-111　原路径线

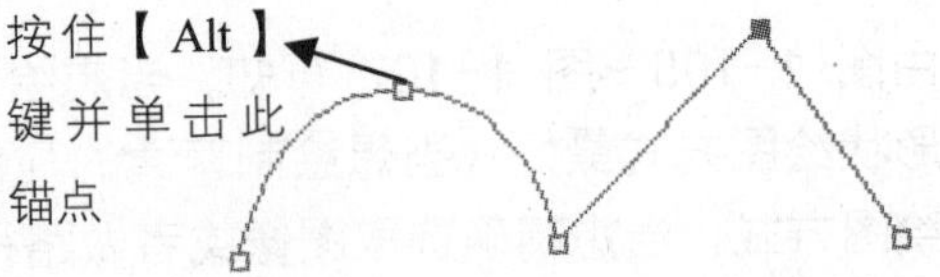

图 1-112　操作后的路径线

（6）在“钢笔工具”的状态下，按住【Ctrl】键，“钢笔工具”会变成“直接选择工具” 直接选择工具，这时可选择某一锚点或线段。按住【Ctrl+Alt】组合键，“钢笔工具”变成“路径选择工具” 路径选择工具，可复制整个子路径。

2．路径编辑工具

在这里总结一下编辑路径的几个工具的作用。

添加锚点工具：可直接在路径上单击增加锚点。

删除锚点工具：把它放置在锚点上单击可直接删除此锚点。

转换点工具：可以转换锚点的类型。把锚点连接的曲线转换成直线，反之亦可。

直接选择工具：单击可以选择路径上的某个锚点或线段，也可以框选多个锚点。

路径选择工具：可以选择整个路径或子路径，然后对路径进行移动操作。

在进行路径编辑时，可在工具箱中直接选择它们来操作。按住“钢笔工具”右下角的黑色小三角形，将弹出如图 1-113 所示的“工具”面板。同样按住箭头工具右下角的黑色小三角形也可弹出如图 1-114 所示的“工具”面板。

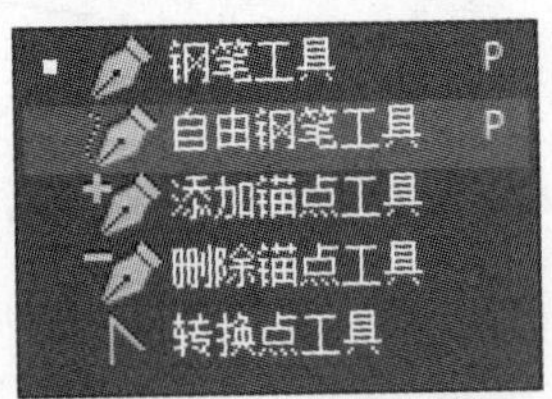

图 1-113　编辑工具

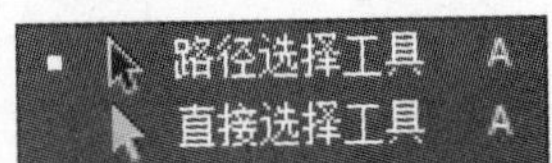

图 1-114　选择工具

当然在工具箱中选择，并不是最好的选择，可以应用上面的办法，在“钢笔工具”状态下，按快捷键来转换，这样更加方便和快捷。

3．自由钢笔工具

“自由钢笔工具”可用于随意绘图，就像用铅笔在纸上绘图一样。在绘图时，将自动添加锚点，无须确定锚点的位置，完成路径后可进一步对其进行调整。

“磁性钢笔工具”是“自由钢笔工具”的选项，可以依据图像中的边缘像素建立路径。可以定义对齐方式的范围和灵敏度，以及所绘路径的复杂程度。“磁性钢笔工具”和“磁性套索工具”有着相同的操作原理。

1.3.3.4 “路径”面板

当用“钢笔工具”并使用路径绘图方式绘制路径后，在图层上并没有产生任何东西和变化，那么路径存储在哪里呢？在 Photoshop 中，“路径”面板可以对路径进行存储等操作。

执行菜单“窗口”→“路径”命令打开“路径”面板，如图 1-115 所示，刚绘制的路径在“路径”面板有显示，这是临时路径，可对此路径进行存储、删除、转为选区、描边、填充前景色等操作。

图 1-115 “路径”面板

面板下方有 6 个路径操作按钮，功能如下。

✧ 按钮：用前景色填充路径。

✧ 按钮：用画笔描边路径，用画笔工具给路径描边。

✧ 按钮：将路径作为选区载入，操作后路径将会转化为选区使用。

✧ 按钮：将选区转为工作路径。

✧ 按钮：添加蒙版。

✧ 按钮：创建新路径按钮。

✧ 按钮：删除当前路径按钮。

另外，用鼠标按住“路径”面板右上角的图标，还会弹出下拉菜单，也可完成对路径的基本操作，如图 1-116 所示。

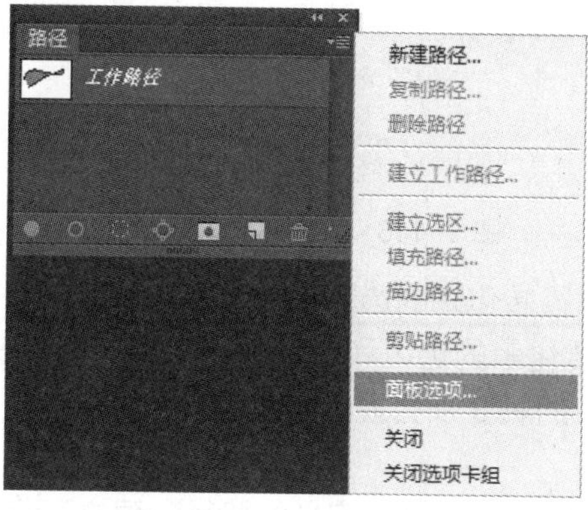

图 1-116 “路径”面板下拉菜单

1．填充路径

选择要填充的路径，并选好要填充的路径结果所在的图层，在“路径”面板中选择“填充子路径”命令，弹出如图 1-117 所示的“填充子路径”对话框，单击“确定”按钮后路径被填上颜色。

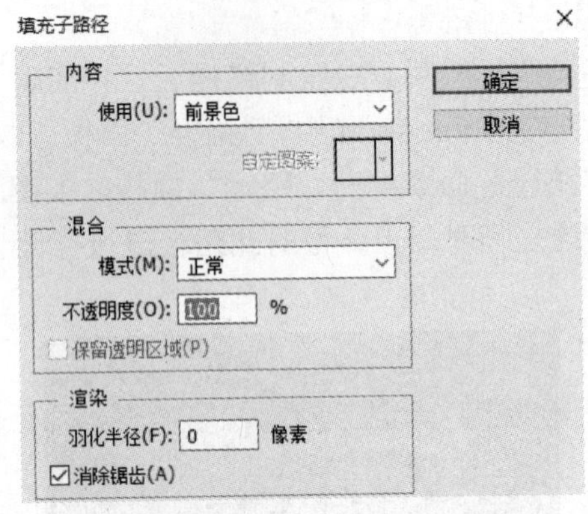

图 1-117 “填充子路径”对话框

- ✧ 使用：下拉框中选择填充的内容。
- ✧ 模式：下拉框中选择颜色的混合方式。
- ✧ 不透明度：为 100%时表示填充的颜色完全不透明，如果需要填充的颜色部分透明，只需改变不透明度值的设置。
- ✧ 羽化半径和消除锯齿的概念和选区中相关概念相同。

2．路径转化为选区

要将路径转换成为选区，需要先在“路径”面板中选中需要转换成为选区的路径，然后单击“路径”面板底部的将路径作为选区载入按钮或按【Ctrl+Enter】组合键即可。

如果需要设置将路径转换为选区的参数，可以单击执行“路径”面板下拉菜单中的“建立选区”命令，弹出如图 1-118 所示对话框。

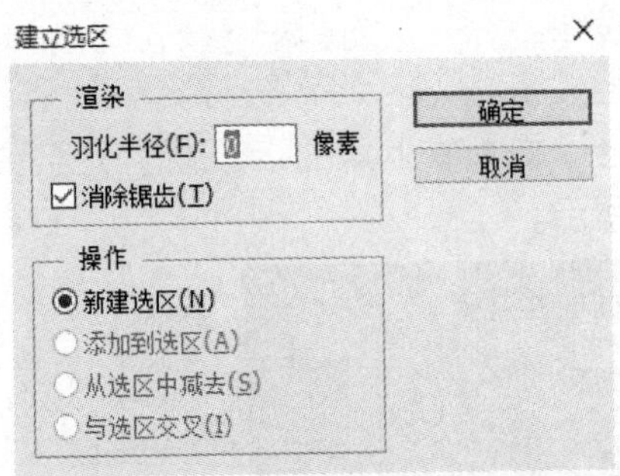

图 1-118 “建立选区”对话框

- ✧ 羽化半径：定义由路径转化来的选区是否有羽化效果。
- ✧ 操作：定义了路径转化来的选区和图像中原来存在路径的运算方式。如果原来没有选区存在，则操作中的后 3 项会显示为灰色。

3．选区转化为路径

使用选择工具创建的任何选区都可以定义为路径。建立工作路径命令可以消除选区上应用的所有羽化效果，还可以根据路径的复杂程度和用户在“建立工作路径”对话框中选取的容差值来改变选区的形状。

先用创建选区工具或命令建立选区，然后打开“路径”面板，并单击“路径”面板底部的“从选区生成工作路径”按钮即可生成路径。与直接单击按钮不同的是，执行“路径”面板的下拉菜单“建立工作路径”命令，将弹出图 1-119 所示对话框。

图 1-119 “建立工作路径”对话框

✧ 容差值的范围为 0.5~10 之间的像素。用于确定建立工作路径命令对选区形状微小变化的敏感程度。容差值越高，用于绘制路径的锚点越少，路径也越平滑。

“路径”面板中的这些操作按钮非常重要，路径在 Photoshop 中只是一个桥梁作用，路径要变为选区或进行描边和填充后才有它的价值。下面介绍路径的两个重要应用，描边和抠图。

1.3.3.5　路径抠图

前面学习了利用选区工具和调整边缘选取想要的图形，但是很多图形很复杂，形状不一，用选区工具和调整边缘进行精确选择很困难，所以需要利用“钢笔工具”进行精确的路径绘制，然后转为选区，选取出想要的图形。

“钢笔工具”能够绘制出流畅的曲线，路径可随时修改，能绘制明确的边界线，因此“钢笔工具”非常适合抠取边缘光滑的对象，尤其是在对象与背景之间没有足够的颜色或色调差异，采用其他工具和方法不能奏效时，使用“钢笔工具”可以得到满意的结果。但正由于“钢笔工具”可以绘制明确的边界线，对抠取边界模糊的对象、过于复杂的轮廓或透明的对象，如毛发、玻璃杯、烟雾等就无法抠取。

“钢笔工具”抠图大致包含两个阶段：首先在对象边界布置锚点，一系列的锚点自动连接而成为路径，将对象的轮廓划定；描绘完轮廓之后，然后需要将路径转换为选区，才能选中对象。

路径抠图的方法和步骤如下：

（1）选择“钢笔工具”，并选择路径绘图方式。

（2）利用“钢笔工具”绘制想要的路径，并通过添加“删除锚点工具”、“转换点工具”、“直接选择工具”、“路径选择工具”对原路径进行不断修改直到满意为止。

（3）打开“路径”面板，选择将路径作为选区载入，这时路径变为选区，想抠取的图像就在选区之内。

【例 1-7】 利用“钢笔工具”进行相机抠取。

01 打开素材库中的“相机.jpg“文件。

02 在工具箱中选择“钢笔工具”，首先选取绘图方式为“路径”，并选择“钢笔工具”在欲抠取的图像周围先绘制一个大概的轮廓，如图 1-120 所示。

03 把图像放大，接着按住【Ctrl】键，“钢笔工具”转变为白色的“直接选择工具”

直接选择工具，选择此路径的某一锚点和线段并进行移动；再按住【Alt】键，将“钢笔工具”放置在锚点上，“钢笔工具”转变为“转换点工具” 转换点工具，拖动锚点可把线段转为曲线以贴齐相机的轮廓。当需要增加锚点时，直接把“钢笔工具”放于路径上单击即可增加锚点，而把“钢笔工具”放于锚点上时，单击即可减少锚点。重复使用上述方法，把路径绘制为贴齐相机的轮廓，如图 1-121 所示。

图 1-120　绘制的大概路径轮廓图

图 1-121　调整后的路径

04 单击“路径”面板中的“将路径转化为选区”按钮，如图 1-122 所示。这时路径转为了选区，复制并粘贴到另一空白文件，如图 1-123 所示。

图 1-122　“路径”面板

图 1-123　被复制出来的相机

1.3.4　案例实现

01 打开素材文件“马.jpg”，首先用“钢笔工具”精确抠选马的身体。在工具箱中选择“钢笔工具”，选取绘图方式为“路径”，并选择“钢笔工具”在欲抠取的马周围先绘制一个大概的轮廓，如图 1-124 所示。

图 1-124　钢笔工具框选马的大致轮廓

02 把图像放大，接着按住【Ctrl】键，“钢笔工具”转变为白色的“直接选择工具” 直接选择工具，可用于选择路径的某一锚点和线段并进行移动；再按住【Alt】键，将“钢笔工具”放置在锚点上，“钢笔工具”转变为“转换点工具” 转换点工具，拖动锚点可把线段转为曲线以贴齐马的轮廓。当需要增加锚点时，直接把“钢笔工具”放于路径上单击即可增加锚点，而把“钢笔工具”放于锚点上时，单击即可减少锚点。重复使用上述方法，把路径绘制为贴齐马的轮廓，如图 1-125 所示。

图 1-125　编辑路径

03 单击“路径”面板中的“将路径转化为选区”按钮，如图 1-126 所示。这时路径转为了选区，按下【Ctrl+J】组合键，将选区复制到新的图层，如图 1-127 所示。

图 1-126　“路径”面板

图 1-127　复制的新图层

04 然后选择“快速选择工具” 选择马的毛发，打开“调整边缘”对话框，进行毛发的抠取，如图 1-128 所示。

图 1-128 用“快速选择工具”选择马的毛发

05 在“调整边缘”对话框的“视图模式”中选择“叠加”，如图 1-129 所示。

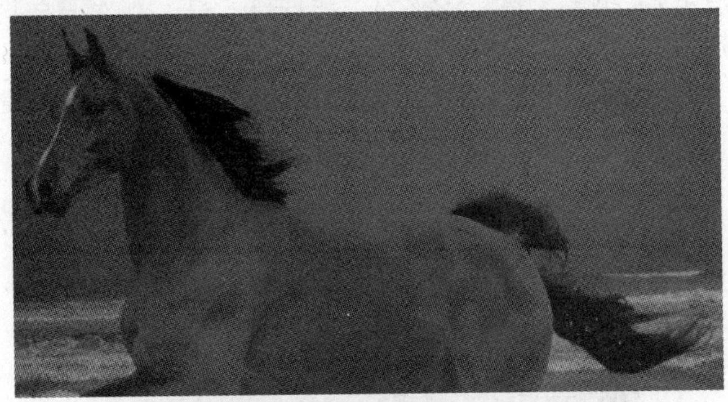

图 1-129 叠加视图模式下的效果

06 在对话框的左侧选择选区细化工具“调整半径工具” 在马的毛发上涂抹，毛发显现出来了，如图 1-130 所示。

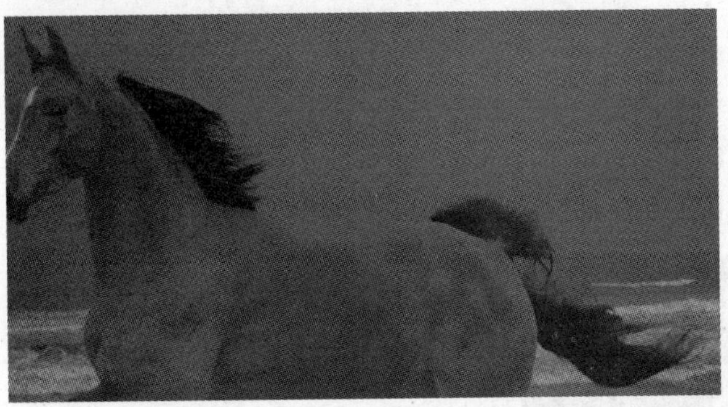

图 1-130 用“调整半径工具”涂抹效果

07 选择“抹除调整工具” 在毛发透明的地方进行涂抹，能填补毛发的完整，然后选择输出到新建带有图层蒙版的图层，单击“确定”按钮，将毛发选取出来，如图 1-131 所示。

图 1-131　马的毛发抠取效果

08 选择“画笔工具”，设置前景色为白色，在图层蒙版中涂抹补全缺少的毛发，效果如图 1-132 所示。

图 1-132　马抠取的最后效果图

1.3.5　案例拓展

本拓展案例是将图 1-133 中人物抠选出来。

抠图分两部分：一是先用“钢笔工具”将人物轮廓抠选出来（除头发的马尾辫之外）；二是用“调整边缘工具”将头发的马尾辫抠选出来。

图 1-133　人物的抠选

01 打开素材图片，使用“钢笔工具”将人物的轮廓勾选出来。首先在工具箱中选择“钢笔工具”，选取绘图方式为“路径”，并选择“钢笔工具”在欲抠取的人物周围先绘制一个大概的轮廓。

02 把图像放大；接着按住【Ctrl】键，“钢笔工具”转变为白色的“直接选择工具”直接选择工具，可用于选择路径的某一锚点和线段并进行移动；再按住【Alt】键，将“钢笔工具”放置在锚点上，“钢笔工具”转变为“转换点工具”转换点工具，拖动锚点可把线段转为曲线以贴齐人物的轮廓。当需要增加锚点时，直接把“钢笔工具”放于路径上单击即可增加锚点，而把“钢笔工具”放于锚点上时，单击即可减少锚点。重复使用上述方法，把路径绘制为贴齐人物的轮廓。

03 单击“路径”面板中的“将路径转化为选区”按钮，这时路径转为了选区，按下【Ctrl+J】组合键，将选区复制到新的图层。

04 使用“快速选择工具”选择人物的马尾辫，打开“调整边缘”对话框，进行毛发的抠取。

项目 2

绘图

教学目标

- ✧ 熟练掌握前景色和背景色填充。
- ✧ 熟练掌握渐变色填充和图案填充。
- ✧ 熟练掌握画笔工具。
- ✧ 熟练掌握“画笔”面板各项参数设置。
- ✧ 熟练掌握自定义画笔方法。
- ✧ 理解形状与路径的区别。
- ✧ 熟练应用画笔进行路径描边
- ✧ 熟练使用钢笔和形状进行绘图。
- ✧ 理解路径的各种运算。
- ✧ 掌握文字与路径及形状的关系。
- ✧ 理解图层样式概念。
- ✧ 熟练编辑图层样式。
- ✧ 熟练使用“图层”面板。

任务 1　选取绘图

2.1.1　案例效果

案例“七彩插图”主要学习色彩填充的操作方法，效果如图 2-1 所示。

图 2-1　七彩插图

2.1.2　案例分析

本案例主要制作色彩不同的颜色条，并通过变形来表现其空间感，具有强烈的视觉效果，颜色丰富鲜艳。另外，增加了一些由箭头组成的树木，增强了图像的趣味性。

案例主要使用油漆桶工具、移动工具、钢笔工具、多边形套索工具、自由变换命令等。

2.1.3　相关知识

2.1.3.1　纯色填充

1．油漆桶工具

填充是指在图像或选区内填充颜色，进行纯色填充操作时，可以使用“油漆桶工具”，其选项栏如图 2-2 所示。

前景　模式：正常　不透明度：100%　容差：32　消除锯齿　连续的　所有图层

图 2-2　“油漆桶工具”选项栏

- 填充内容：单击油漆桶图标右侧的按钮，可以在下拉列表中选择填充内容，包括“前景”和“图案”。
- 模式/不透明度：用来设置填充内容的混合模式和不透明度。
- 容差：用来定义必须填充的像素的颜色相似程度，数值范围为 0~255。
- 消除锯齿：可以平滑填充选区的边缘。
- 连续的：只填充与鼠标单击点相邻的像素，取消勾选时可填充图像中的所有相似像素。

✧ 所有图层：选择该选项，表示基于所有可见图层中的合并颜色数据填充像素；取消勾选则仅填充当前图层。

2．前景色与背景色

Photoshop 工具箱底部有一组前景色和背景色设置图标，如图 2-3 所示。前景色决定了使用“绘画工具”绘制线条及使用“文字工具”创建文字时的颜色；背景色则决定了使用“橡皮擦工具”擦除图像时，被擦除区域所呈现的颜色。此外，增加画布大小时，新增的画布也以背景色填充。

默认情况下，前景色为黑色，背景色为白色。单击设置前景色或背景色图标，可以打开“拾色器”，在对话框中修改它们的颜色。

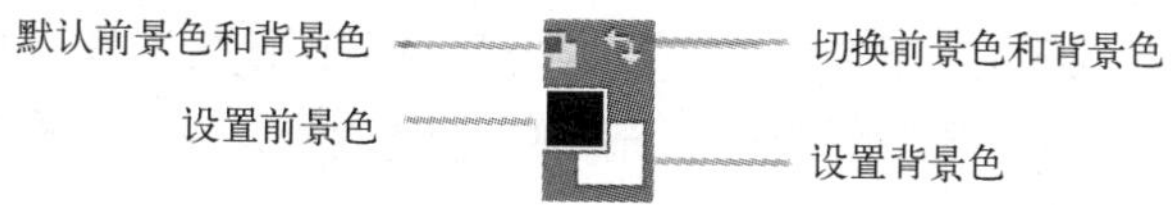

图 2-3 前景色/背景色

3．拾色器

单击工具箱中的前景色或背景色图标，打开“拾色器”，如图 2-4 所示。在“拾色器”中，可以选择基于 HSB（色相、饱和度、亮度）、RGB（红色、绿色、蓝色）、Lab、CMYK（青色、洋红、黄色、黑色）等颜色模型来指定颜色。

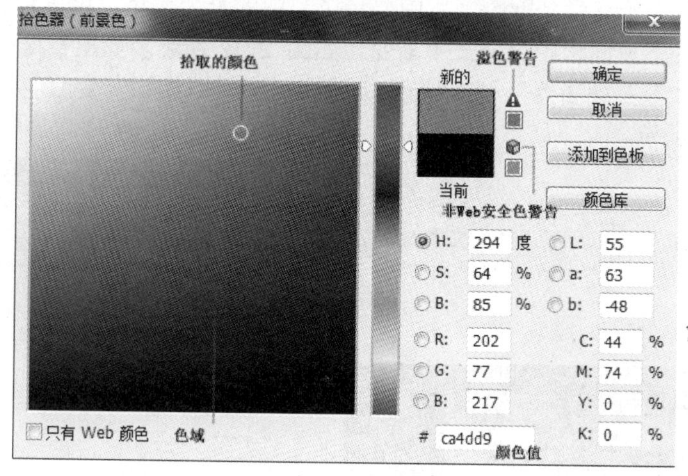

图 2-4 拾色器

✧ 色域/拾取的颜色：在“色域”中拖动鼠标可以改变当前拾取的颜色。

✧ 新的/当前：“新的”颜色块中显示的是当前设置的颜色，“当前”颜色块中显示的是上一次使用的颜色。

✧ 颜色值：显示了当前设置的颜色的颜色值，输入颜色值可以精确定义颜色。

✧ 溢色警告▲：由于 RGB、HSB 和 Lab 颜色模型中的一些颜色在 CMYK 模型中没有等同的颜色，因此无法准确打印出来，这些颜色就是通常所说的“溢色”。出现该警告后，可单击它下面的小方块，将颜色替换为 CMYK 色域中与其最为接近的颜色。

✧ 非 Web 安全色警告：表示当前设置的颜色不能在网上精确显示，单击警告下面的小方块，可以将颜色替换为与其最为接近的 Web 安全颜色。

✧ 添加到色板：单击该按钮，可以将当前设置的颜色添加到“色板”面板。
✧ 颜色库：单击该按钮，可以切换到“颜色库”中。

按下【Alt+Delete】组合键可快速填充前景色，按下【Ctrl+Delete】组合键可快速填充背景色。

2.1.3.2 渐变色填充

渐变在 Photoshop 中的应用非常广泛，它不仅可以填充图像，还能用来填充图层蒙版、快速蒙版和通道。此外，调整图层和填充图层也会用到渐变。“渐变工具”用来在整个文档或选区内填充渐变颜色。

1．“渐变工具”选项

“渐变工具”选项栏如图 2-5 所示。

图 2-5 “渐变工具”选项栏

✧ 渐变颜色条：渐变色条中显示了当前的渐变颜色，单击它右侧的按钮，可以在打开的下拉面板中选择一个渐变，如图 2-6 所示。如果直接单击渐变颜色条，则会弹出“渐变编辑器”，在“渐变编辑器”中可以编辑渐变颜色，或者保存渐变，如图 2-7 所示。

图 2-6 “渐变”下拉面板

图 2-7 渐变编辑器

其中“渐变编辑器”中各选项的含义如下：

（1）“预设”选项框中是系统预置的渐变模式。

（2）“名称”文本框中用来输入自定义的渐变颜色名。

（3）“渐变类型”选项中有“实底（Solid）”和“杂色（Noise）”两个选项，若选择

"实底"可自行添加或删除色块，而选用了"杂色"则没有此功能。

（4）"平滑度"：用来设置各像素点之间的平滑程度，数值越大，渐变色越平滑，反之则越粗糙。

渐变色设定好之后，就可以在选定的区域，用鼠标拖动划出一条直线进行渐变填充。

✧ 模式：用来设置应用渐变时的混合模式。
✧ 不透明度：用来设置渐变效果的不透明度。
✧ 反向：可转换渐变中的颜色顺序，得到反方向的渐变结果。
✧ 仿色：勾选该项，可以使渐变效果更加平滑。主要用于防止打印时出现条带化现象，在屏幕上不能明显地体现出作用。
✧ 透明区域：勾选该项，可以创建包含透明像素的渐变；取消勾选则创建实色渐变。
✧ 渐变类型：单击线性渐变按钮，可创建以直线从起点到终点的渐变；单击径向渐变按钮，可创建以圆形图案从起点到终点的渐变；单击角度渐变按钮，可创建围绕起点以逆时针扫描方式的渐变；单击对称渐变按钮，可创建均衡的、线性的在起点任意一侧的渐变；单击菱形渐变按钮，则会以菱形方式从起点向外渐变，终点定义菱形的一个角，各效果依次如图 2-8 所示。

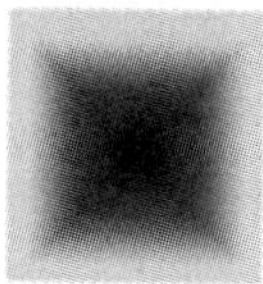

图 2-8　5 种渐变效果

【例 2-1】 用"渐变工具"制作水晶按钮。

01 选择"渐变工具"，在工具选项栏中单击线性渐变按钮，单击渐变颜色条，打开"渐变编辑器"。

02 在"预设"选项中选择一个预设的渐变，它就会出现在下面的渐变条上，如图 2-9 所示。渐变条中最左侧的色标代表了渐变的起点颜色，最右侧的色标代表了渐变的终点颜色。渐变条下面的图标是色标，单击一个色标可以将它选中，如图 2-10 所示。

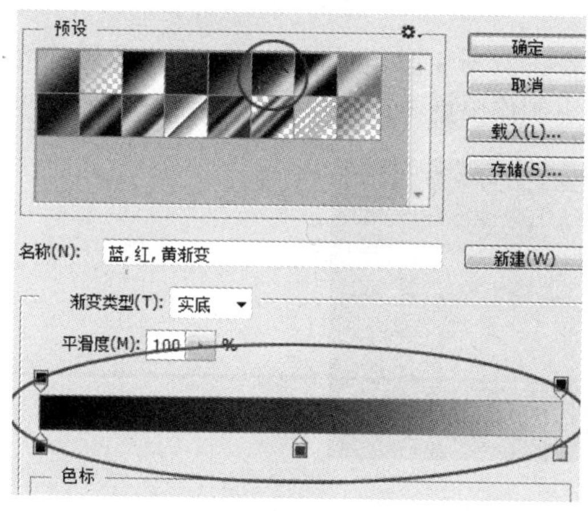

图 2-9　预设渐变

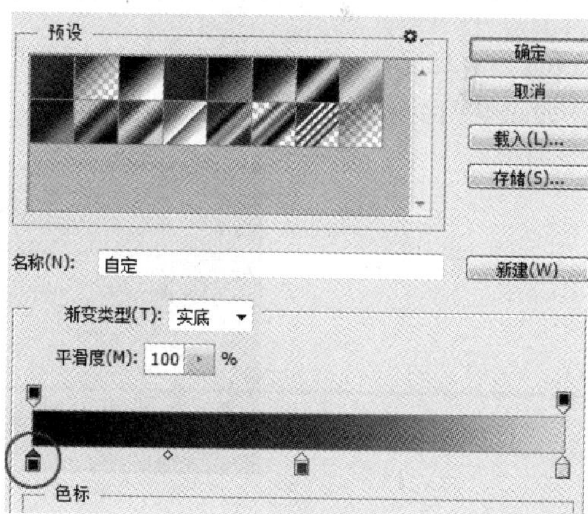

图 2-10　选择色标

03 单击“颜色”选项右侧的颜色块，或者双击该色标都可以打开“拾色器”，在“拾色器”中调整该色标的颜色即可修改渐变的颜色，如图 2-11 所示。

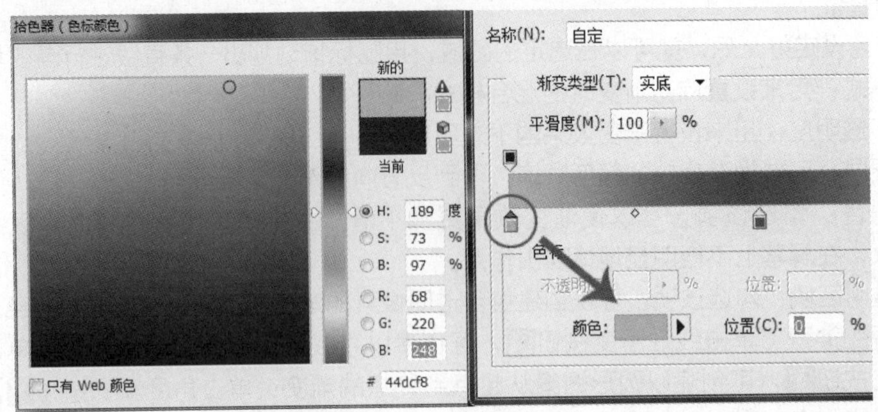

图 2-11　修改色标颜色

04 采用前面的方法继续修改后面两个色标的颜色，颜色分别设置为 R0、G73、B115 和 R0、G5、B38。按下【Ctrl+O】组合键，打开素材文件“按钮素材”，如图 2-12 所示。

05 选择图层 1，在画面中单击并拖动鼠标拉出一条直线，放开鼠标可创建渐变，如图 2-13 所示。起点和终点的位置不同，渐变的外观也会随之变化。

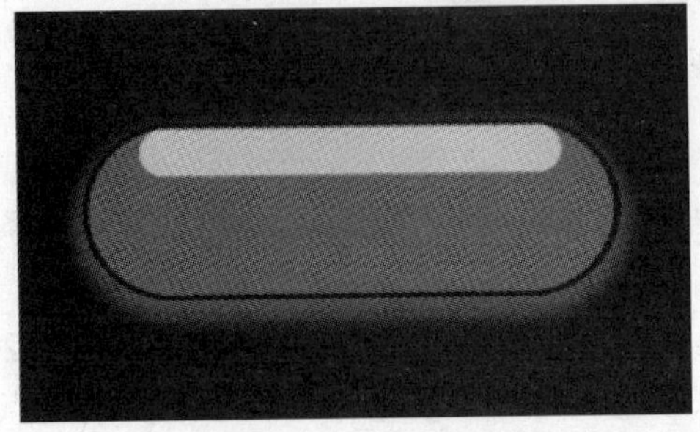

图 2-12　按钮素材

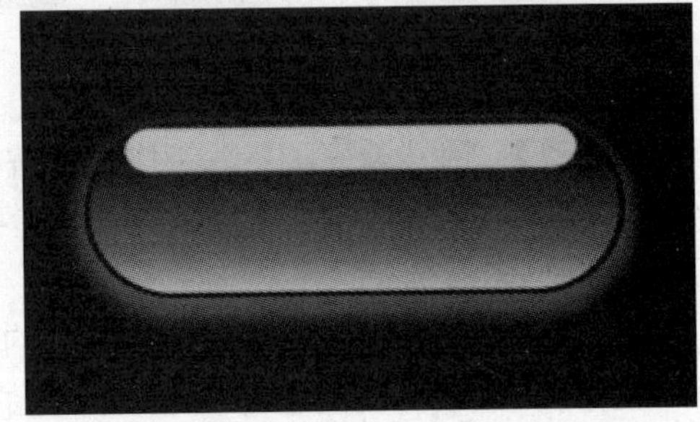

图 2-13　渐变填充后效果

06 选择图层 2，打开“渐变编辑器”重新设置渐变颜色，制作出一个水晶质感的按钮，如图 2-14 所示。设置不同的渐变颜色，可以制作出更丰富的按钮。

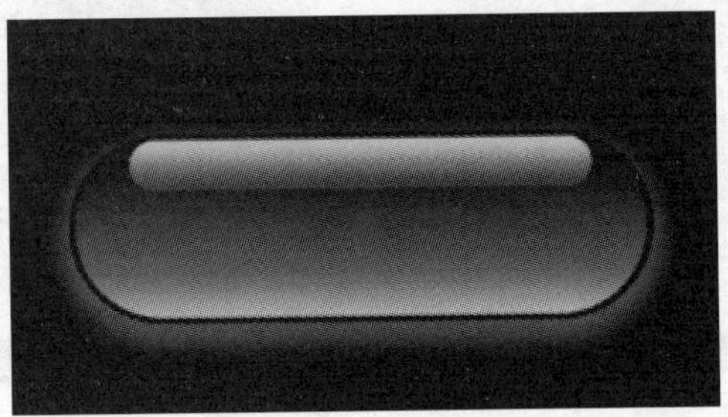

图 2-14　水晶按钮

2．设置杂色渐变

杂色渐变包含了在指定范围内随机分布的颜色，它的颜色变化效果更加丰富。在“渐变编辑器”的“渐变类型”下拉列表中选择“杂色”，对话框中就会显示杂色渐变选项，如图 2-15 所示。

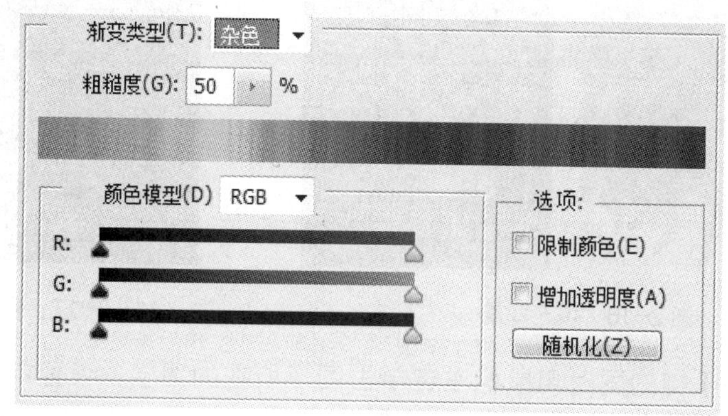

图 2-15　杂色渐变

✧ 粗糙度：用来设置渐变的粗糙度，该值越高，颜色的层次越丰富，但颜色间的过渡越粗糙。
✧ 颜色模型：在下拉列表中可以选择一种颜色模型来设置渐变，每一种颜色模型都有对应的颜色滑块，拖曳滑块即可调整渐变颜色。
✧ 限制颜色：将颜色限制在可以打印的范围内，防止颜色过于饱和。
✧ 增加透明度：可以向渐变中添加透明像素。
✧ 随机化：每单击一次该按钮，就会随机生成一个新的渐变颜色。

3．存储渐变

在“渐变编辑器”中调整好一个渐变后，在“名称”选项中输入渐变的名称，单击“新建”按钮，可将其保存到渐变列表中。

2.1.3.3　图案填充

1．定义图案

（1）打开一幅图片，利用工具箱中的“选择工具”将需要的图片选出来，执行菜单“编辑”→“定义图案”命令。

（2）在打开的“图案名称”对话框中的“名字”输入框中输入名称，单击“确定”按钮。

2．填充图案

（1）选择需要填充图案的区域，执行菜单“编辑”→“填充”命令。

（2）在打开的“填充”对话框中，在“内容”的“使用”选择框中，单击右边的下三角，在其下拉列表中选择“图案”，在“自定义图案”下拉列表中选择已定义过的图案，还可以设置模式及不透明度等。

【例 2-2】 利用“图案填充工具”制作蓝印花布图案效果。

01　打开素材图片“蓝印花布图案素材图.jpg”，新建图层，并把背景填充为蓝色

#0C03BA，如图 2-16 所示。选择“魔棒工具”，点选图片中的彩色部分，按【Delete】键删除，效果如图 2-17 所示。

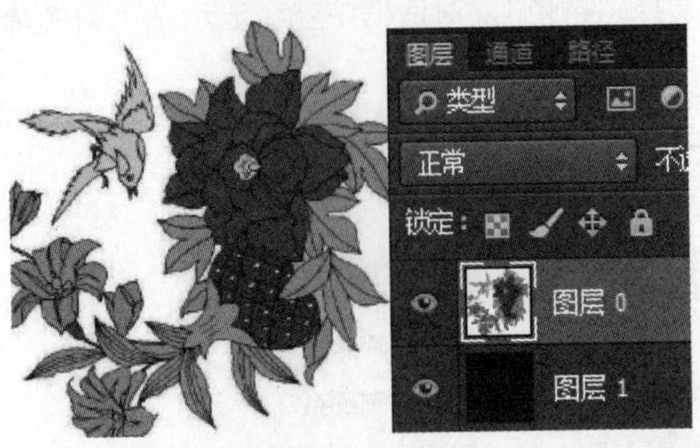

图 2-16　填充背景

图 2-17　删除效果

02 按【Ctrl】键的同时用鼠标左键单击图形所在的图层，设置前景色为白色，按【Alt+Delete】组合键填充，取消选择，如图 2-18 所示。

03 按【Ctrl+T】组合键调整图像大小，将图像复制若干个并调整位置，如图 2-19 所示。

图 2-18　填充效果图

图 2-19　图像复制

04 按【Ctrl+A】组合键全选，执行菜单“编辑”→“定义图案”命令，将图像定义为图案。

05 新建一个文件，执行菜单“编辑”→“填充”命令，在打开的“填充”对话框中，选择“图案”，在“自定义图案”下拉列表中选择刚刚定义的图案，即完成效果图。

2.1.4　案例实现

01 执行“文件”→“新建”命令，打开“新建”对话框，在弹出的对话框中设置各项参数，如图 2-20 所示，完成后单击“确定”按钮，新建一个图像文件。

02 新建图层 1，双击后重命名为“背景色”。设置前景色为 R255、G196、B45，再单击“油漆桶工具”，选择背景色图层进行填充。

03 新建一个图层并命名为“线条”，单击“多边形套索工具”，参考图 2-21 所示绘制选区，将前景色设置为 R255、G223、B74，再单击“油漆桶工具”进行颜色填充，然后按【Ctrl+D】组合键取消选区。

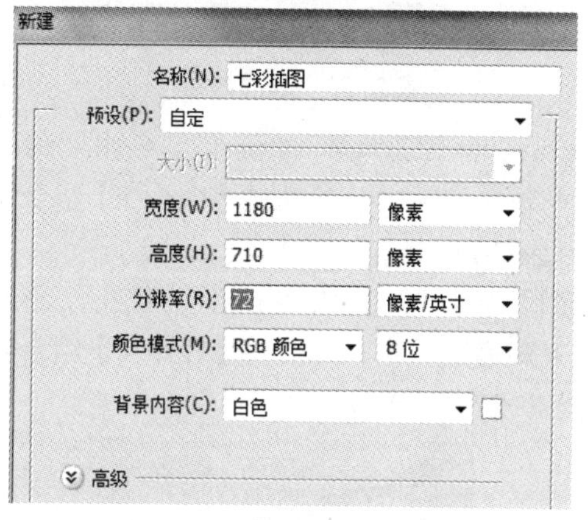

图 2-20　新建文件

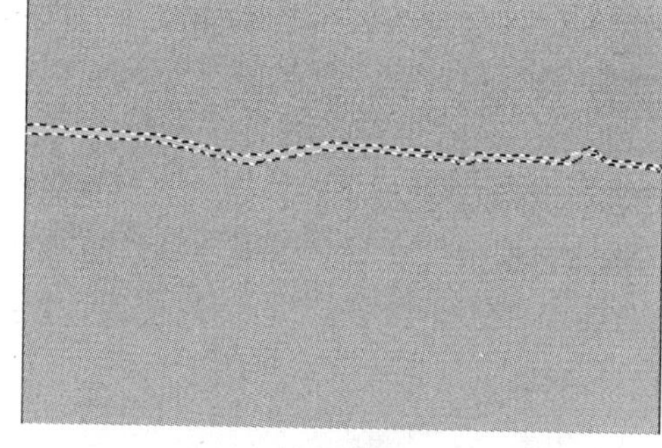

图 2-21　选区绘制

04 复制“线条”图层得到“线条副本”图层，单击“移动工具”，并结合键盘中的方向键向下调整图像的位置，然后将前景色设置为 R255、G67、B17，再单击“油漆桶工具”进行颜色填充，然后按【Ctrl+D】组合键取消选区，如图 2-22 所示。

05 重复步骤**03**、**04**，绘制所有线条，效果如图 2-23 所示。

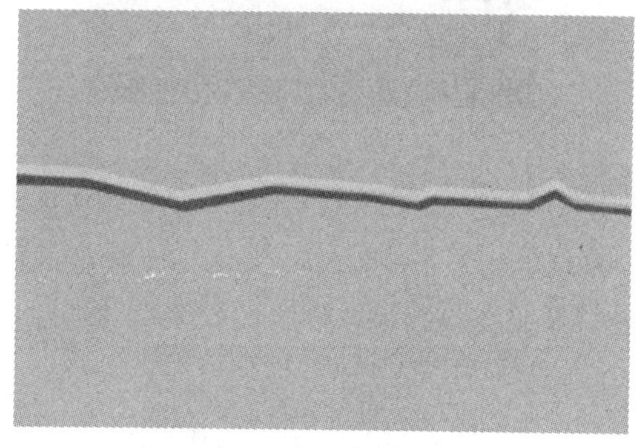

图 2-22　线条副本

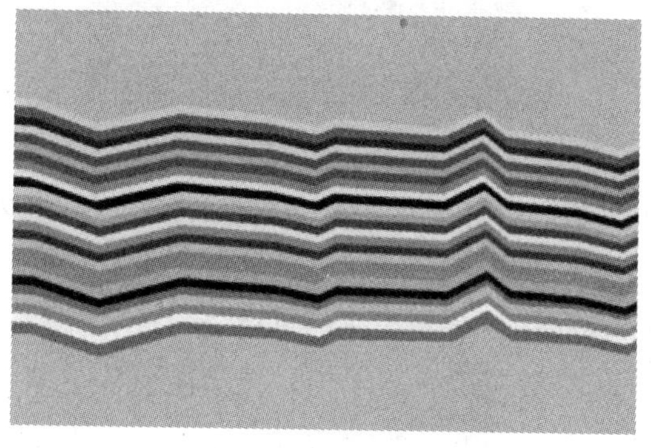

图 2-23　全部线条效果

06 按住【Ctrl】键的同时选择所有线条图层，并将其拖曳到创建新组按钮上，得到“组 1”组。选择组，按【Ctrl+T】组合键对图像进行自由变换，效果如图 2-24 所示。

07 在“背景色”图层上新建图层并重命名为“墙面”，单击“多边形套索工具”创建选区，前景色设置为 R56、G33、B2，填充颜色并取消选区后的效果如图 2-25 所示。

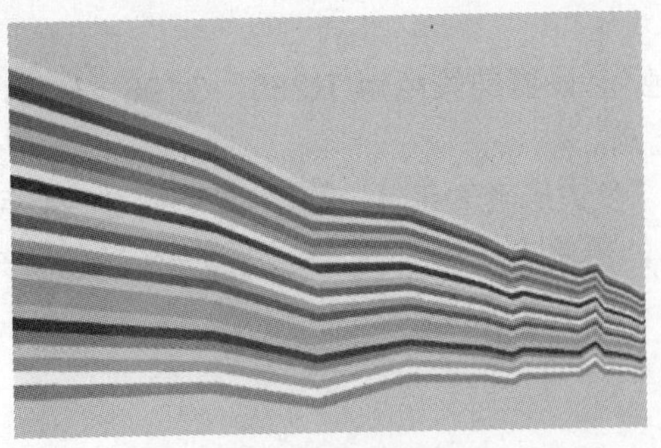

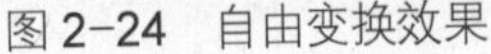

图 2-24　自由变换效果

图 2-25　墙面效果

08　执行“文件”→“打开”命令，打开素材文件“箭头树 1.psd”，单击“移动工具”，将素材文件“箭头树 1”拖曳至文件“七彩插图”中，然后按【Ctrl+T】组合键对图像进行自由变换并调整至合适的位置，效果如图 2-26 所示。

09　执行“文件”→“打开”命令，打开素材文件“箭头树 2.psd”，单击“移动工具”，将素材文件“箭头树 2”拖曳至文件“七彩插图”中，然后按【Ctrl+T】组合键对图像进行自由变换并调整至合适的位置，效果如图 2-27 所示。

图 2-26　箭头树 1 效果

图 2-27　箭头树 2 效果

10　复制“箭头树 2”图层得到“箭头树 2 副本”图层，按【Ctrl+T】组合键对图像进行自由变换并调整至合适的位置，再次复制“箭头树 2 副本”图层得到“箭头树 2 副本 2”图层，然后按【Ctrl+T】组合键对图像进行自由变换并调整至合适的位置，如图 2-28 所示。

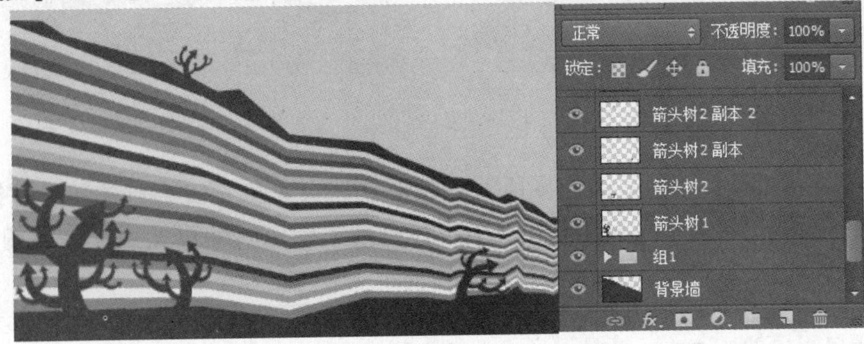

图 2-28　复制箭头树 2 效果

11 执行“文件”→“打开”命令，打开素材文件“云朵.psd”，单击“移动工具”，将素材文件“云朵”拖曳至文件“七彩插图”中，然后按【Ctrl+T】组合键对图像进行自由变换并调整至合适的位置。多次复制“云朵”图层，然后按【Ctrl+T】组合键分别对图像进行自由变换并调整至合适的位置，效果如图 2–29 所示。

图 2–29　云朵效果

12 复制“云朵”图层，将其重命名为“模糊 1”图层，并将其放于“云朵”图层的下层。然后执行“滤镜”→“模糊”→“高斯模糊”命令，在弹出的对话框中将“半径”设置为 20 像素，完成后单击“确定”按钮，效果如图 2–30 所示。

13 使用步骤**12**相同的方法制作其他云朵的模糊效果，本案例最终效果如图 2–31 所示。

图 2–30　云朵模糊效果

图 2–31　案例最终效果

2.1.5　案例拓展

本拓展案例“个性书签”，主要通过色彩不同的半圆图像进行重组和排列，来表现图像的节奏感，运用平面的图像元素突显出个性的图像效果，如图 2–32 所示。

本案例主要使用“椭圆选框工具”、“填充命令”、“矩形选框工具”、“自定形状工具”、“自由变换”命令等。

图 2-32　个性书签

01 新建文件，命名为“个性书签”。使用“椭圆选框工具” 创建圆形选区，设置前景色为 R141、G87、B72，为选区填充颜色，然后取消选区。使用相同的方法分别绘制两个白色和蓝色的圆形，制作的渐变圆效果如图 2-33 所示。

02 单击“矩形选框工具” ，在渐变圆的中心创建选区，按【Delete】键删除选区中的图像得到半圆形，效果如图 2-34 所示。然后利用“自由变换”命令调整大小不同的半圆，并调整至合适的位置。

图 2-33　渐变圆效果

图 2-34　半圆效果

03 利用“自定形状工具”添加元素。单击“自定形状工具” ，在属性栏上选择“填充像素”，并选择“树”“花 1”“蜗牛”等形状，设置合适的颜色后在图像上进行形状填充。

04 打开素材文件“横折线.psd”“箭头图形.psd”“椭圆线.psd”“圆圈.psd”，使用移动工具 ，将素材文件拖曳至文件“个性书签”中，设置适当的图层混合模式，再对图像进行自由变换并调整至合适的位置。

05 最后添加一些文字元素丰富画面效果。

任务 2　画笔绘图

2.2.1　案例效果

案例“梦幻春天效果文字”主要学习画笔工具的操作，效果如图 2-35 所示。

图 2-35　梦幻春天效果文字

2.2.2　案例分析

本案例制作梦幻春天效果的艺术字，案例要把春天的信息加入到文字中，制作时首先要自定义笔刷，再对画笔进行形状、分布、颜色等设置，然后使用画笔描边文字路径来完成。

2.2.3　相关知识

“画笔工具”是 Photoshop 最主要的工具，其工作原理就如同现实生活中的画笔，使用时，设置好前景色、笔尖大小和形状后即可在“画布”上绘制图像。

1.“画笔”下拉面板

在工具栏中单击“画笔工具”，菜单栏中会出现“画笔工具”选项栏，如图 2-36 所示。

图 2-36　“画笔工具”选项栏

单击“画笔”属性栏中的按钮，可以打开“画笔”下拉面板。在面板中不仅可以选择笔尖、调整画笔大小，还可以调整笔尖的硬度，如图 2-37 所示。

- ✧ 大小：拖曳滑块或在文本框中输入数值可以调整画笔的大小。
- ✧ 硬度：用来设置画笔笔尖的硬度。
- ✧ 创建新的预设：单击该按钮，可以打开“画笔名称”对话框，输入画笔名称后，单击“确定”按钮，可以将当前画笔保存为一个预设的画笔。

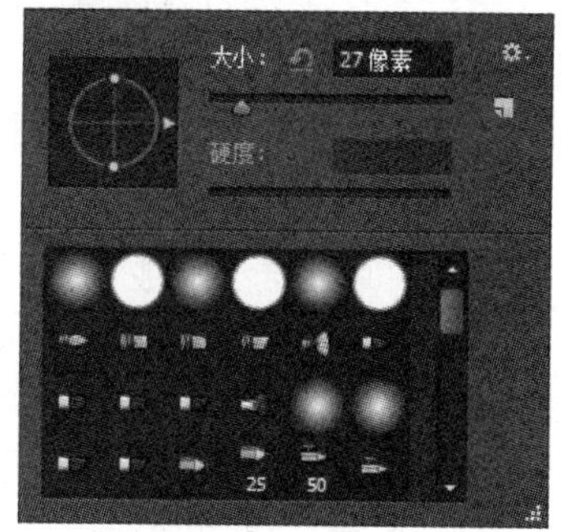

图 2-37　“画笔”下拉面板

单击“画笔”下拉面板右上角的 按钮，在打开的菜单中可以选择面板的显示方式，以及载入预设的画笔库等。

2．“画笔”面板

执行“窗口”→“画笔”命令，或单击工具属性栏中的 按钮，可以打开“画笔”面板，如图 2-38 所示。

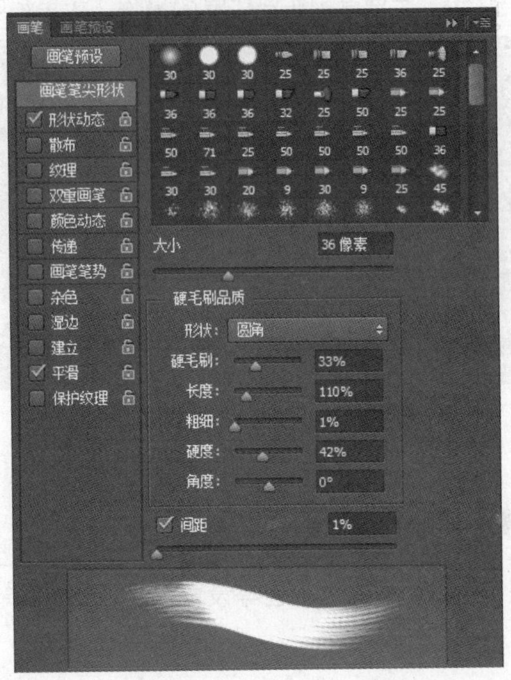

图 2-38 “画笔”面板

✧ 画笔预设：单击该按钮，可以打开“画笔预设”面板。
✧ 画笔设置：单击画笔设置中的选项，面板中会显示该选项的详细设置内容，它们用来改变画笔的角度、圆度以及为其添加纹理、颜色动态等变量。
✧ 锁定/未锁定：显示锁定图标 时，表示当前画笔的笔尖形状属性（形状动态、散布、纹理等）为锁定状态。单击该图标即可取消锁定（图标会变为 状）。
✧ 画笔笔尖/画笔描边预览：显示了 Photoshop 提供的预设画笔笔尖。
✧ 画笔参数选项：用来调整画笔的参数。
✧ 显示画笔样式 ：使用毛刷笔尖时，在窗口中显示笔尖样式。
✧ 打开预设管理器 ：单击该按钮，可以打开“预设管理器”对话框。
✧ 创建新画笔 ：如果对一个预设的画笔进行了调整，可单击该按钮，将其保存为一个新的预设画笔。

（1）画笔笔尖形状。

如果要调整画笔的大小、角度、圆度、硬度和间距等笔尖形状特性，可单击“画笔笔尖形状”选项，然后在显示的选项中进行设置，如图 2-39 所示。

✧ 大小：设置画笔笔尖的直径大小。可以通过修改后面窗口中的数值或拖动滑块来调整笔头的大小。

✧ 翻转 X/翻转 Y：用来改变画笔笔尖在其 X 轴或 Y 轴上的方向。
✧ 角度：用来设置椭圆笔尖和图像样本笔尖的旋转角度。
✧ 圆度：用来设置画笔长轴和短轴之间的比例。
✧ 硬度：用来设置画笔硬度中心的大小。该值越小，画笔的边缘越柔和。
✧ 间距：用来控制描边中两个画笔笔迹之间的距离。该值越大，笔迹之间的间隔距离越大。如果取消选择，则会根据光标的移动速度调整笔迹的间距。

（2）形状动态。

“形状动态”决定了描边中画笔的笔迹如何变化，可以使画笔的大小、圆度等产生随机变化效果，如图 2-40 所示。

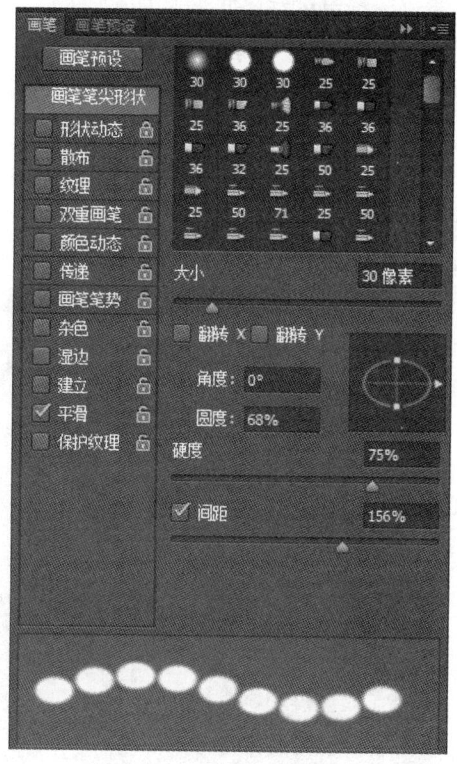

图 2-39　画笔笔尖形状

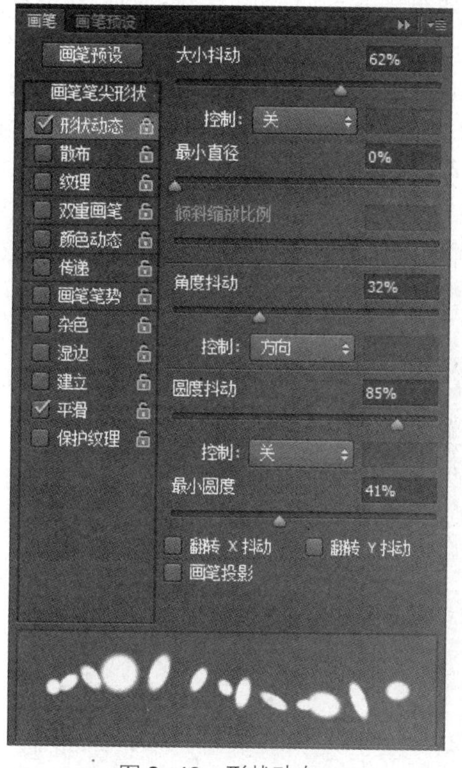

图 2-40　形状动态

✧ 大小抖动：用来设置画笔笔迹大小的改变方式。该值越高，轮廓越不规则。在“控制”选项下拉列表中可以选择抖动的改变方式。选择“关”，表示无抖动；选择“渐隐”，可按照指定数量的步长在初始直径和最小直径之间渐隐画笔笔迹，使其产生逐渐淡出的效果；如果计算机配置有数位板，则可以选择“钢笔压力”“钢笔斜度”“钢笔轮”和“旋转”选项，此后可根据钢笔的压力、斜度、钢笔轮位置或钢笔的旋转来改变初始直径和最小直径之间的画笔笔迹大小。
✧ 最小直径：启用了“大小抖动”后，可通过该选项设置画笔笔迹可以缩放的最小百分比。该值越大，笔尖直径的变化越小。
✧ 角度抖动：用来改变画笔笔迹的角度。
✧ 圆度抖动/最小圆度：用来设置画笔笔迹的圆度在描边中的变化方式。

对于专业的绘画和数码艺术创作者来说，最好是配备一个数位板，在数位板上作画。数位板由一块画板和一只无线的压感笔组成，就像是画家的画板和画笔。使用压感笔在数位板上作画时，随着笔尖在画板上着力的轻重、速度以及角度的改变，绘制出的线条就会产生粗细和浓淡等变化，与在纸上画画的感觉几乎没有区别。

（3）散布。

“散布”决定了描边中笔迹的数目和位置，使笔迹沿绘制的线条扩散，如图 2-41 所示。

✧ 散布/两轴：用来设置画笔笔迹的分散程度，该值越高，分散的范围越广。

✧ 数量：用来指定在每个间距间隔应用的画笔笔迹数量。

✧ 数量抖动/控制：用来指定画笔笔迹的数量如何针对各种间距间隔而变化。

（4）纹理。

如果要使画笔绘制出的线条像是在带纹理的画布上绘制的一样，可以单击纹理选项，选择一种图案，将其添加到描边中，以模拟画布效果，如图 2-42 所示。

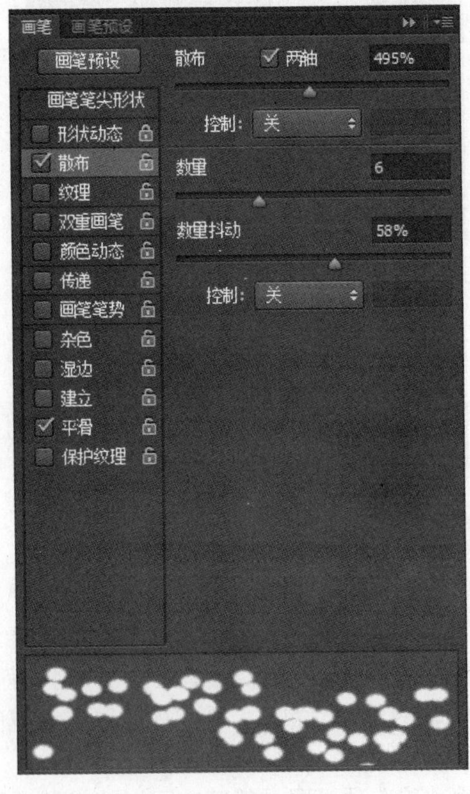

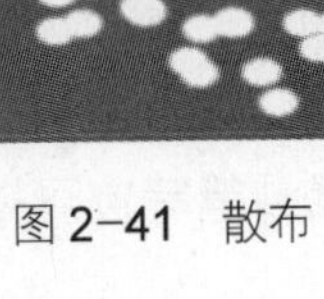

图 2-41　散布

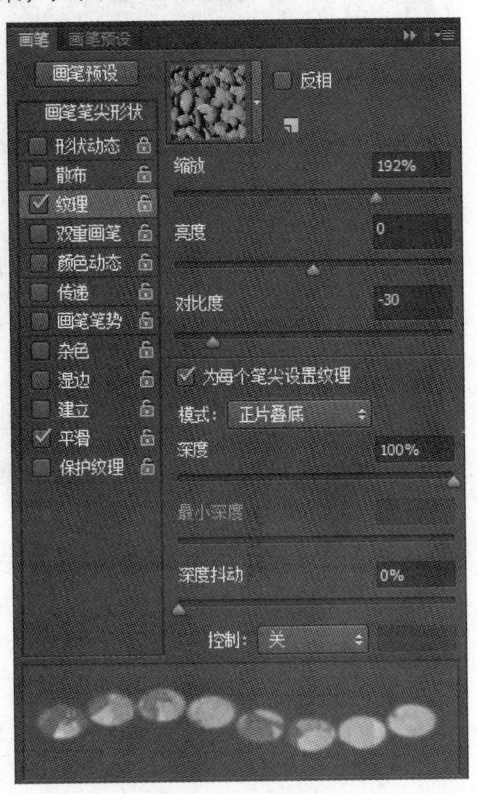

图 2-42　纹理

✧ 反相：勾选该项，可基于图案中的色调反转纹理中的亮点和暗点。

✧ 缩放：用来缩放图案。

✧ 为每个笔尖设置纹理：用来决定绘画时是否单独渲染每个笔尖 。如果不选择该项，将无法使用“深度”变化选项。

✧ 模式：可以选择图案与前景色之间的混合模式。

✧ 深度：用来指定油彩渗入纹理中的深度。该值为 0%时，纹理中的所有点都接收相同数量的油彩，进而隐藏图案；该值为 100%时，纹理中的暗点不接收任何油彩。

✧ 深度抖动：用来设置纹理抖动的最大百分比。只有勾选“为每个笔尖设置纹理”选项后，该选项才可以使用。

（5）双重画笔。

“双重画笔”可以让描绘的线条中呈现出两种画笔效果。首先要在“画笔笔尖形状”选项设置主笔尖，然后再从“双重画笔”中选择另一个笔尖，如图 2–43 所示。

✧ 大小：用来设置笔尖的大小。

✧ 间距：用来控制描边中双笔尖画笔笔迹之间的距离。

✧ 散布：用来指定描边中双笔尖画笔笔迹之间的分布方式。如果勾选“两轴”，双笔尖画笔笔迹按径向分布；取消勾选，则双笔尖画笔笔迹垂直于描边路径分布。

✧ 数量：用来指定在每个间距间隔应用的双笔尖笔迹数量。

（6）颜色动态。

如果要让绘制出的线条的颜色、饱和度和明度等产生变化，可单击“颜色动态”选项，通过设置选项来改变油彩颜色的变化方式，如图 2–44 所示。

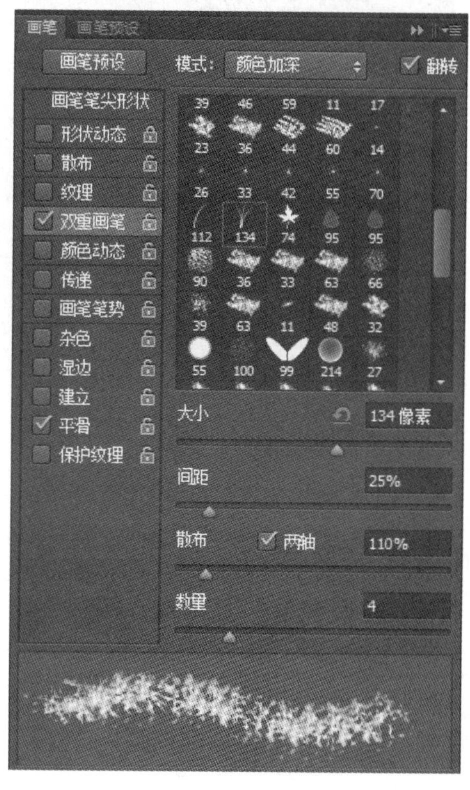

图 2–43　双重画笔

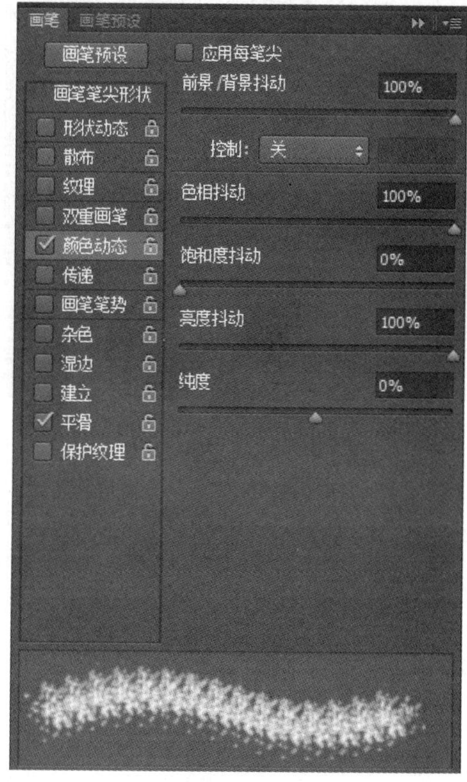

图 2–44　颜色动态

✧ 前景/背景抖动：用来指定前景色和背景色之间的油彩变化方式。该值越小，变化后的颜色越接近前景色；该值越大，变化后的颜色越接近背景色。
✧ 色相抖动：用来设置颜色变化范围。该值越小，颜色越接近前景色；该值越大，色相变化越丰富。
✧ 饱和度抖动：用来设置颜色的饱和度变化范围。
✧ 亮度抖动：用来设置颜色的亮度变化范围。
✧ 纯度：用来设置颜色的纯度。该值为-100%时，笔迹的颜色为黑白色。

（7）其他选项。

✧ 传递：用来确定油彩在描边路线中的改变方式，如图 2-45 所示。
✧ 画笔笔势：用来调整毛刷画笔笔尖、侵蚀画笔笔尖的角度，如图 2-46 所示。

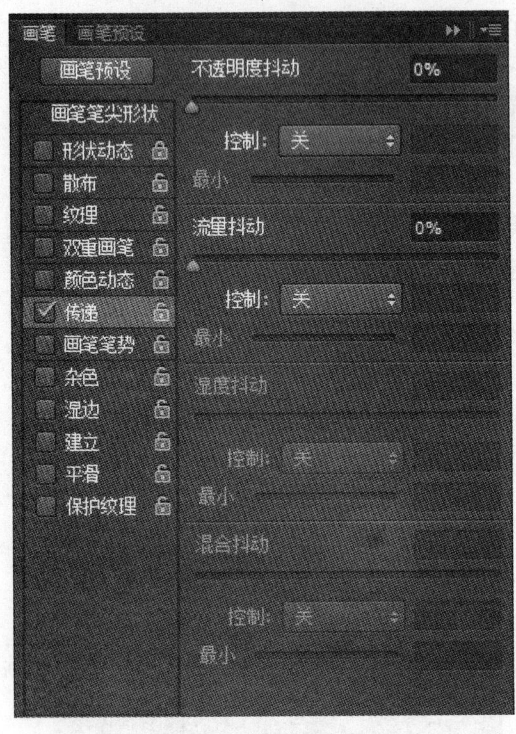

图 2-45　传递

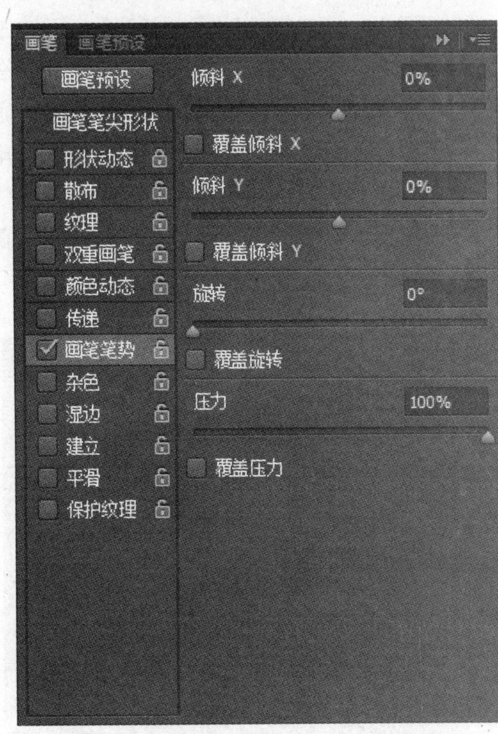

图 2-46　画笔笔势

✧ 杂色：可以为个别画笔笔尖增加额外的随机性。
✧ 湿边：可以沿画笔描边的边缘增加油彩量，创建水彩效果。
✧ 建立：将渐变色调应用于图像，同时模拟传统的喷枪技术。
✧ 平滑：在画笔描边中生成更平滑的曲线。使用压感笔进行快速绘画时，该选项最有效。
✧ 保护纹理：将相同图案和缩放比例应用于具有纹理的所有画笔预设。选择该选项后，使用多个纹理画笔笔尖绘画时，可以模拟出一致的画布纹理。

【例 2-3】 利用“画笔工具”制作如图 2-47 所示蜡笔小新效果。

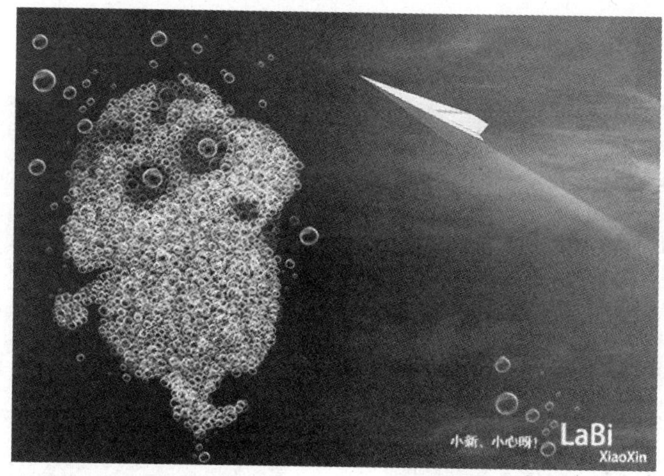

图 2-47　气泡组成的蜡笔小新

01 打开素材图片“背景.jpg”，打开“路径”面板，里面有一个矢量图形，它是小新的外形轮廓。新建图层 1，选择“画笔工具”，在工具栏的“画笔”下拉面板中选择一个尖角笔尖，如图 2-48 所示。将前景色设置为白色。单击“路径”面板底部的按钮，用画笔描边路径，小新的外形就呈现出来了，如图 2-49 所示。

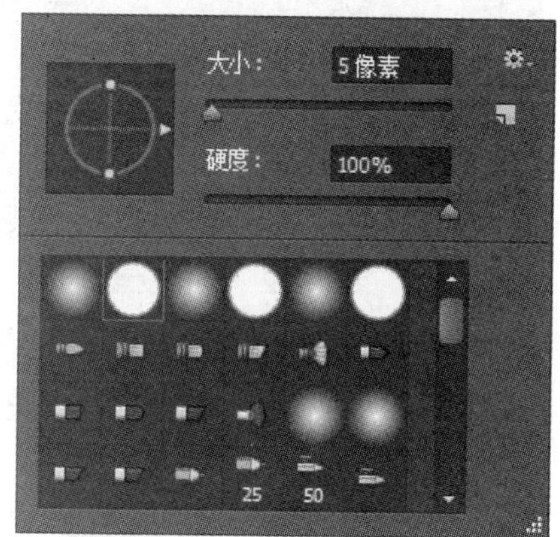

图 2-48　尖角笔尖

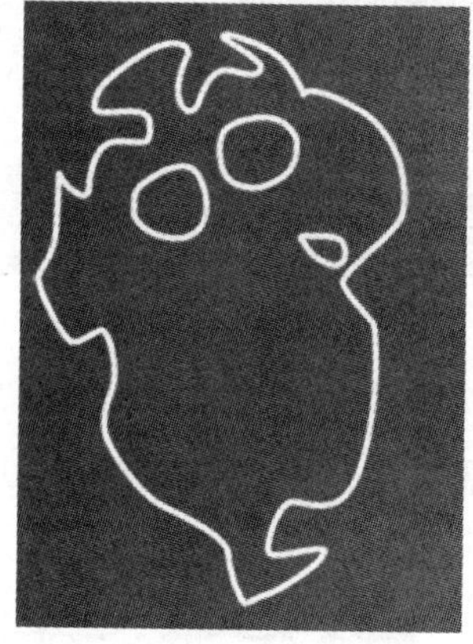

图 2-49　小新轮廓

02 打开素材图片“气泡笔尖.psd”，选择图层 1 中的气泡，执行“编辑”→“定义画笔预设”命令，在“名称”文本框中输入“样本画笔 2”，单击“确定”按钮完成画笔的定义，如图 2-50 所示。

图 2-50　定义画笔

03 新建一个图层，选择“画笔工具”，按下【F5】快捷键打开“画笔”面板，找到自定义的画笔笔尖，并调整大小为 60 像素和间距为 140%。再分别选中“形状动态”和“散布”选项，并设置对应的参数，如图 2-51 和图 2-52 所示。

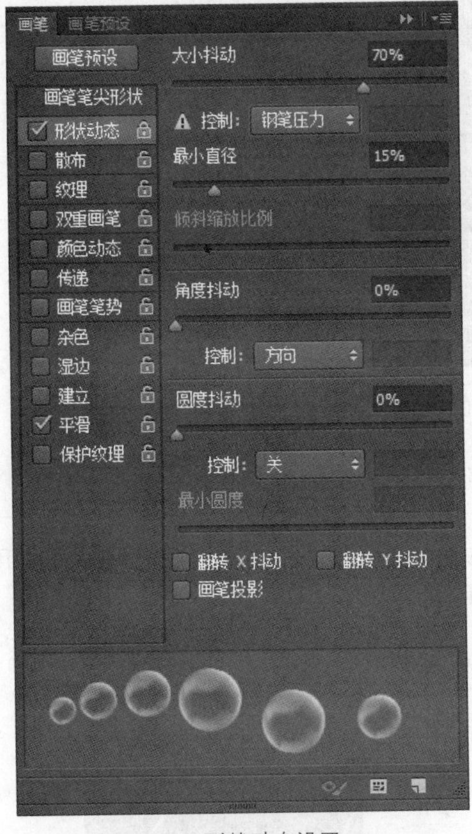

图 2-51　形状动态设置

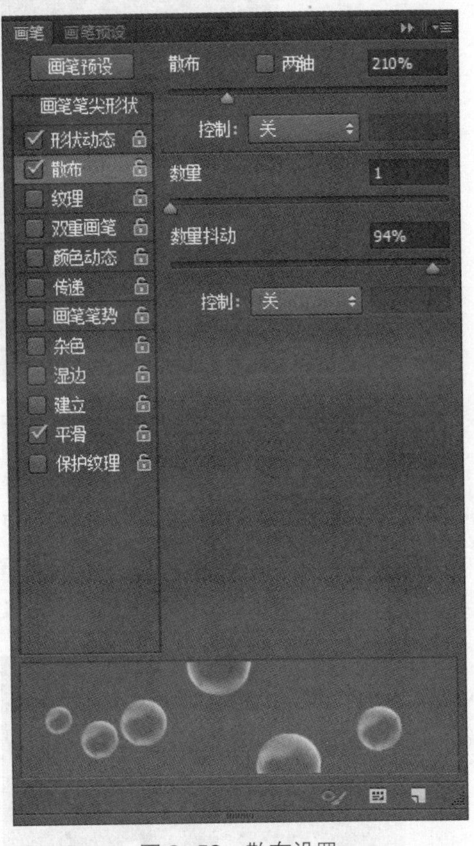

图 2-52　散布设置

04 设置前景色为白色，使用“画笔工具”在画面中单击并拖动鼠标，画出小新的形象，如图 2-53 所示。在轮廓内继续涂抹气泡，并将头顶、眼睛和嘴巴等缺失的地方补全，如图 2-54 所示。

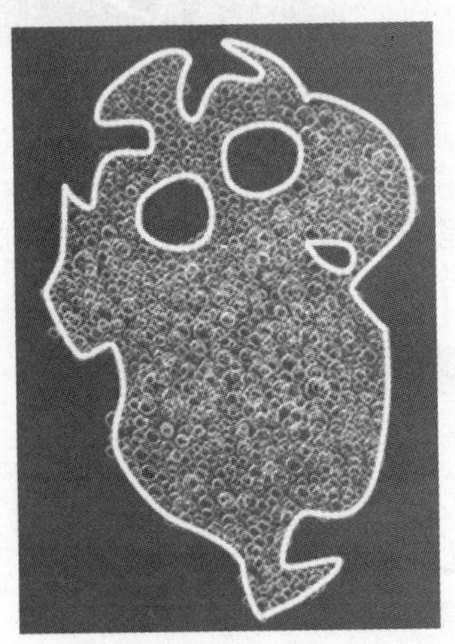

图 2-53　形状动态设置

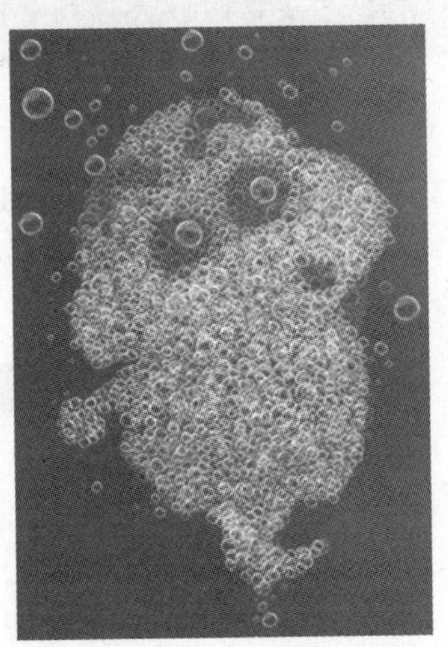

图 2-54　散布设置

05 最后输入一些文字，让画面更加充实。

2.2.4　案例实现

1．自定义画笔

01 新建文档，高度和宽度均设置为 230 像素，使用“椭圆工具”绘制一个圆形，填充任意颜色，按【Ctrl+D】组合键取消选区，如图 2-55 所示。

02 双击圆形所在图层，添加渐变叠加样式，如图 2-56 所示。

图 2-55　绘制圆形

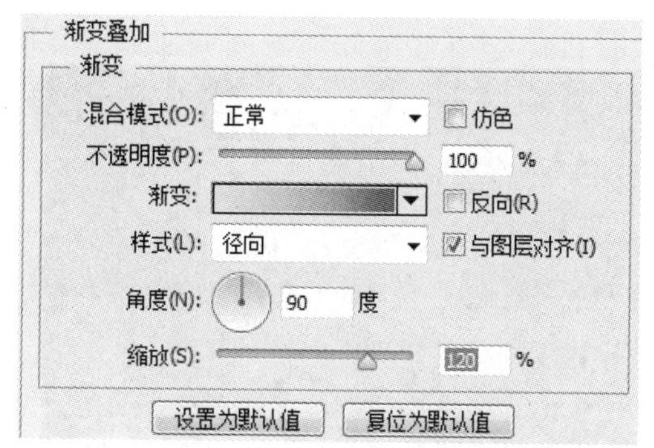

图 2-56　渐变叠加样式

03 在渐变叠加样式中创建一个三色的渐变（可以通过单击色标滑块添加颜色），左侧颜色为#e9e9e9，右侧为#636363，中间颜色为#b3b3b3，确保中间颜色的位置是 60%，如图 2-57 所示。完成编辑后，回到“图层”面板，选择渐变效果，如图 2-58 所示。

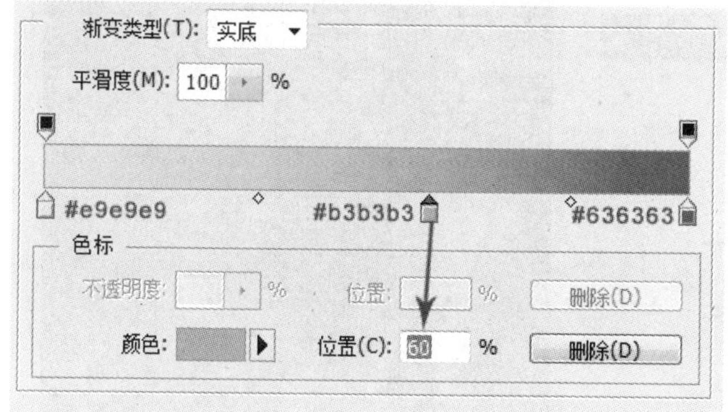

图 2-57　三色渐变

图 2-58　圆形渐变效果

04 执行“编辑”→“定义画笔预设”命令，自定义画笔，如图 2-59 所示。

图 2-59 定义画笔

2. 创建背景

01 新建文档，设置文档大小为 1024×768 像素。将前景色设置为#a6a301，背景色设置为#486024，从中心向四周创建一个径向渐变，如图 2-60 所示。打开素材文件“01.jpg”，将其拖曳到文档中，如图 2-61 所示。

图 2-60 渐变背景

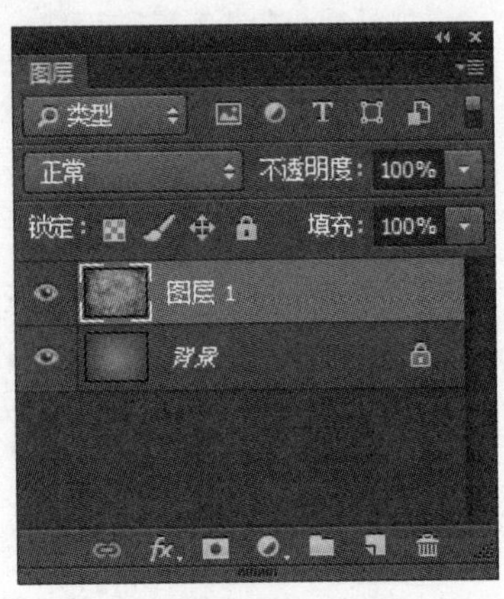

图 2-61 拖入素材

02 选中图层 1，执行“图像”→“调整”→“色相/饱和度”命令，将饱和度设置为-100，如图 2-62 所示。然后将图层混合模式更改为柔光，如图 2-63 所示。

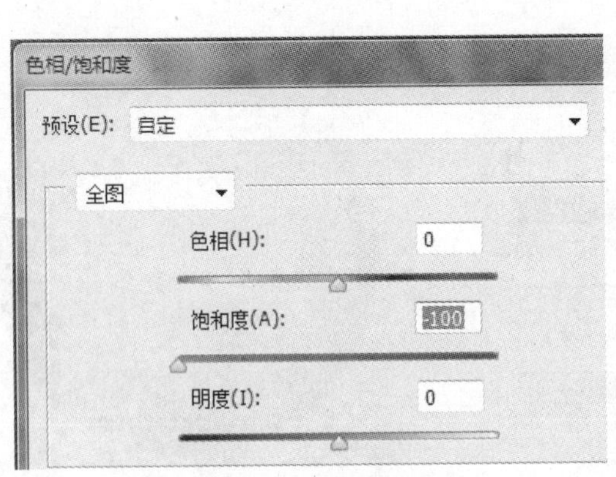

图 2-62 色相/饱和度设置

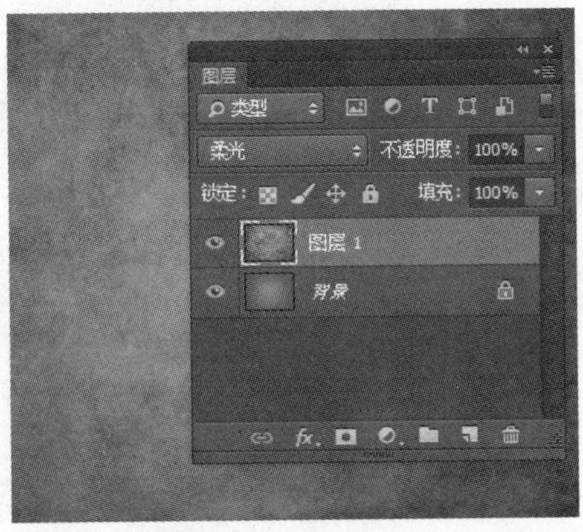

图 2-63 柔光效果

03 选择“调整”面板中的“创建新的色相/饱和度调整图层”，参数设置如图 2-64 所示。

04 打开素材文件“02.jpg”，将其拖曳到文档中，图层混合模式更改为“正片叠底”，如图 2-65 所示。

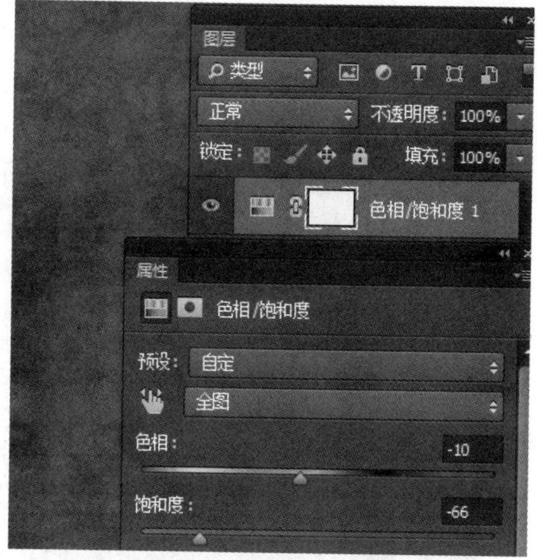

图 2-64　创建新的色相/饱和度调整图层

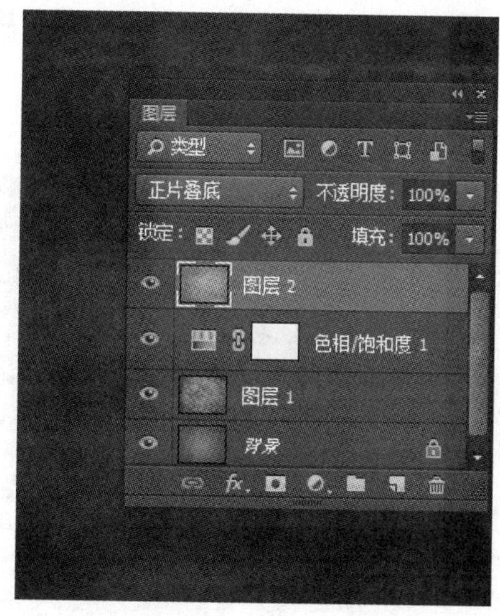

图 2-65　正片叠底模式

3．使用画笔创建文字效果

01 创建文字，字体为 Brie Light，大小为 320 点，颜色为#6f500c，如图 2-66 所示。双击文字图层，添加投影图层样式，参数设置如图 2-67 所示，文字效果如图 2-68 所示。

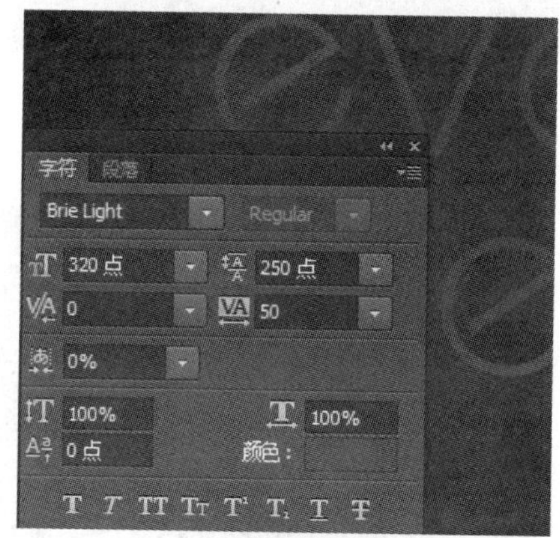

图 2-66　输入文字

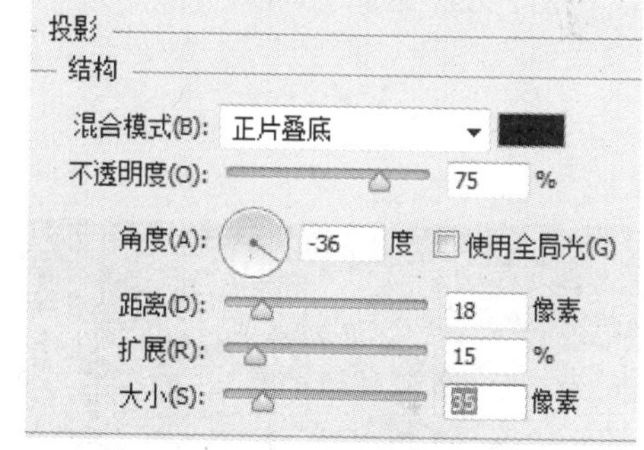

图 2-67　参数设置

图 2-68　文字投影效果

02 在工具栏中单击“画笔工具”，打开“画笔”面板，选择上面步骤自定义的画笔，画笔笔尖形状如图 2-69 设置，形状动态、散布、颜色动态分别如图 2-70～图 2-72 所示。

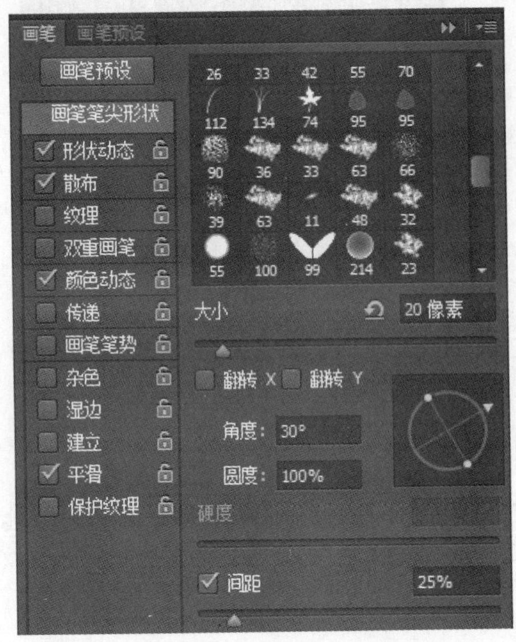

图 2-69　画笔笔尖形状

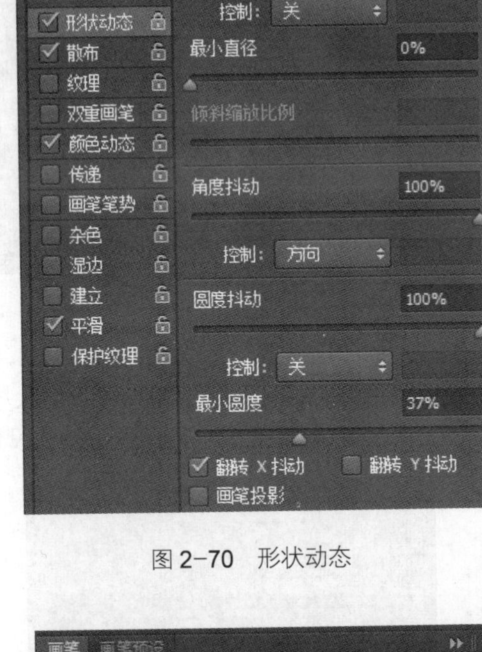

图 2-70　形状动态

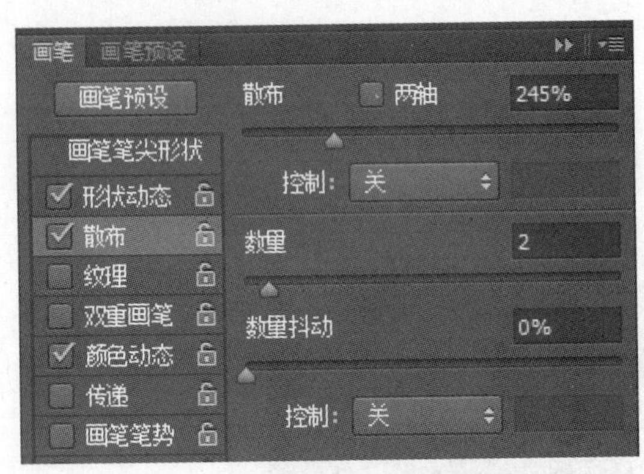

图 2-71　散布

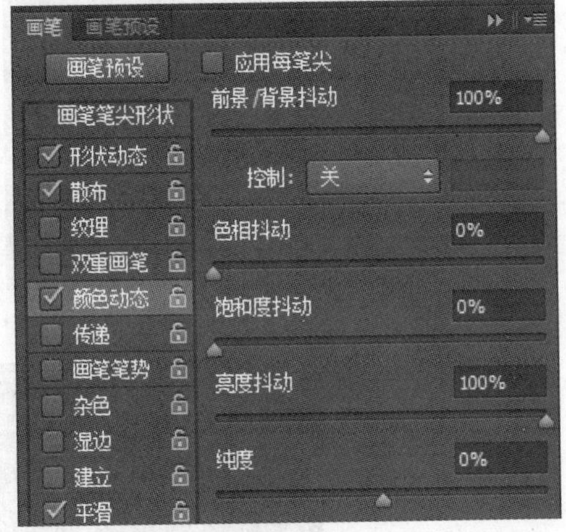

图 2-72　颜色动态

03 选中文字图层，单击鼠标右键，选择“创建工作路径”命令，为文字创建路径，如图 2-73 所示。将前景色设置为**#a7a400**，背景色设置为**#5a5919**，新建一个图层，命名为“绿”。使用画笔描边路径，效果如图 2-74 所示。

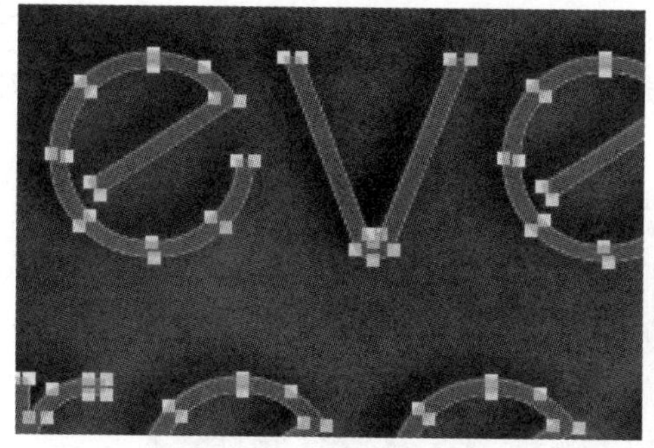
图 2-73　创建文字路径

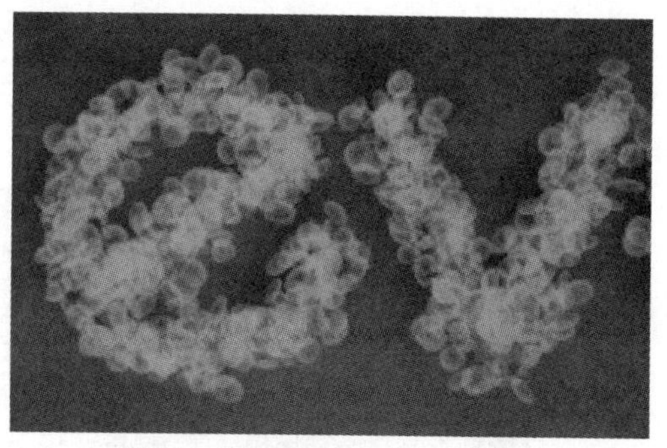
图 2-74　路径描边效果

04 选择“画笔工具”中的喷溅笔刷，画笔笔尖形状、形状动态、散布、颜色动态分别如图 2-75～图 2-78 所示。

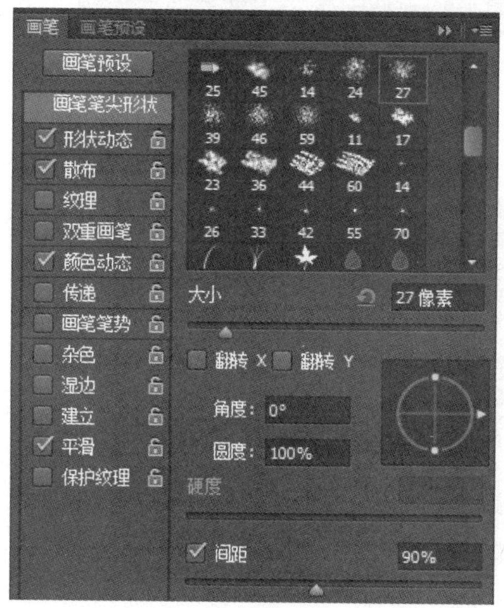

图 2-75　画笔笔尖形状

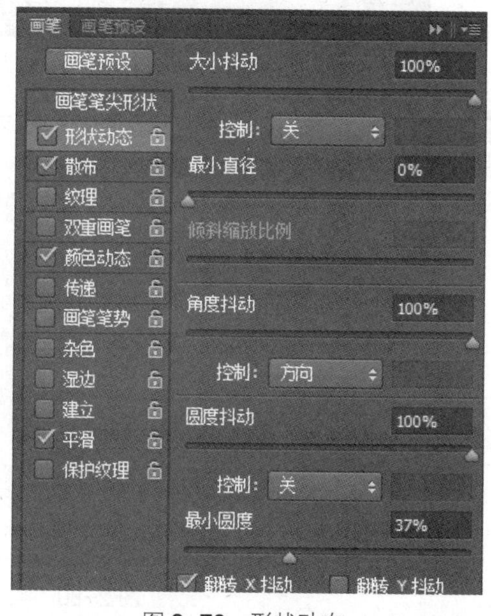

图 2-76　形状动态

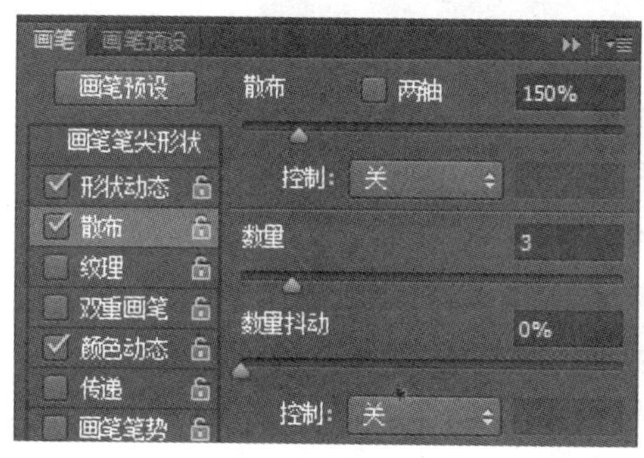

图 2-77　散布

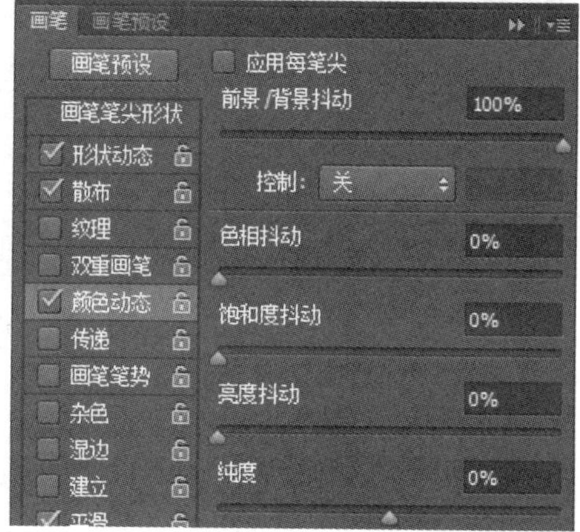

图 2-78　颜色动态

05 创建新图层，命名为“玫瑰”，然后将前景色设置为**#f49e9c**，背景色设置为**#df0024**，重复上面步骤对文字进行描边，并将图层混合模式改为“颜色减淡”，如图 2-79 所示。

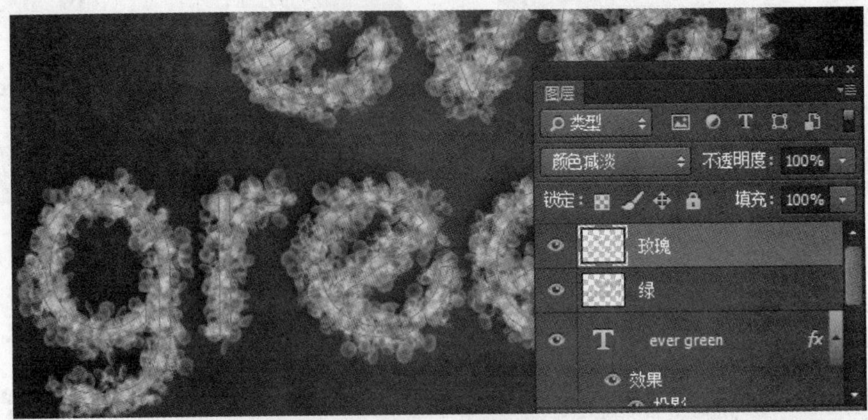

图 2-79　画笔再次描边效果

06 在文字图层下方新建一图层，命名为“透亮”，将前景色设置为**#a7a400**，使用柔角笔刷在文字轮廓周围涂抹，如图 2-80 所示。

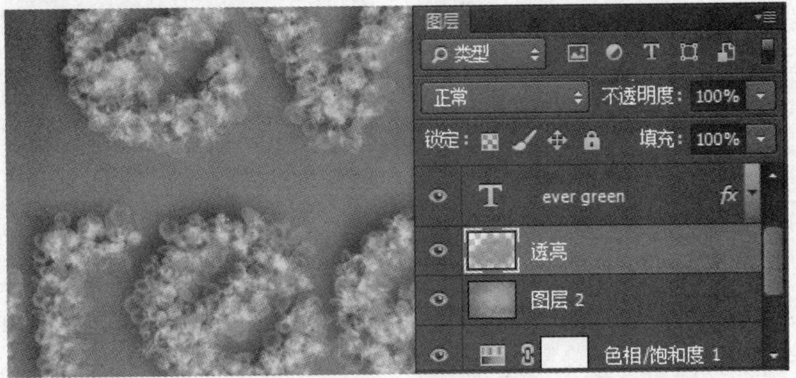

图 2-80　柔角笔刷涂抹效果

07 将“透亮”图层的图层混合模式改为“叠加”，效果如图 2-81 所示。

图 2-81　图层效果

2.2.5　案例拓展

本拓展案例“棒球效果文字”，使用“画笔工具”制作文字的缝线效果，并使用图层样式对文字进行了处理，效果如图 2-82 所示。

图 2-82　棒球效果文字

01　打开素材文件“草地.jpg”，使用色彩平衡和色阶命令调整图像的颜色和亮度。

02　创建文字图层，并为文字创建工作路径，载入素材中的“缝线画笔.abr”，对文字进行描边操作。

03　为文字添加“斜面和浮雕”样式，在其中的纹理选项中载入素材“皮革图案.pat”。

04　为文字的缝线边添加“斜面和浮雕”“内阴影”“内发光”和“投影”样式。

任务 3　路径绘图

2.3.1　案例效果

本案例绘制如图 2-83 所示效果图。

图 2-83　案例效果图

2.3.2 案例分析

本案例是绘制英语通宣传页面。首先绘制 3 个白色的曲线形状（使用路径运算和钢笔工具进行绘制），然后绘制文字，描边并斜切。

2.3.3 相关知识

2.3.3.1 路径描边

路径在 Photoshop 中只是一个桥梁作用，给路径描上边，路径就变成了真正的位图图像并显示在“图层”面板中。

打开“路径”面板，在“路径”面板中选择工作路径并单击鼠标右键，弹出菜单如图 2-84 所示，在弹出菜单中选择“描边路径”，这时会弹出如图 2-85 所示的“描边路径”对话框。或按住【Alt】键同时单击画笔描边按钮○，也会弹出如图 2-85 所示的“描边路径”对话框。

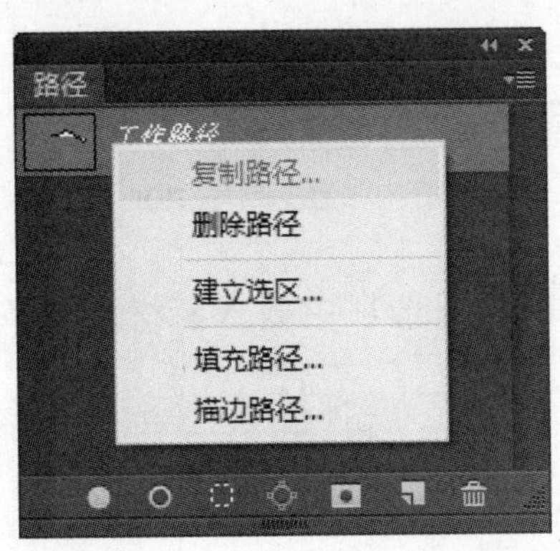

图 2-84 工作路径弹出菜单

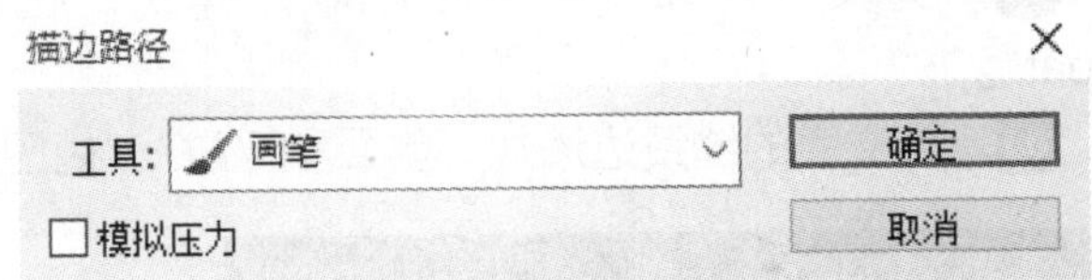

图 2-85 “描边路径”对话框

（1）“模拟压力”定义了描边的效果，图 2-86 和图 2-87 是勾选和不勾选“模拟压力”选项□模拟压力时的不同操作效果。

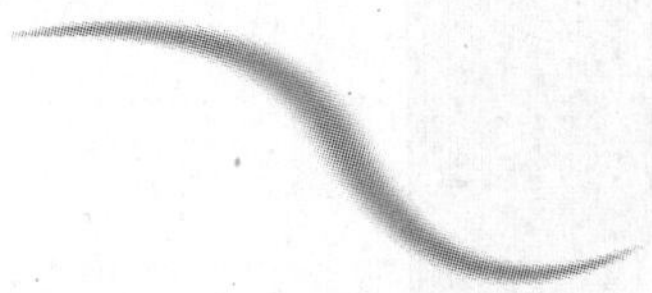

图 2-86 勾选“模拟压力”选项的效果

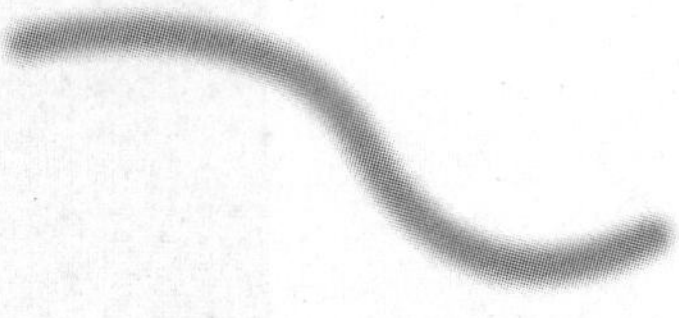

图 2-87 不勾选“模拟压力”选项的效果

（2）在工具的下拉列表中选择描边的工具，如图 2-88 所示，系统会自动利用各工具的当前设置对路径进行描边。当然这里最常用的是选择画笔对路径进行描边。

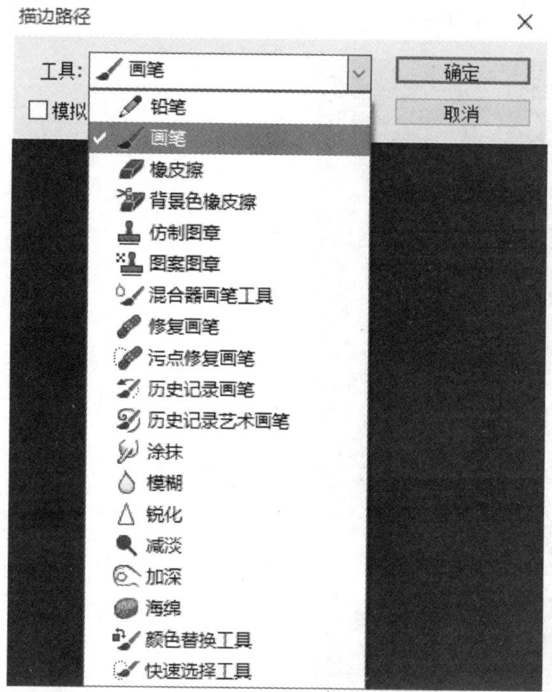

图 2-88　描边工具

路径描边的步骤如下：

① 选用“钢笔工具”或“形状工具”，并选择路径绘图方式，绘制想要的路径。

② 选择“画笔工具”，设置好画笔的大小、硬度及其他参数，并选择好前景色。

③ 最好在描边之前，先新建图层，把后面的描边结果放在新建图层上以便修改。

④ 进入“路径”面板，选择工作路径并单击鼠标右键，在弹出的菜单中选择“描边路径”，这时在“描边路径”对话框中选择“画笔”来描边。

【例 2-4】 路径描边——飘带的制作。

01 选用“钢笔工具”，并选择路径绘图方式，绘制一条“S”形的路径，如图 2-89 所示。

图 2-89　路径

02 选择“画笔工具”，按【F5】键进入“画笔”面板，如图 2-90 所示，设置“画笔笔尖形状”，设置画笔笔尖为圆形，直径为 19 像素，角度为 26°，圆度为 0%，硬度为 100%，间距为 25%。

03 新建一图层。再切换到“路径”面板，选择工作路径后单击鼠标右键，在弹出的下拉菜单中选择“描边路径”，在此面板中，选择“画笔”进行描边，勾选“模拟压力”选项。结果如图 2-91 所示。

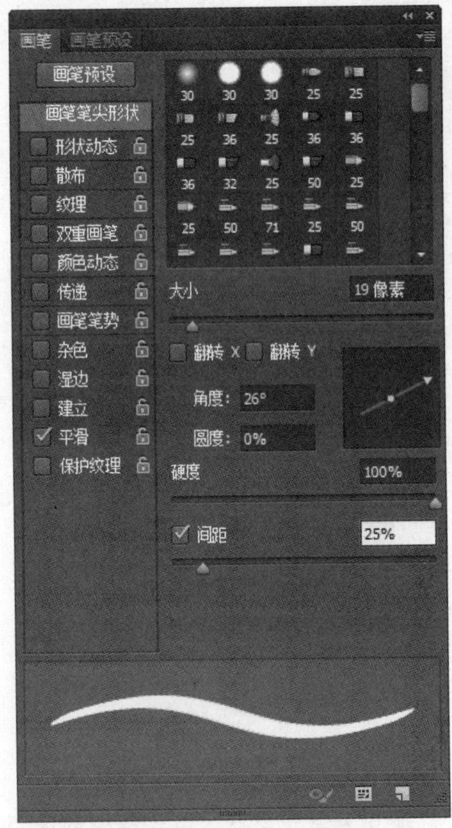

图 2-90　画笔设置

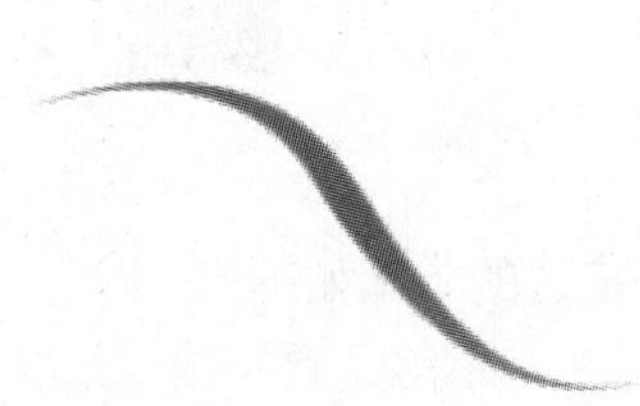

图 2-91　描边效果

2.3.3.2　形状绘制

Photoshop 的形状工具包括“矩形工具”、“圆角矩形工具”、“椭圆工具”、“多边形工具”、“自定形状工具”和“直线工具”，如图 2-92 所示。

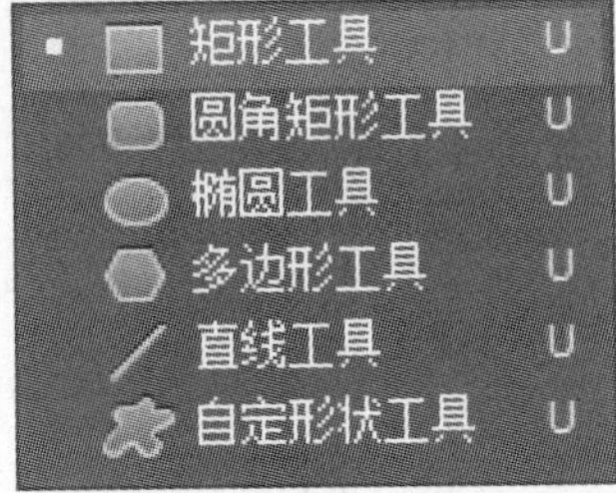

图 2-92　创建形状的工具

1．矩形工具

“矩形工具”用于在图像中创建矩形路径，其属性设置窗口如图 2-93 所示。在“属性”面板中，可以设置矩形的大小、位置、填充色、线条宽度、线型、线条对齐方式、线条端点及圆角半径等。

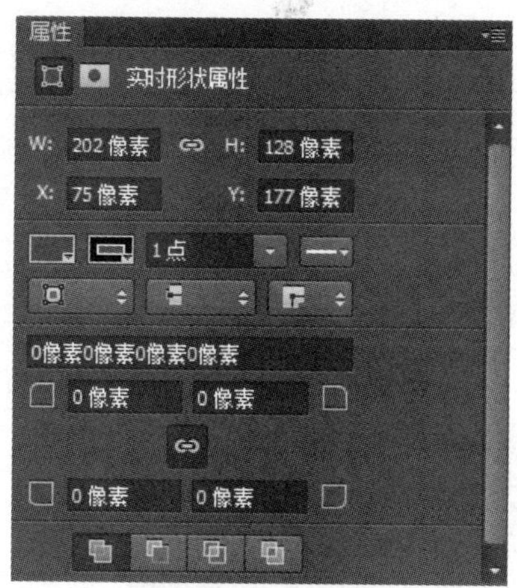

图 2-93　“矩形工具”的“属性”面板

2．椭圆工具

“椭圆工具”用于在图像中创建圆形或椭圆形路径，其属性设置和矩形工具相似。

3．多边形工具

“多边形工具”用于在图像中创建正多边形或星形的路径，其“属性”面板如图 2-94 所示。

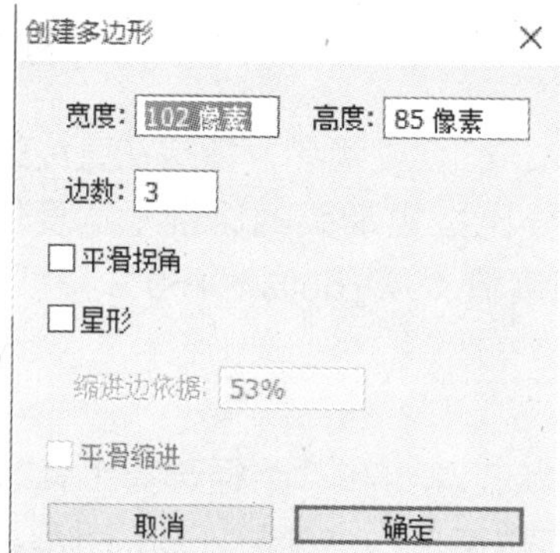

图 2-94　“多边形工具”的“属性”面板

✧ 平滑拐角和平滑缩进：用平滑拐角或缩进渲染多边形。

✧ 星形：表示创建星形的多边形路径，如图 2-95 所示。

以下的图形是多边形且边数为 5 边，并设置了多边形选项后的各种情况：

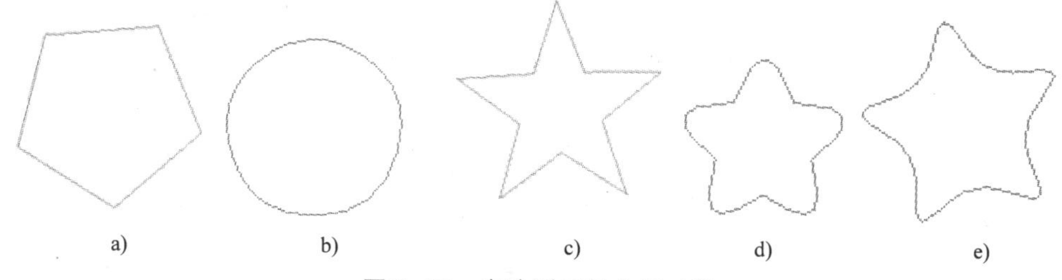

图 2-95　多边形工具应用对照

a) 没选任何选项　b) 勾选平滑拐角　c) 勾选星形　d) 勾选星形并平滑拐角　e) 全部勾选上

4．自定形状工具

“自定形状工具”用于在图像中创建固定形状的路径。选择“自定形状工具”之后，在画布上单击鼠标右键，可以在弹出的如图 2-96 所示的形状框中选择固定的形状创建路径。单击该面板右上角的按钮，可以载入更多的形状。

5．直线工具

“直线工具”主要用于在图像中创建线段或箭头形状的路径，其“属性”面板如图 2-97 所示。

图 2-96　形状框

图 2-97　“直线工具”的“属性”面板

用箭头渲染直线：选择起点、终点或两者，指定在直线的哪一端渲染箭头；箭头的宽度值和长度值，以直线宽度的百分比指定箭头的比例（宽度值从 10% ~ 1000%，长度值从 10% ~ 5000%）；输入箭头的凹度值（从-50% ~ +50%），凹度值定义箭头最宽处（箭头和直线在此相接）的曲率。

2.3.3.3　路径运算

当选择了“钢笔工具”、形状工具组和“路径选择工具”后，工具选项栏中就会出现路径操作按钮，单击它会弹出下拉菜单，如图 2-98 所示。它们表示了路径的几种运算方式：合并形状、减去顶层形状、与形状区域相交和排除重叠形状。图 2-99 ~ 图 2-102 是两个路径区域运算后的结果示意图（运算结果中填充颜色的部分是运算的结果）。

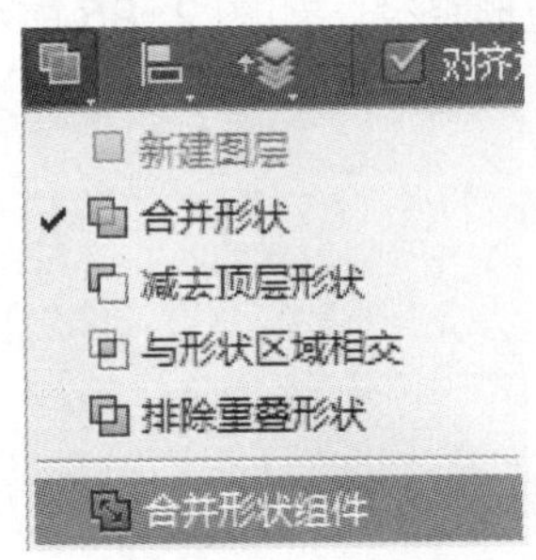

图 2-98　路径操作下拉菜单

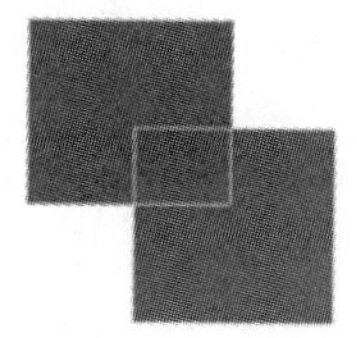
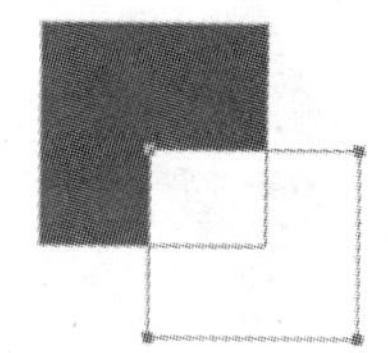
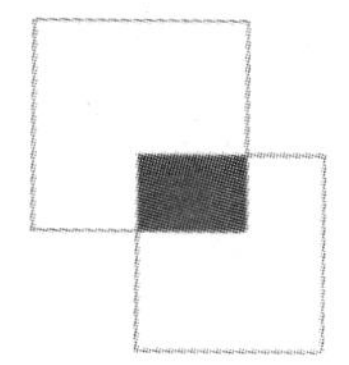

图 2-99　合并形状　图 2-100　减去顶层形状　图 2-101　与形状区域相交　图 2-102　排除重叠形状

【例 2-5】 利用“多边形工具”，制作如图 2-103 所示的标志。

01 选择“多边形工具”，在其选项栏中选择形状绘图方式，设置填充色为红色，描边为无，边数为 3，并设置星形三角形，如图 2-104 所示。按住【Shift】键绘制三角形，如图 2-105 所示。

图 2-103　标志

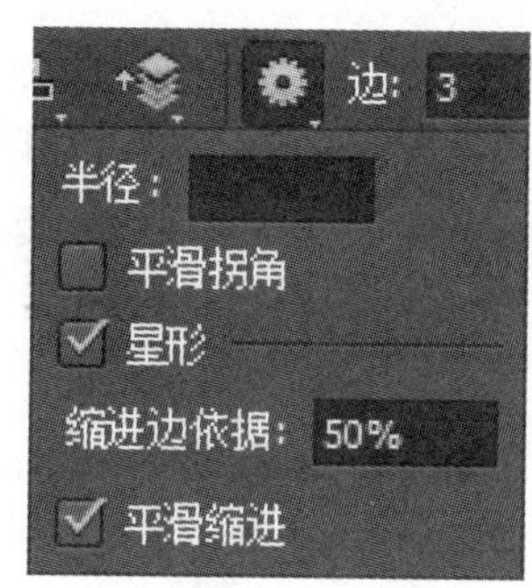

图 2-104　多边形工具栏

02 用“路径选择工具”选择它，按下【Alt+Ctrl+T】键，在选项栏中输入角度 180 度，对此三角形进行复制并旋转 180°，注意旋转的中心点在三角形的下方，如图 2-106 所示，结果如图 2-107 所示。

03 用“路径选择工具”选择这两个正反倒立的三角形，单击选项栏中路径操作按钮，选择“合并形状组件”，如图 2-108 所示。

图 2-105　正三角形

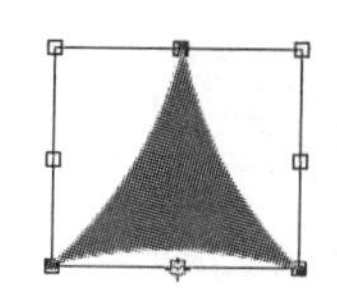

图 2-106　自由变换

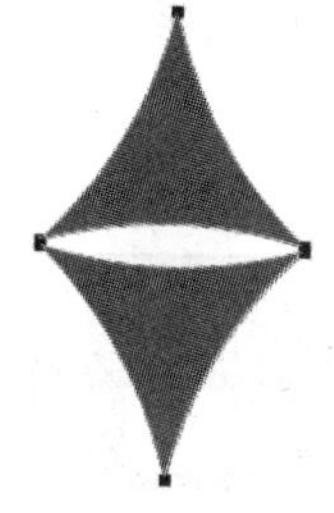

图 2-107　复制并旋转 180°

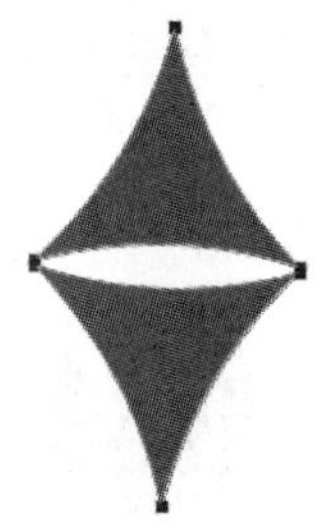

图 2-108　组合

04 再按下【Alt+Ctrl+T】组合键，把中心点移至图形的下方，如图 2-109 所示，在选项栏中输入角度 120 度，结果如图 2-110 所示。按下【Enter】键，结束此步操作。

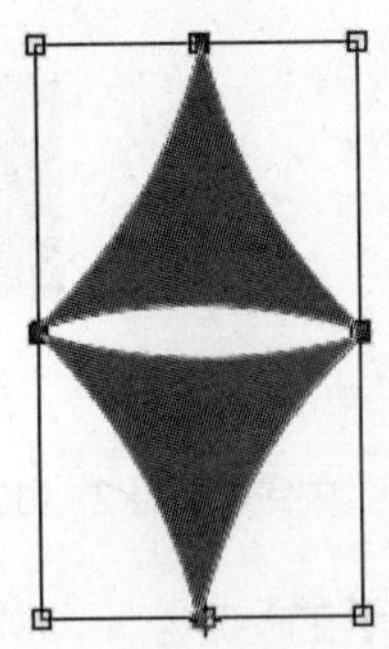

图 2-109 【Alt+Ctrl+T】组合键操作

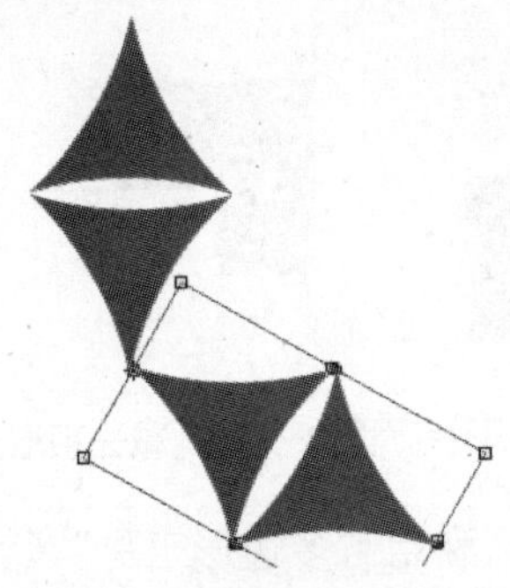

图 2-110 复制并旋转结果

05 按下【Alt+Ctrl+Shift+T】组合键，再重复上一步操作，又得到一菱形，如图 2-111 所示。

【例 2-6】 利用形状工具和路径运算完成下列按钮，效果图如图 2-112 所示。

说明：该图形的四方菱形必须在圆的正中心，尖角形状的下方必须在外圆上。要达到这样的要求，使用形状工具的路径运算是非常精确的。

图 2-111 【Alt+Ctrl+Shift+T】组合键操作

图 2-112 标志效果图

01 选择"椭圆工具"，形状图层绘图方式，并按住【Shift】键，绘制一正圆，如图 2-113 所示，生成的形状图层如图 2-114 所示，然后单击椭圆选项栏中的"路径排列方式"按钮，在其下拉列表中选择"将形状置为顶层"，如图 2-115 所示。

图 2-113 正圆

图 2-114 形状图层

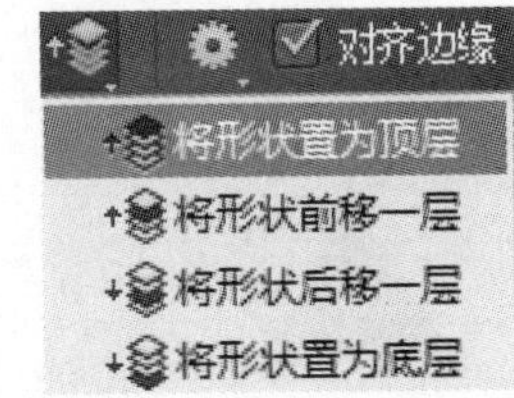

图 2-115 路径排列方式

02 选择"矩形工具"，绘图方式不变，在选项栏中单击"路径操作"中的"减去顶层路径形状"。按住【Shift】键，在圆的中心绘制一正方形，如图 2-116 所示。生成的形状图层如图 2-117 所示。

图 2-116　正方形

图 2-117　形状图层

03 选择“路径选择工具”，框选圆和正方形两条子路径，这时选项栏变成如图 2-118 所示，单击按钮路径对齐方式，在下拉菜单中选择“水平居中对齐”和“垂直居中对齐”，正方形和圆以中心点对齐了。

04 再用“路径选择工具”单独选择正方形，按下【Ctrl+T】组合键进行自由变换，旋转 45°，得到图如图 2-119 所示。

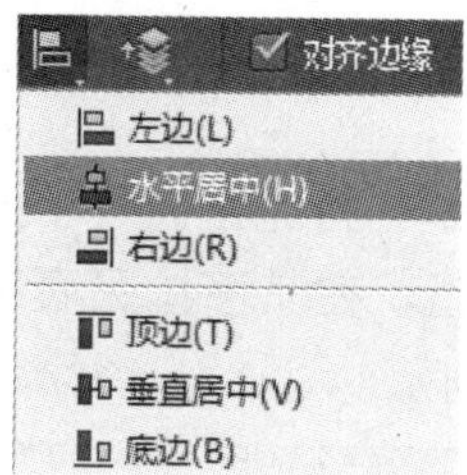

图 2-118　路径对齐工具选项栏

图 2-119　对齐旋转结果

05 选择“多边形工具”，边数为 3，并设置多边形选项为“星形”“平滑缩进”，选择“减去顶层路径形状”运算，如图 2-120 所示，在图形上绘制一三角星形，如图 2-121 所示。

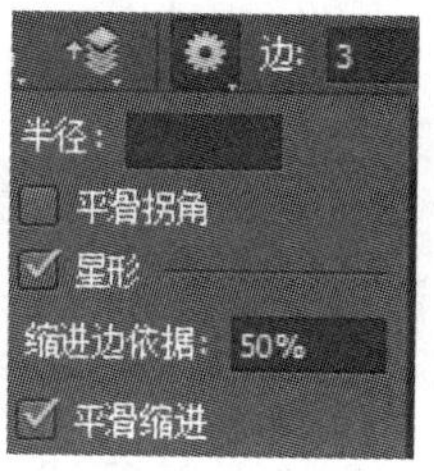

图 2-120　“多边形工具”面板

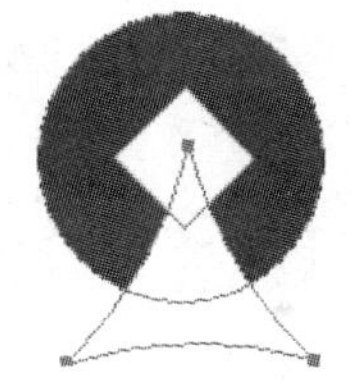

图 2-121　三角星形减去的结果

06 使用“路径选择工具”单独选择三角星形，按下【Alt】键同时移动三角星形，这时复制出了一个三角星形出来，按着在“路径选择工具”的选项栏中选择“合并形状”运算，如图 2-122a 所示。按下【Alt】键同时移动红三角星形，这时又复制出一红色三角星形，如图 2-122b 所示，这时再选择“减去顶层路径形状”运算，效果如图 2-122c 所示。

07 用“路径选择工具”单独选择外围的正圆路径，按下【Ctrl+c】组合键复制后再按下【Ctrl+v】组合键进行粘贴，复制出一红色正圆如图 2-122d 所示，选择“路径选择工具”选项栏中的“与形状区域相交”运算，得到图形如图 2-122e 所示。最后，“在路径选择工具”选项栏中选择“合并形状组件”按钮，完成最后一步操作，如图 2-122f 所示。

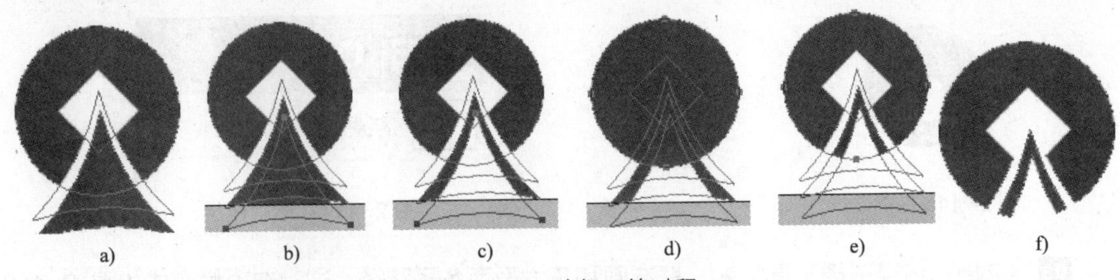

图 2-122　路径运算过程

a) 复制三角形相加　b) 复制三角形　c) 三角形相减　d) 复制圆　e) 相交　f) 组合

- ✧ 选择“自定形状工具”之后，在画布上单击鼠标右键即可弹出形状框，并可在其中选择固定的形状创建路径。
- ✧ 如果要进行两个形状的相减运算，最好的方法是：首先绘制一个形状，然后单击该形状选项栏中的“路径排列方式”按钮，在其下拉列表中选择“将形状置为顶层”，接着再绘制另一形状即可实现相减。

2.3.3.4　文字与路径

“文字工具”也属“路径工具”范畴，与路径有直接关系。文字可以转换成路径，也可转换成形状图层，也就是说文字可以通过转换变为路径而进行编辑修改。

选择文字工具T，单击后输入文字，可自动生成文字图层，如图 2-123 所示。选择菜单“文字”，会弹出下拉子菜单，在子菜单中有“创建工作路径”和“转换为形状”两项，可以将文字图层转换为工作路径或形状，如图 2-124 和图 2-125 所示。

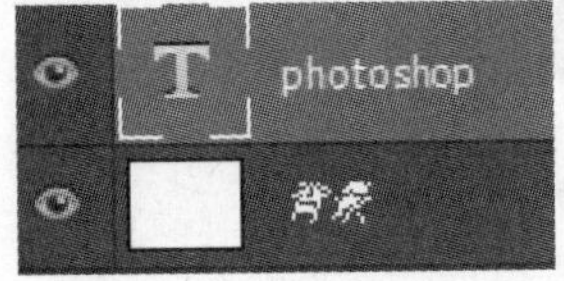

图 2-123　文字图层

photoshop
背景

图 2-124　文字转换为形状

图 2-125　文字转为路径

【例 2-7】 利用文字与路径的关系完成“XP”文字标志。效果图如图 2-126 所示。

01　输入文字“XP”，并选择字体“BankGothic Md BT”，字号选择大一些的，效果如图 2-127 所示。

图 2-126　“XP”文字标志

图 2-127　“XP”文字效果

02 执行菜单“文字”→“转换为形状”命令，把文字图层转换为形状图层，如图 2-128 所示。

03 选择“直接选择工具” 拖动“X”上、下两个节点移动它们的位置，效果如图 2-129 所示。

图 2-128 “XP”形状图层

图 2-129 变形的“XP”

04 给变形的“XP”加上图层样式，这里选用 Photoshop 自带的图层样式。打开“样式”面板，单击面板右上角按钮，在弹出的下拉菜单中选择“Web 样式”，将该样式追加进来，如图 2-130 所示，选择 Web 样式中的“蓝色回环按钮”得到图 2-131a，图 2-131b 和图 2-131c 是选用不同样式的结果。

图 2-130 “样式”面板

a)

b)

c)

图 2-131 选择各样式的效果图

2.3.4 案例实现

01 新建大小为 472×350 像素的画布，将背景图层填充为洋红色。

02 设置前景色为白色，选择“椭圆工具”，绘图方式为形状，绘制一白色椭圆，然后单击“椭圆工具”选项栏中的路径排列方式按钮，在其下拉列表中选择“将形状置为顶层”。

03 再选择“椭圆工具”，绘图方式不变，在选项栏中单击“路径操作”中的“减去顶层路径形状”，再绘制一椭圆减去上一椭圆得到月牙形状，如图 2–132 所示。选择“路径选择工具”，在其选项栏中选择“合并形状组件”菜单，两条子路径被合并成一条子路径。这时按下【Alt】键用“路径选择工具”同时移动月牙形状，又复制出一月牙形状，按下【Ctrl+T】组合键打开“自由变换工具”将两月牙形状的大小和位置调整好，如图 2–133 所示。

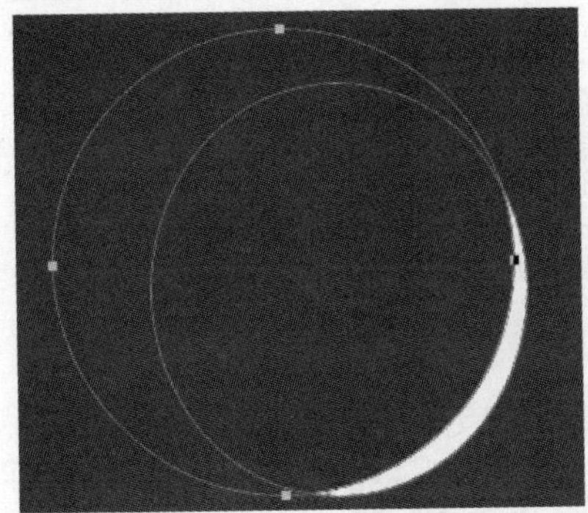

图 2–132 月牙形状

图 2–133 复制形状的效果图

04 选择“钢笔工具”，绘图方式为形状，在画布上依次单击 4 个点，并封闭图形，如图 2–134 所示。然后按下【Alt】键，“钢笔工具”变成“转换点工具”，将位于中间那 2 个节点连接的直线变换为曲线，按下【Ctrl】键，“钢笔工具”变成“直线选择工具”，可以移动各节点的位置，得到如图 2–135 所示的图形。

图 2–134 “钢笔工具”绘图

图 2–135 快捷键调整路径的效果图

05 选择“文字工具” T，在画布上单击并输入文字“英语通”，设置字体为“幼园”，颜色为红色。按下【Ctrl+T】组合键打开“自由变换工具”，在其选项栏 H: -20 度 的“设置水平斜切”中输入“-20”，这时文字向右斜切了。双击文字图层，给文字加上白色描边，设置描边宽度为 2，如图 2-136 所示。

图 2-136　文字的效果图

06 给各个形状图层加上阴影图层样式，效果如图 2-137 所示。

图 2-137　最后的效果图

2.3.5　案例拓展

绘制如图 2-138 所示效果图。

图 2-138　案例效果图

01 新建文件，大小为 640×480 像素，以黑色填充背景。在工具箱中选择“自定形状工具”，选用形状绘图方式，在画布上单击鼠标右键，在弹出的自带形状中选择原子模

型图案。如果看不到该图案，单击该面板右上角的按钮，在下拉菜单中选择 All（全部）子菜单，以追加所有的自定形状到该面板中，如图 2–139 所示。

图 2–139 “形状”面板

02 选择前景色为白色，按住【Shift】键拖动鼠标将原子核图案等比例地绘制在文件中心，如图 2–140 所示。按下【Ctrl+T】组合键，并按住【Ctrl】键分别拖动四角的四个顶点进行透视变换，如图 2–141 所示。

图 2–140 绘制原子核图案

图 2–141 透视变换

03 按下【Ctrl+E】组合键，把形状 1 图层与背景层进行向下合并。并执行菜单“滤镜”→“模糊”→“高斯模糊”命令，设置“模糊半径”为 1，然后用工具箱中的“模糊工具”对图形进行局部模糊。效果如图 2–142 所示。

04 执行菜单“图像”→“调整”→“色相/饱和度”命令，在其设置面板中，勾选“着色”复选框，设置色相为 220，饱和度为 25，明度为 0，如图 2–143 所示。此时，黑白的图像变成蓝色，如图 2–144 所示。

图 2–142 模糊结果

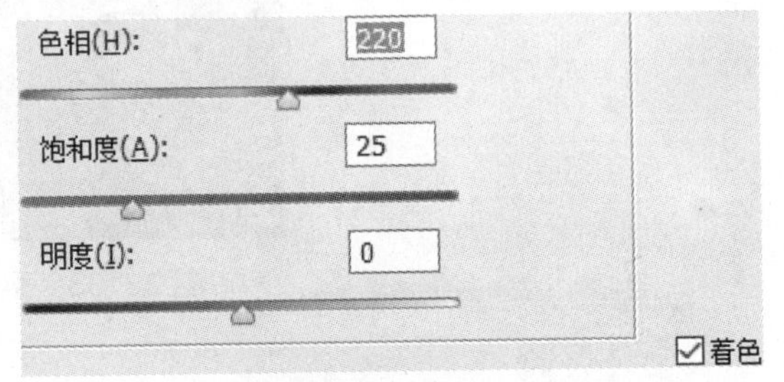

图 2–143 “色相/饱和度”面板

05 在工具箱中，选择“椭圆形状工具”，形状绘图方式。按住【Shift】键拖动鼠标绘制正圆形在原子核图像的中心，覆盖住原子核图形中心的白色圆，如图 2–145 所示。

图 2-144　着色效果

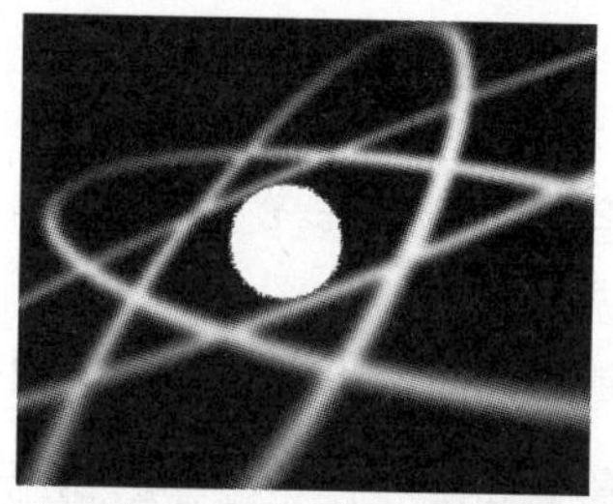

图 2-145　效果图

06　双击椭圆形状图层，给椭圆添加“渐变叠加”图层样式，渐变色为白到蓝色，如图 2-146 和图 2-147 所示。再给椭圆添加内阴影和外发光效果，参数设置如图 2-148 和图 2-149 所示，效果图如图 2-150 和图 2-151 所示。其中的内阴影的颜色为蓝色（RGB=121/178/226），外发光的颜色也为蓝色（RGB=21/124/234）。

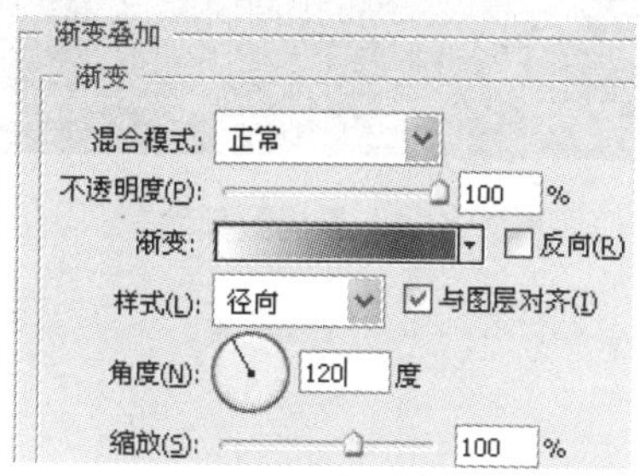

图 2-146　渐变叠加

图 2-147　效果图

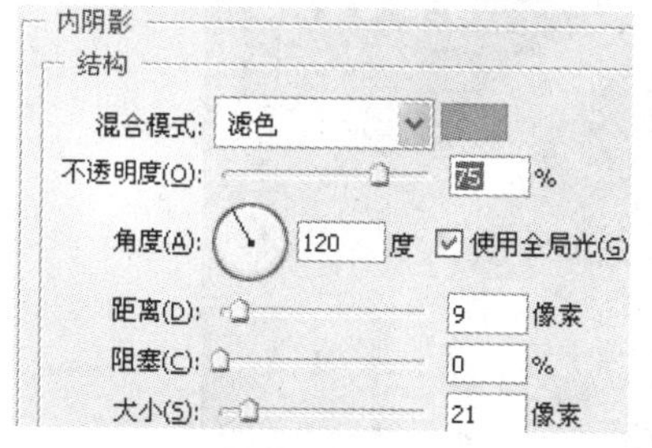

图 2-148　内阴影

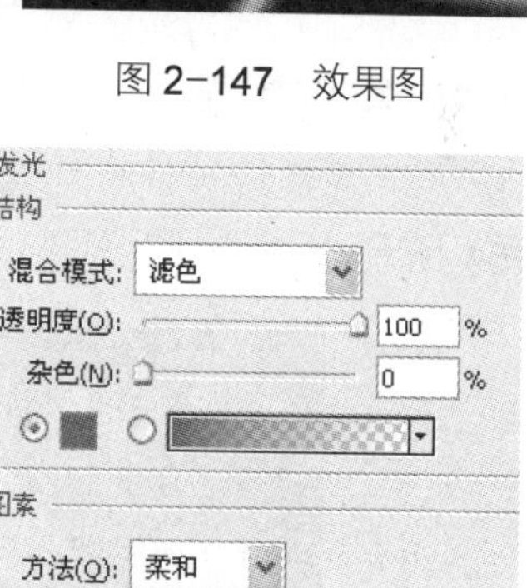

图 2-149　外发光

图 2-150　内阴影效果图

图 2-151　外发光效果图

07 绘制 4 条相交曲线。首先设置好画笔，画笔笔尖为圆形，主直径为 2 像素，硬度为 100%；接着选用“钢笔工具”，路径绘图方式，拖动鼠标绘制一条曲线。新建图层，并切换到“路径”面板，选择工作路径，单击鼠标右键弹出下拉菜单，选择“描边路径”，然后选择画笔进行描边，如图 2-152 所示。用同样的办法，绘制其他 3 条曲线。在曲线相交之处，绘制 4 个蓝色小椭圆，如图 2-153 所示。

图 2-152　路径描边

图 2-153　最后效果图

任务 4　给图形加特效

2.4.1　案例效果

案例“考试系统界面”主要通过渐变色、图层样式和自由变换等功能完成，效果如图 2-154 所示。

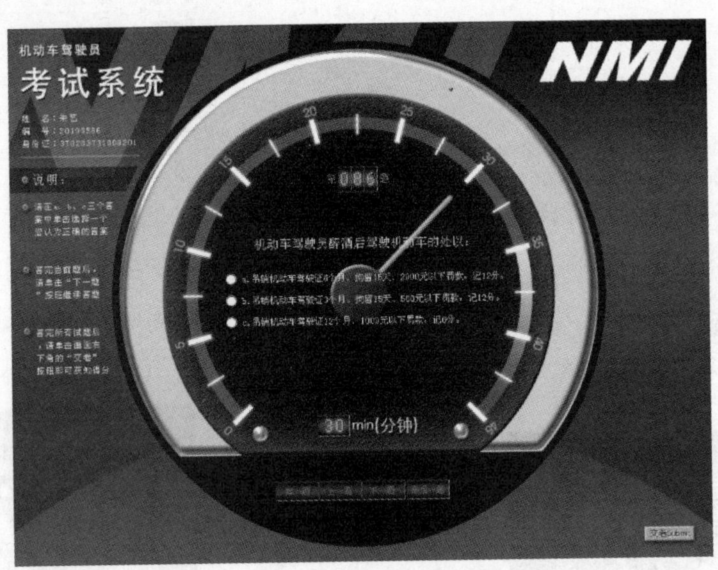

图 2-154　考试系统界面

2.4.2　案例分析

本案例首先利用渐变色制作界面的背景，然后利用图层样式、选区的变换制作出计量表的表盘，再利用变换复制的方法快速制作出表盘刻度，最后制作题号、导航按钮、剩余时间以及相关的文字说明。

2.4.3　相关知识

图层样式也叫图层效果，它可以为图层中的图像添加诸如投影、发光、浮雕和描边等效果，创建具有真实质感的水晶、玻璃、金属和纹理特效。图层样式可以随时修改、隐藏或删除，具有非常强的灵活性。此外，使用系统预设的样式，或者载入外部样式，只需单击鼠标，便可以将效果应用于图像。

如果要为图层添加样式，可以先选择这一图层，然后双击需要添加效果的图层，可以打开“图层样式”对话框。对话框的左侧列出了 10 种效果，效果名称前面的复选框内有”✓“标记的，表示在图层中添加了该效果。单击某个效果前面的”✓“标记，则可以停用该效果，但保留效果参数。单击一个效果的名称，可以选中该效果，对话框的右侧会显示与之对应的选项。

2.4.3.1　渐变叠加

渐变叠加效果可以在图层上叠加指定的渐变颜色，图 2-155 所示为“渐变叠加”参数选项，“渐变”用来设置渐变色，单击下拉框可以打开渐变编辑器，单击下拉框的下拉按钮可以在预设的渐变色中进行选择。在这个下拉框后面有一个“反向”复选框，用来将渐变色的起始颜色和终止颜色对调；“样式”用来设置渐变的类型，包括“线性”“径向”“对称”“角度”和“菱形”；“缩放”用来截取渐变色的特定部分作用于虚拟层上，其值越大，所选取的渐变色的范围越小，反之则范围越大。图 2-156 所示为原图像，图 2-157 所示为添加该效果后的图像。

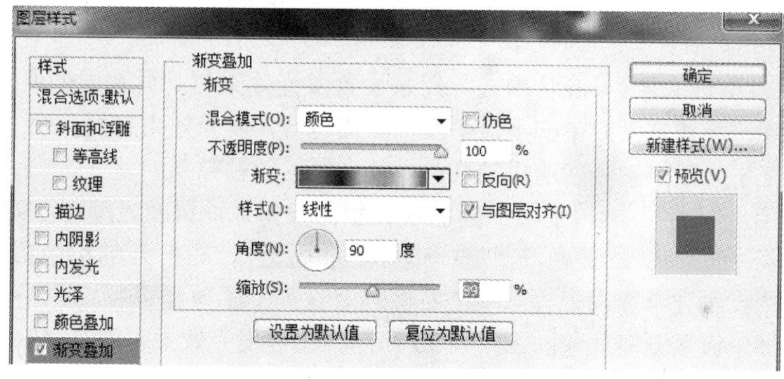

图 2-155　“渐变叠加”参数选项

图 2-156　原图

图 2-157　渐变叠加效果

2.4.3.2 外发光

外发光效果可以沿图层内容的边缘向外创建发光效果，图 2-158 所示为“外发光”参数选项。由于默认混合模式是“滤色”，因此如果背景层被设置为白色，那么不论如何调整外发光的设置，效果都无法显示出来。要想在白色背景层的内容上看到外发光效果，必须将混合模式设置为“滤色”以外的其他模式。

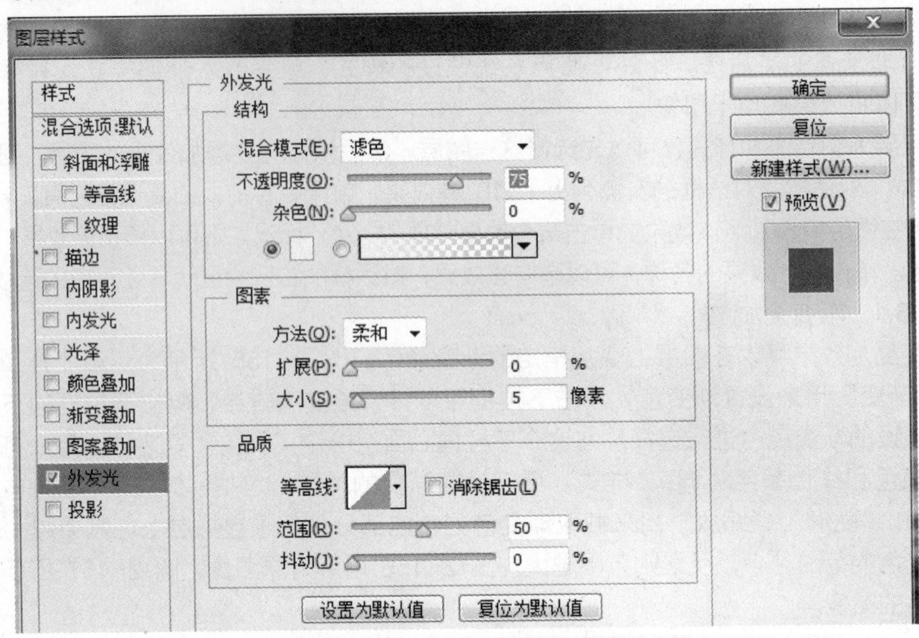

图 2-158 “外发光”参数选项

- ✧ 混合模式/不透明度：“混合模式”用来设置发光效果与下面图层的混合方式；“不透明度”用来设置发光效果的不透明度，该值越低，发光效果越弱。
- ✧ 杂色：在发光效果中添加随机的杂色，使光晕呈现颗粒感。
- ✧ 发光颜色：“杂色”选项下面的颜色块和颜色条用来设置发光颜色。如果要创建单色发光，可单击左侧的颜色块，在打开的拾色器中设置发光颜色；如果要创建渐变发光，可单击右侧的渐变条，在打开的渐变编辑器中设置渐变颜色。图 2-159 所示为单色发光效果，图 2-160 所示为渐变发光效果。

图 2-159 单色发光效果

图 2-160 渐变发光效果

✧ 方法：用来设置发光的方法，以控制发光的准确程序。方法的设置值有两个，分别是“柔和”与“精确”，一般用“柔和”就足够了，“精确”用于一些发光较强的对象，或者棱角分明、反光效果比较明显的对象。

✧ 扩展/大小：“扩展”用于设置光芒中有颜色的区域和完全透明的区域之间的渐变速度；“大小”用来设置光晕范围的大小。“扩展”的设置效果和颜色中的“渐变”设置以及“大小”的设置都有直接的关系，3 个选项是相辅相成的。如果扩展为 0，光芒的渐变是和颜色设置中的渐变同步的，如果扩展设置为 40%，光芒的渐变速度则要比颜色设置中的快。

✧ 等高线：使用等高线可以控制外发光的形状。如果使用纯色作为发光颜色，可通过等高线创建透明光环，如图 2-161 所示；使用渐变填充发光时，等高线可以创建渐变颜色和不透明度的重复变化，如图 2-162 所示。

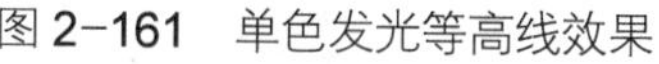

图 2-161　单色发光等高线效果

图 2-162　渐变发光等高线效果

✧ 范围：“范围”用来设置等高线对光芒的作用范围，也就是说对等高线进行“缩放”，截取其中的一部分作用于光芒上。调整“范围”和重新设置一个新等高线的作用是一样的，不过当需要特别陡峭或者特别平缓的等高线时，使用“范围”对等高线进行调整可以更加精确。

✧ 抖动：“抖动”用来为光芒添加随意的颜色点，为了使“抖动”的效果能够显示出来，光芒至少应该有两种颜色。如将颜色设置为黄色、蓝色渐变，然后加大“抖动”值，则可以看到光芒的蓝色部分中出现了黄色的点，黄色部分中出现了蓝色的点。

2.4.3.3　描边

描边效果可以使用颜色、渐变或图案描画对象的轮廓，它对于硬边形状（如文字等）特别有用，图 2-163 所示为“描边”参数选项。

2.4.3.4　斜面和浮雕

斜面和浮雕效果可以对图层添加高光与阴影的各种组合，使图层内容呈现立体的浮雕效果，图 2-164 所示为“斜面和浮雕”参数选项。

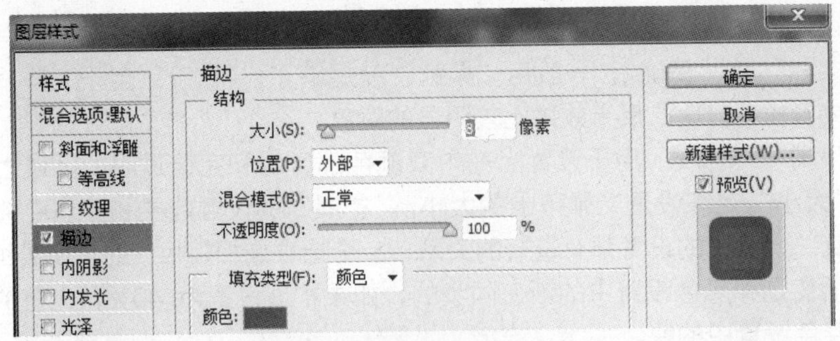

图 2-163 “描边”参数选项

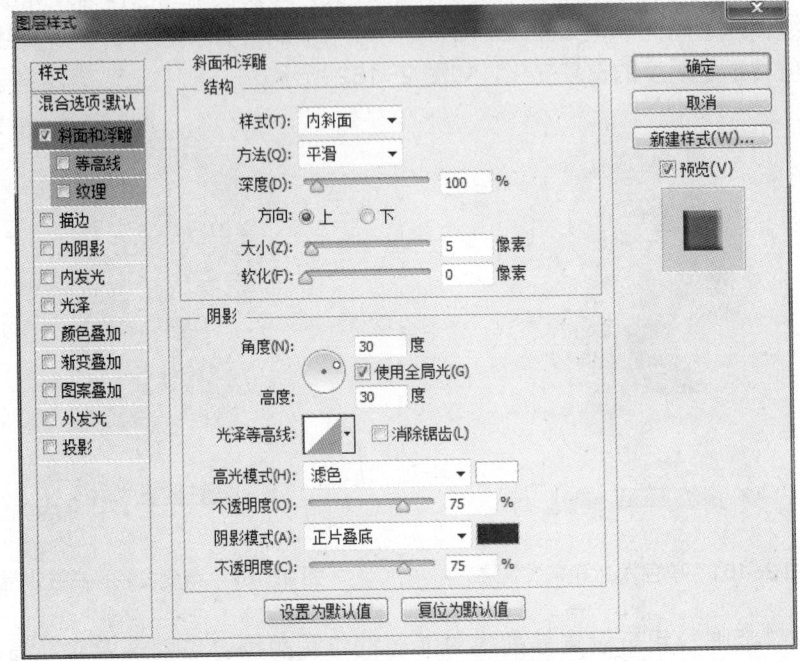

图 2-164 “斜面和浮雕”参数选项

✧ 样式：在该选项下拉列表中可以选择斜面和浮雕的样式。选择“外斜面”，可以在图层内容的外侧边缘创建斜面；选择“内斜面”，可以在图层内容的内侧边缘创建斜面；选择“浮雕效果”，可模拟图层内容相对于下层图层呈浮雕状的效果；选择“枕状浮雕”，可模拟图层内容的边缘压入下层图层中产生的效果；选择“描边浮雕”，可将浮雕应用于图层描边效果的边界。图 2-165 所示为各种浮雕样式。

图 2-165 斜面和浮雕效果图

a) 外斜面 b) 内斜面 c) 浮雕效果 d) 枕形浮雕 e) 描边浮雕

如果要使用“描边浮雕”样式，需要先为图层添加“描边”效果才行，否则描边浮雕看不到效果。

- ✧ 方法：这个选项可以设置 3 个值，包括“平滑”“雕刻柔和”和“雕刻清晰”。“平滑”是默认值，选中这个值可以对斜角的边缘进行模糊，从而制作出边缘光滑的高台效果；“雕刻柔和”是一个折中的值，产生一个比较粗糙的斜面效果；“雕刻清晰”产生一个比较光滑的斜面效果。
- ✧ 深度：用来设置浮雕斜面的深度，该值越高，浮雕的立体感越强。深度必须和大小配合使用，大小一定的情况下，用深度可以调整高台的截面梯形斜边的光滑程度。
- ✧ 方向：定位光源角度后，可通过该选项设置高光和阴影的位置。
- ✧ 大小：用来设置斜面和浮雕中阴影面积的大小。
- ✧ 软化：一般用来对整个效果进行进一步的模糊，使对象的表面更加柔和，减少棱角感。
- ✧ 角度/高度：“角度”选项用来设置光源的照射角度，“高度”选项用来设置光源的高度，需要调整这两个参数时，可以在相应的文本框中输入数值，也可以拖曳圆形图标内的指针来进行操作。如果勾选“使用全局光”，则可以让所有浮雕样式的光照角度保持一致。
- ✧ 等高线：斜面和浮雕样式中的等高线容易让人混淆，除了在对话框右侧有等高线设置外，在对话框左侧也有等高线设置。对话框右侧的等高线是“光泽等高线”，这个等高线只会影响虚拟的高光层和阴影层。而对话框左侧的“等高线”则是用来为对象（图层）本身赋予条纹状效果。
- ✧ 消除锯齿：可以消除由于设置了光泽等高线而产生的锯齿。
- ✧ 高光模式：用来设置高光的混合模式、颜色和不透明度。
- ✧ 阴影模式：用来设置阴影的混合模式、颜色和不透明度。
- ✧ 纹理：用来为图层添加材质，其设置比较简单。首先在下拉框中选择纹理，然后对纹理的应用方式进行设置。

【例 2–8】 利用形状工具和路径运算完成下列按钮，效果图如 2–166 所示。

图 2–166　效果图

01 选择“圆角矩形工具”，并选择形状图层绘图方式，设置圆角半径为 30px，绘制一蓝色圆角矩形，如图 2-167 所示。

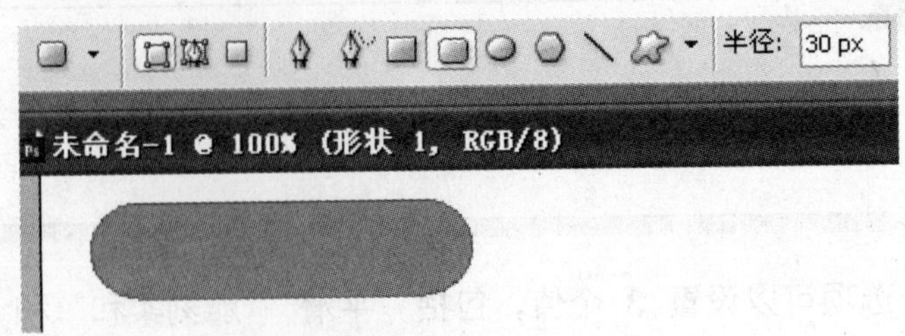

图 2-167　圆角矩形

02 双击形状图层，进入图层样式设置，给图层加上投影，设置距离为 5，大小也为 5。

03 给图层加上斜面与浮雕效果，参数设置如图 2-168 所示，设置样式为“枕状浮雕”，深度为“300%”，光泽等高线为“Ring”，高光模式为“滤色”，不透明度设置为“100%”，阴影模式为“正片叠底”，不透明度设置为“45%”，效果如图 2-169 所示。

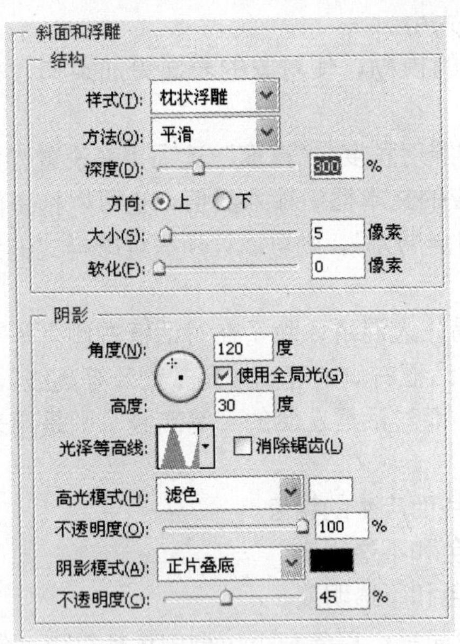

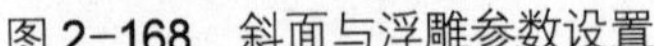

图 2-168　斜面与浮雕参数设置

图 2-169　玻璃按钮

04 现在要把制作好的按钮图像的一边切掉。选择“矩形工具”，并选取相减的路径运算工具，如图 2-170 所示，减去按钮的右边部分，效果如图 2-171 所示。

图 2-170　路径运算

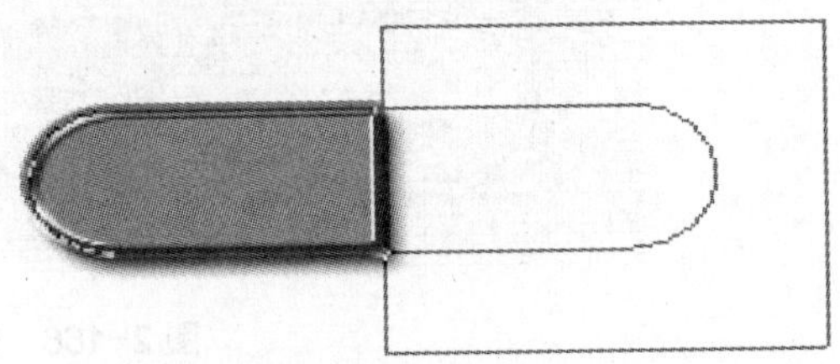

图 2-171　相减结果

05 按住【Shift+Alt】组合键向右方拖动，将复制出当前图层，然后镜像复制出来的图层，得到两个方向相反的按钮。同样使用“圆角矩形工具”，并使用路径相交运算，得到中间的按钮部分，效果如图 2-172 所示。

图 2-172　效果图

2.4.3.5　投影

投影效果可以为图层内容添加投影，使其产生立体感。图 2-173 所示为“投影”参数选项。

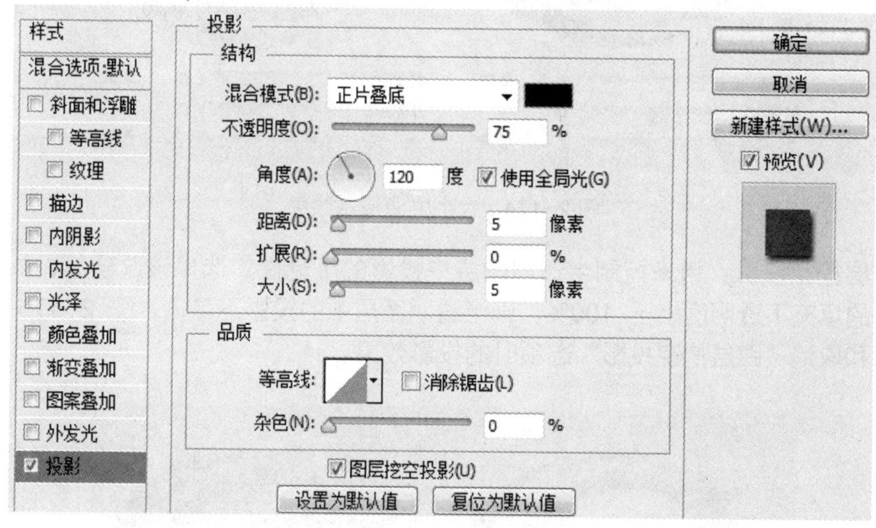

图 2-173　“投影”参数选项

- 混合模式：用来设置投影与下面图层的混合方式，默认为“正片叠底”模式。
- 不透明度：拖曳滑块或输入数值可以调整投影的不透明度，该值越低，投影越淡。
- 角度：用来设置投影应用于图层时的光照角度，可在文本框中输入数值，也可以拖曳圆形内的指针来进行调整。指针指向的方向为光源的方向，相反方向为投影的方向。
- 使用全局光：可保持所有光照的角度一致。取消勾选时可以为不同的图层分别设置光照角度。
- 距离：用来设置投影偏移图层内容的距离，该值越高，投影越远。
- 等高线：用来对阴影部分进行进一步的设置，等高线的高处对应阴影上的暗圆环，低处对应阴影上的亮圆环，可以将其理解为“剖面图”。
- 消除锯齿：混合等高线边缘的像素，使投影更加平滑。该选项对于尺寸小且具有复杂等高线的投影最有用。

✧ 大小/扩展："大小"用来设置投影的模糊范围，该值越大，模糊范围越广，该值越小，投影越清晰。"扩展"用来设置投影的扩展范围，该值会受到"大小"选项的影响，例如，将"大小"设置为 0 像素后，无论怎样调整"扩展"值，都只生成与原图大小相同的投影。图 2-174 所示为设置不同参数的投影效果。

图 2-174　大小/扩展参数效果

✧ 图层挖空投影：用来控制半透明图层中投影的可见性。选择该选项后，如果当前图层的填充不透明度小于 100%，则半透明图层中的投影不可见，图 2-175 所示为勾选和取消"图层挖空投影"选项时的投影效果。

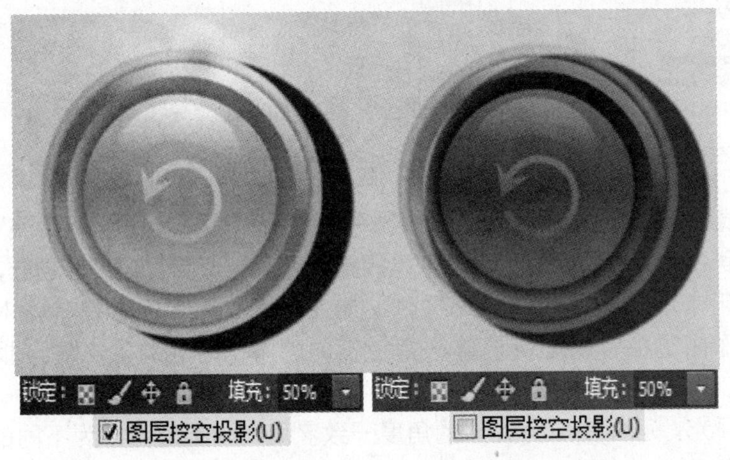

图 2-175　图层挖空/不挖空效果

2.4.3.6　其他样式

1．内阴影

内阴影效果可以在紧靠图层内容的边缘内添加阴影，使图层内容产生凹陷效果。内阴影的很多选项设置和"投影"是一样的，图 2-176 所示为内阴影效果。

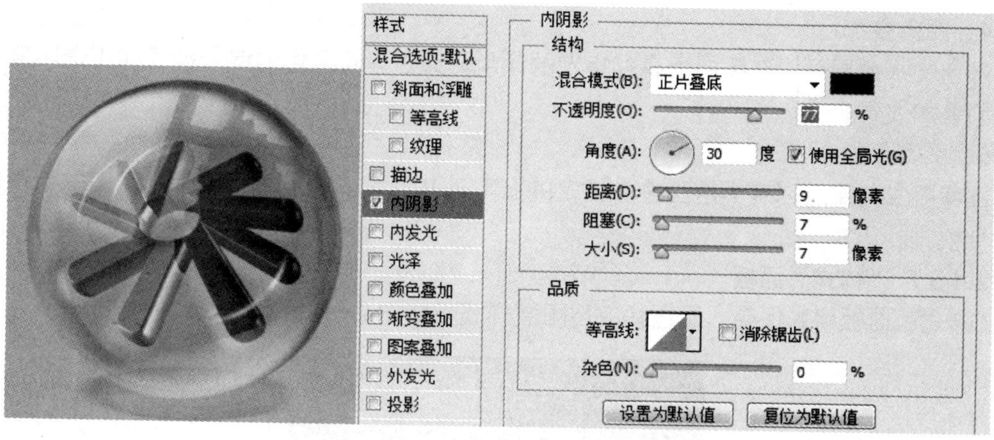

图 2-176　内阴影效果

2．内发光

内发光效果可以沿图层内容的边缘向内创建发光效果，“内发光”的很多选项和“外发光”是一样的，这里不再作具体介绍，图 2-177 所示为内发光效果。

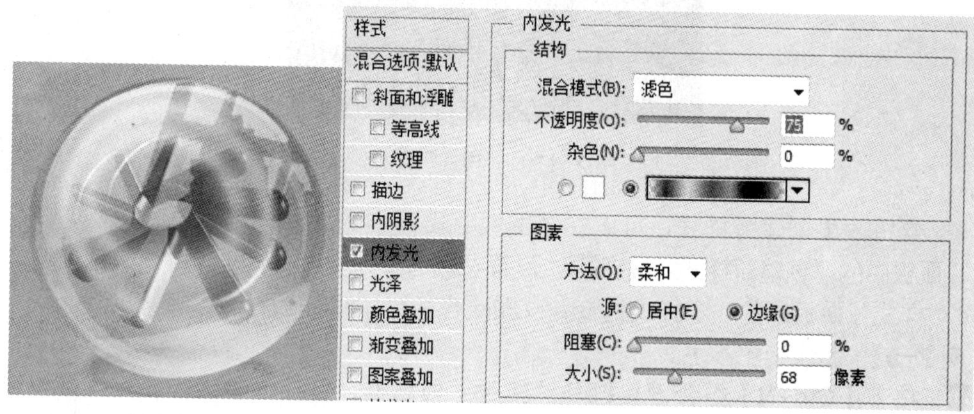

图 2-177　内发光效果

3．光泽

光泽效果可以生成光滑的内部阴影，通常用来创建金属表面的光泽外观。该效果没有特别的选项，但可以通过选择不同的“等高线”来改变光泽的样式，图 2-178 所示为图像添加光泽后的效果。

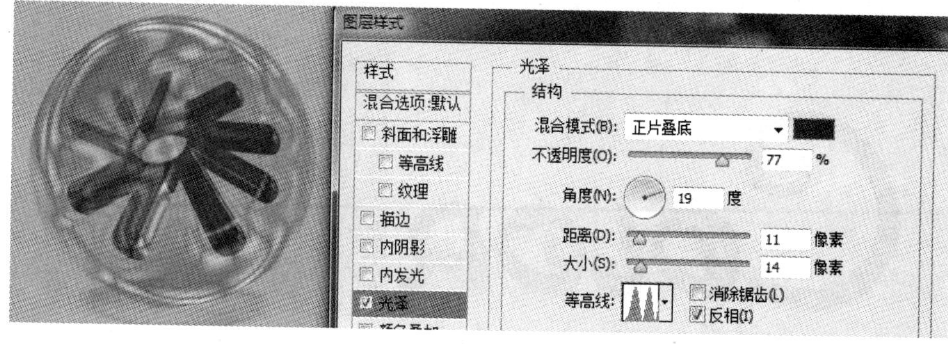

图 2-178　光泽效果

4．颜色叠加

颜色叠加效果可以在图层上叠加指定的颜色，通过设置颜色的混合模式和不透明度，可以控制叠加效果。

5．图案叠加

图案叠加效果可以在图层上叠加指定的图案，并且可以缩放图案、设置图案的不透明度和混合模式。

2.4.3.7 “样式”面板

“样式”面板用来保存、管理和应用图层样式，如图 2-179 所示。

图 2-179 “样式”面板

如果要将效果创建为样式，可以在“图层”面板中选择添加了效果的图层，然后单击“样式”面板中的“创建新样式”按钮，设置参数选项并单击“确定”按钮即可创建样式。

将“样式”面板中的一个样式拖曳到“删除样式”按钮上，即可将其删除。

【例 2-9】 制作绚丽彩字。

01 按下【Ctrl+N】组合键，打开“新建”对话框，创建一个文档。选择“横排文字工具”，在“字符”面板中设置字体和大小，在画面中单击并输入文字，如图 2-180 所示。

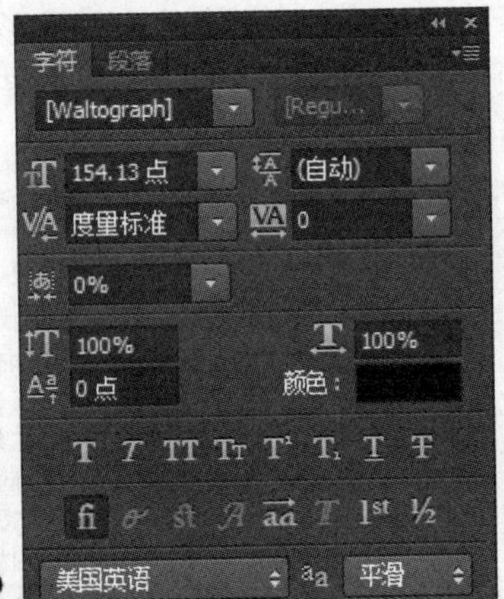

图 2-180 输入文字

02 双击文字图层，打开“图层样式”对话框，添加投影效果，投影颜色设置为深蓝色，如图 2-181 所示。

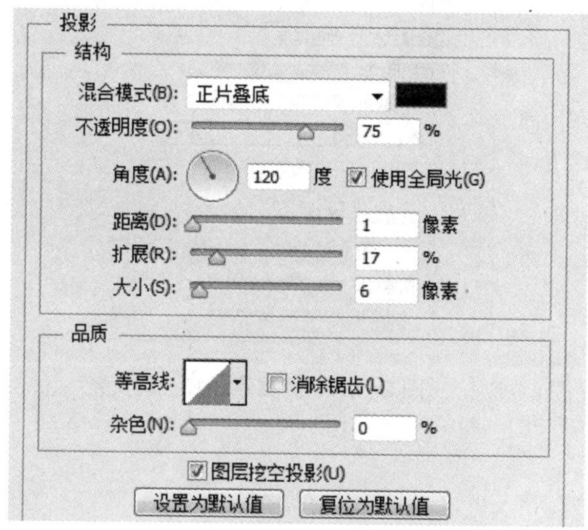

图 2-181　文字投影效果

03 在左侧列表中选择“渐变叠加”选项。单击渐变颜色条右侧的三角按钮，打开“渐变”下拉面板，在面板菜单中选择“载入渐变”命令，在弹出的对话框中选择素材中的“彩条渐变”样式，将角度设置为-152°，缩放设置为 150%，文字效果如图 2-182 所示。

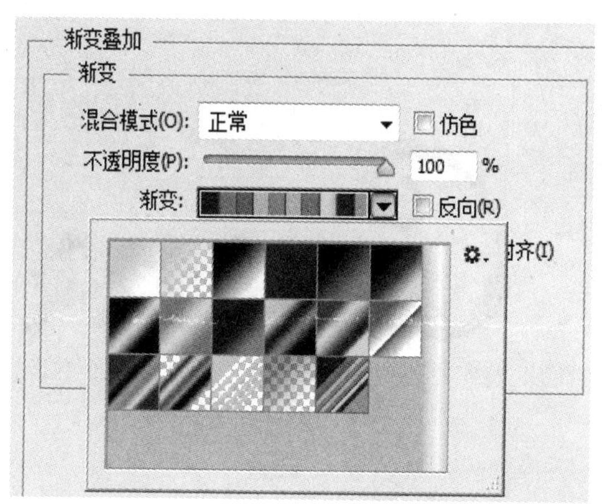

图 2-182　文字渐变叠加效果

04 为文字添加“内阴影”“内发光”，如图 2-183 和图 2-184 所示。

05 继续为文字添加斜面和浮雕效果，如图 2-185 所示。文字效果如图 2-186 所示。

06 选择“移动工具” ，按住【Alt】键向右下方拖动鼠标，复制文字。在“字符”面板中将文字大小设置为 72 点，修改字体后可以让文字变为墨点，如图 2-187 所示。

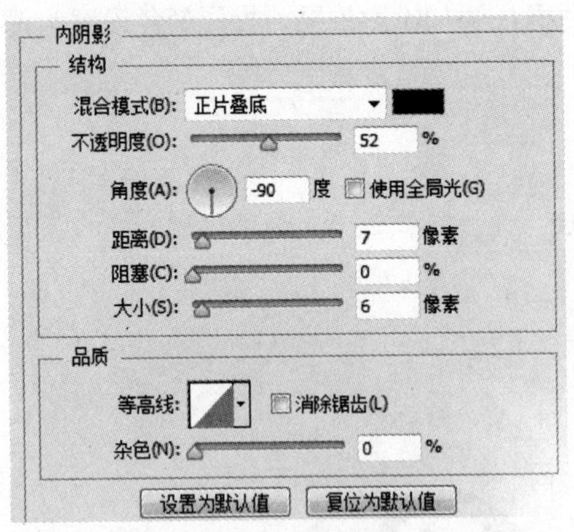

图 2-183 为文字添加“内阴影”

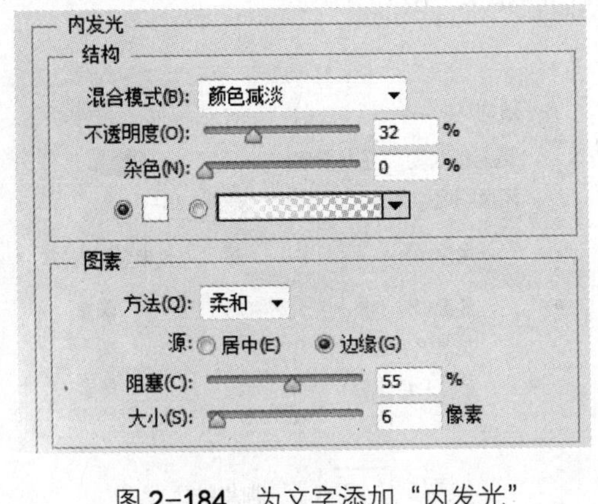

图 2-184 为文字添加“内发光”

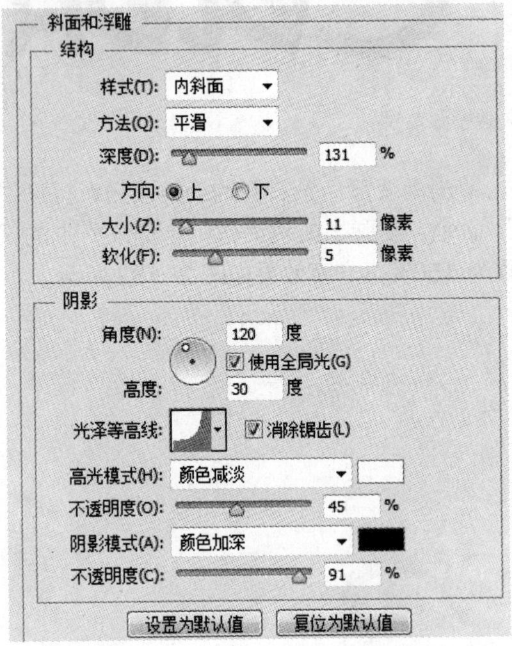

图 2-185 为文字添加“斜面和浮雕”

图 2-186 文字效果

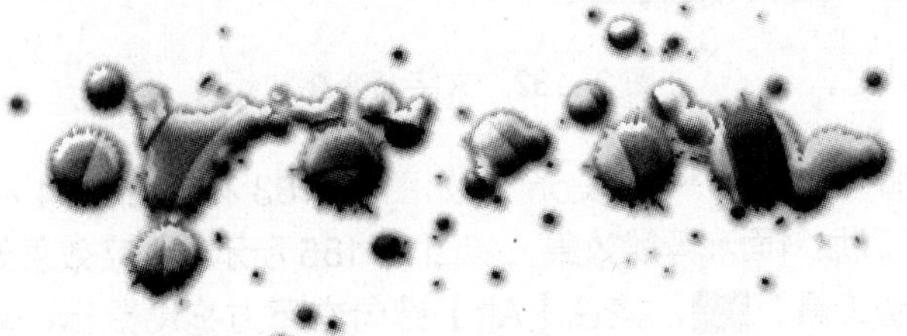

图 2-187 墨点效果

07 选择“背景”图层，使用“渐变工具”填充蓝色径向渐变，再添加一些素材作为装饰，效果如图 2-188 所示。

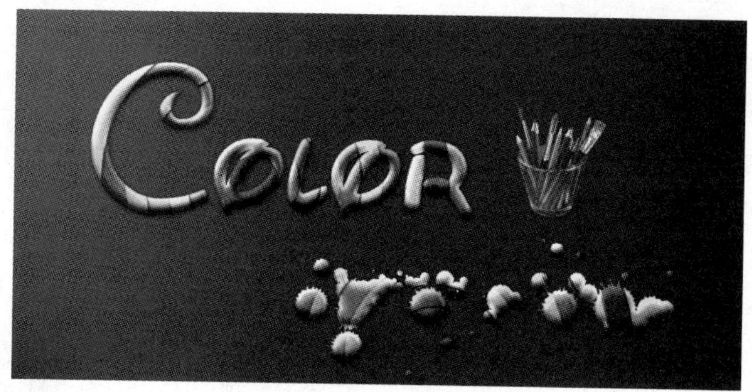

图 2-188　彩字效果

【例 2-10】 利用图层样式完成标志，效果如图 2-189 所示。

01 新建一个文件，选取工具箱中的工具，编辑渐变色，在画面中填充渐变色。新建图层 1，选择工具，在画面中创建一个黑色的圆角矩形，如图 2-190 所示。

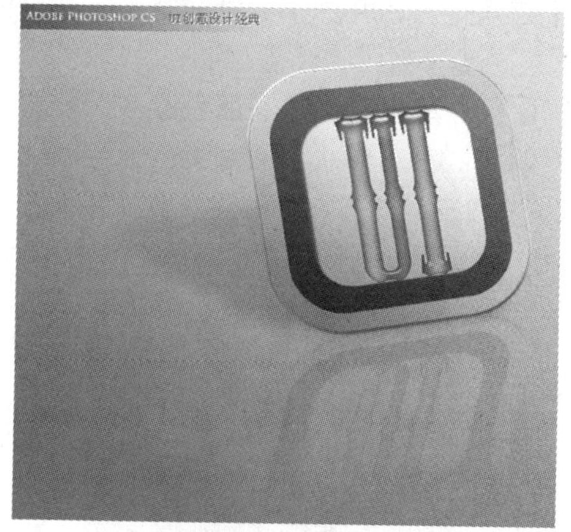

图 2-189　标志效果

图 2-190　创建黑色圆角矩形

02 双击图层 1，打开“图层样式”对话框，添加渐变叠加、斜面和浮雕和描边效果，如图 2-191～图 2-193 所示。

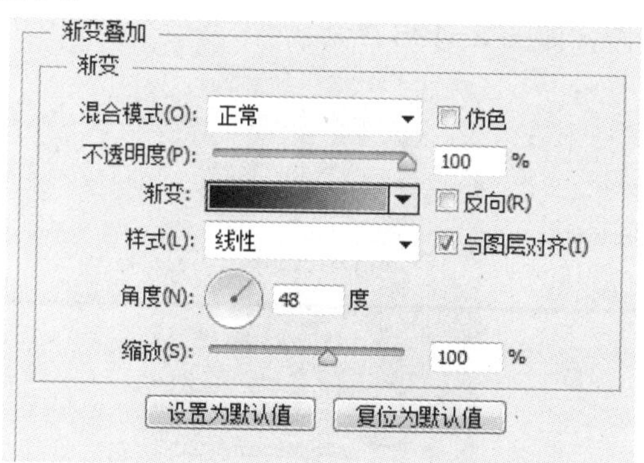

图 2-191　渐变叠加效果

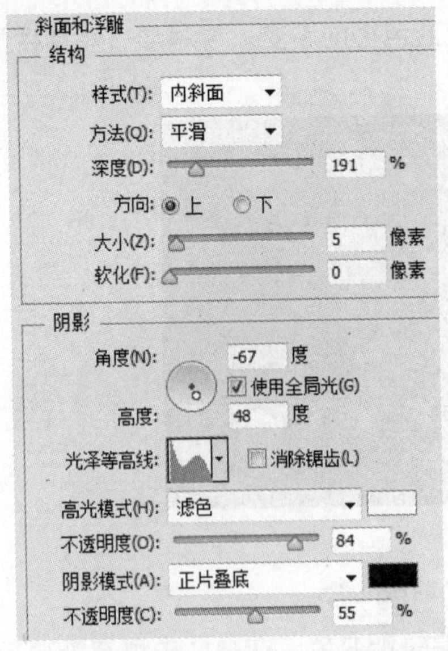

图 2-192　斜面和浮雕效果

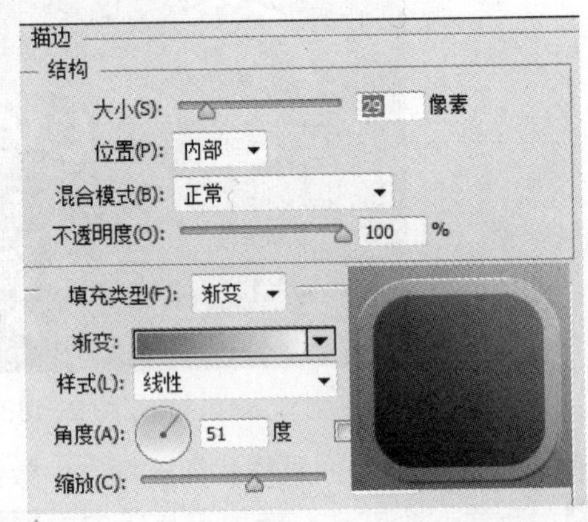

图 2-193　描边效果

03 参照步骤 1，2，新建图层 2，绘制一个圆角矩形，并添加“渐变叠加”和“内阴影”样式，效果如图 2-194 所示。

04 在画面中输入英文“UI”，打开“样式”面板，单击其中的“蓝色凝胶”样式，文字效果如图 2-195 所示。

图 2-194　图像效果

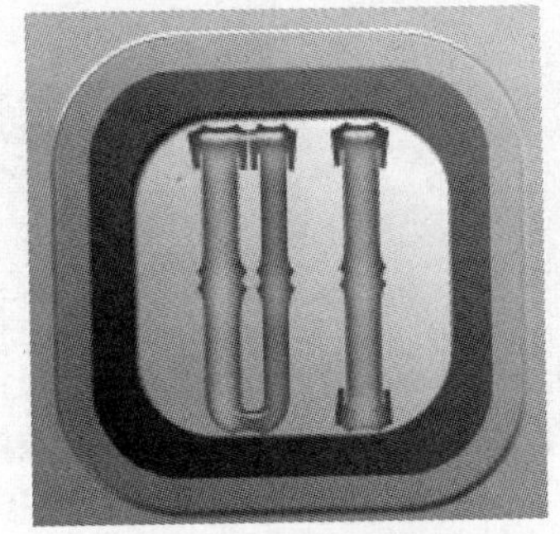

图 2-195　文字效果

05 合并图层 1、图层 2 和文字图层，按下【Ctrl+T】组合键对图像进行变换操作，并复制图层进行垂直翻转操作，如图 2-196 所示。

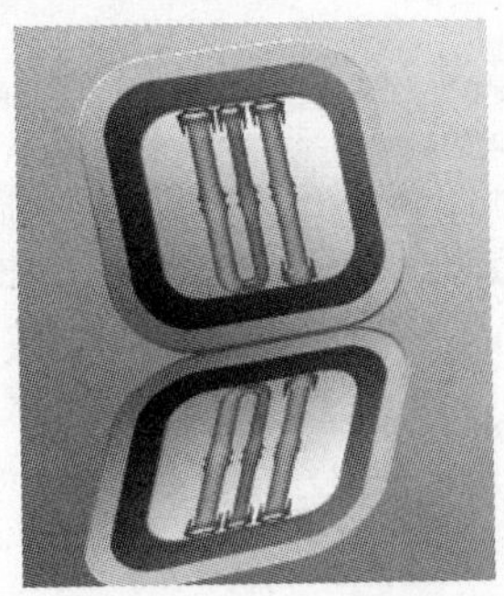

图 2-196　垂直翻转效果

06 对翻转的图层添加图层蒙版，并为图像制作阴影效果，如图 2-197 所示。最后输入适当的文字并添加“投影”样式，如图 2-198 所示。

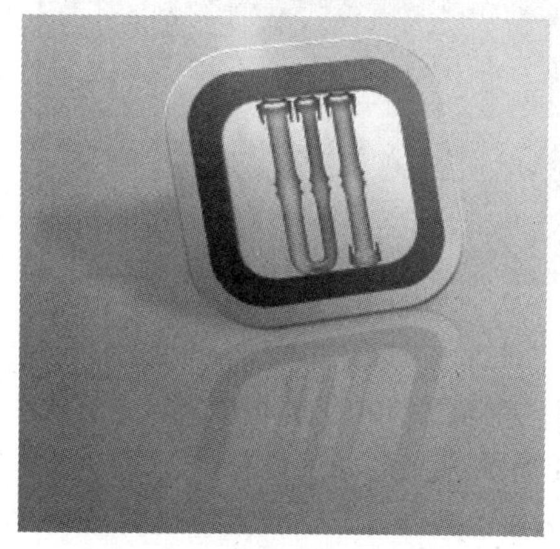

图 2-197　蒙版和阴影效果

图 2-198　文字效果

2.4.4　案例实现

1. 制作界面背景

01 按下【Ctrl+N】组合键，打开“新建”对话框，创建一个文档，将宽度设置为 1024 像素，高度设置为 768 像素，并命名为“考试系统界面”。

02 选择“渐变工具”，设置渐变条下方 4 个色标的 RGB 值分别为（0，2，2）、（7，93，120）、（28，50，99）、（54，36，89），在画面中由上向下垂直拖曳鼠标填充渐变色，如图 2-199 所示。

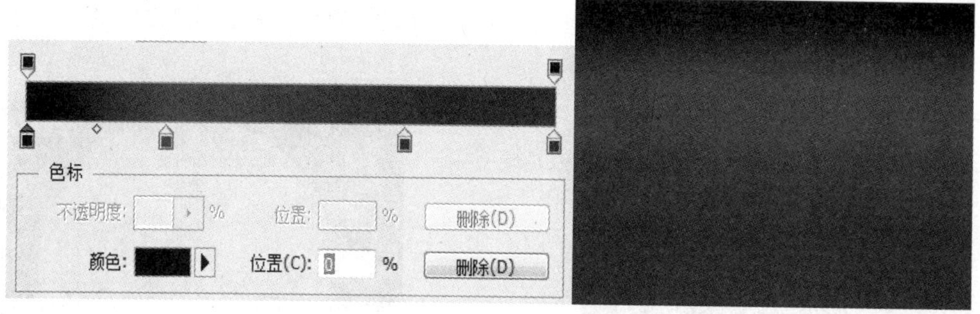

图 2-199　填充渐变色

03 创建图层 1，选择“椭圆工具”，在画面下方创建一个圆形选区，选择“渐变工具”，设置渐变条下方 2 个色标的 RGB 值分别为（27，51，99）、（53，86，186），在选区内由上向下垂直拖曳鼠标填充渐变色，然后取消选区，如图 2-200 所示。

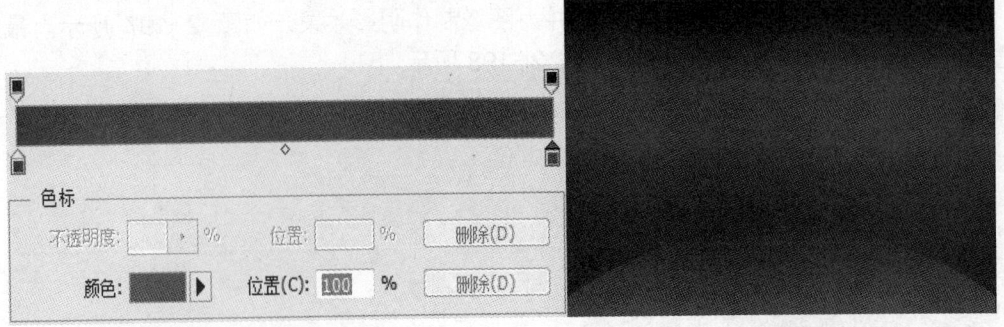

图 2-200　绘制圆形

04 设置前景色为白色，选择“文字工具”，在画面输入“NMI”，按【Ctrl+T】组合键打开变形框，对文字进行变形操作，如图 2-201 所示。

05 复制“NMI”图层，得到“NMI 副本”图层，设置该层的不透明度为 14%，然后使用“自由变换工具”对文字进行变形操作，如图 2-202 所示。

图 2-201　输入文字

图 2-202　变形文字

2．制作计量表表盘

01 创建图层 2，设置前景色为黑色，选择“椭圆选框工具”，在画面中创建一个黑色的圆形。选择“移动工具”，按下【Ctrl+A】组合键全选图像，在工具选项栏中分别单击和按钮，使圆形在画面中居中，然后取消选区，如图 2-203 所示。

02 创建图层 3，设置前景色为白色，选择“椭圆选框工具”，在画面中创建一个白色的圆形。参照上面的方法将圆形居中，打开“样式”面板，单击其中的“水银”样式，效果如图 2-204 所示。

图 2-203　创建黑色圆形

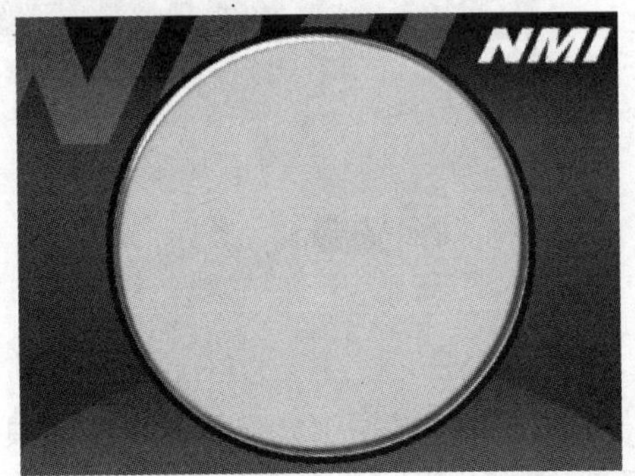

图 2-204　创建白色圆形

03 创建图层 4，设置前景色为黑色，选择“椭圆选框工具”，在画面中创建一个黑色的圆形。双击图层，打开“图层样式”对话框，添加内发光效果，设置内发光色的 RGB 值为（58，63，156），如图 2-205 所示。

04 在对话框左侧选中“斜面和浮雕”选项，设置对应的参数，设置高光色的 RGB 值为（179，197，255），如图 2-206 所示。

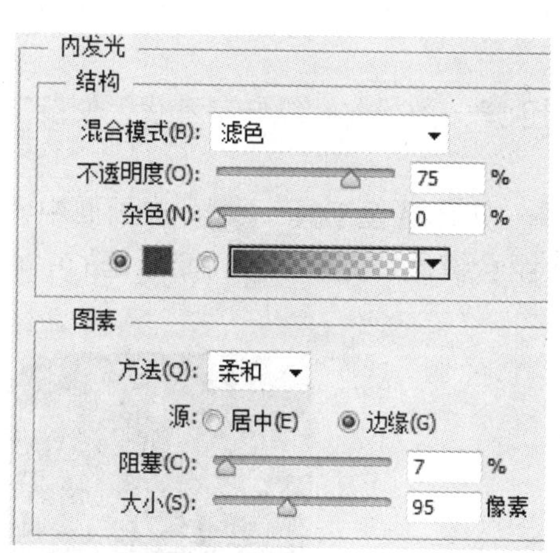

图 2-205　内发光效果

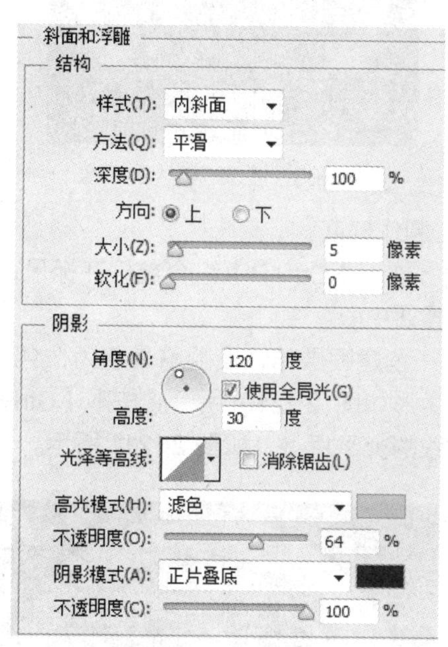

图 2-206　斜面和浮雕效果

05 在对话框左侧选中“纹理”选项，设置对应的参数，如图 2-207 所示。

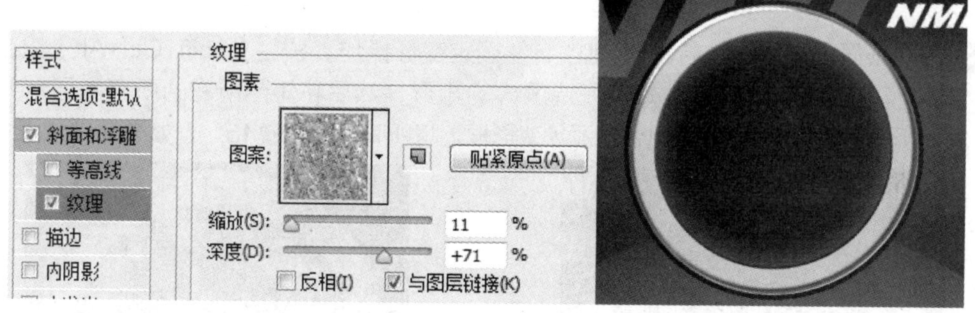

图 2-207　纹理效果

06 选择“矩形选框工具”，在画面中创建一个矩形选区，删除选区内的图像，如图 2-208 所示。

07 创建图层 5，设置前景色为白色，选择“椭圆选框工具”，在画面中创建一个白色的圆环，并将图层不透明度设为 40%，如图 2-209 所示。

图 2-208　删除选区内的图像

图 2-209　绘制圆环

3．制作刻度

01　按下【Ctrl+R】组合键打开标尺，分别创建一条横向和纵向参考线，使参考线的中心位于画面中心。

02　创建图层 6，设置前景色为白色，选择“矩形选框工具”，在画面中创建一个白色的矩形如图 2-210 所示。按下【Ctrl+Alt】组合键添加变形框，将变形框的中心点拖曳至参考线的交叉点上，如图 2-211 所示。

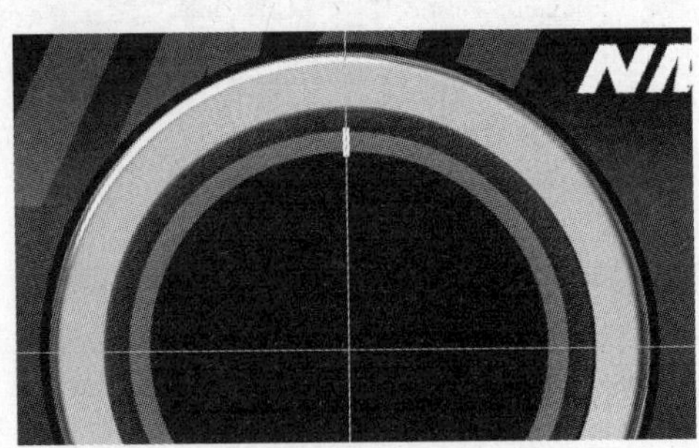

图 2-210　创建白色矩形

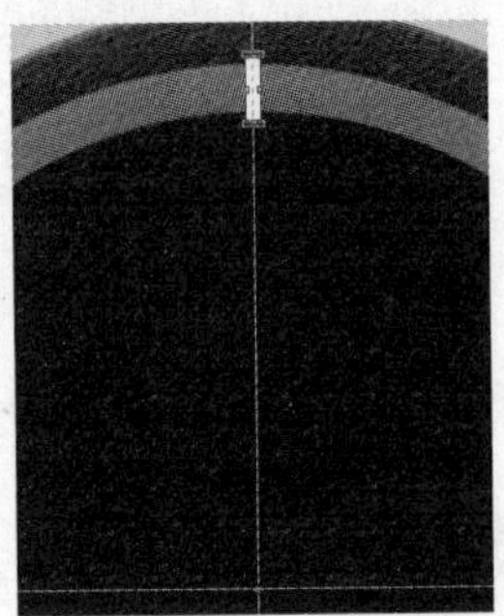

图 2-211　调整变形框的中心点

03　在画面中顺时针旋转图像 30°，并确定变形操作。按住【Shift+Ctrl+Alt】组合键，单击【T】键 10 次，顺时针旋转复制选区内的矩形，然后将矩形所在的所有图层合并，如图 2-212 所示。按下【Ctrl+T】组合键添加变形框，将所有矩形旋转 15°，如图 2-213 所示。

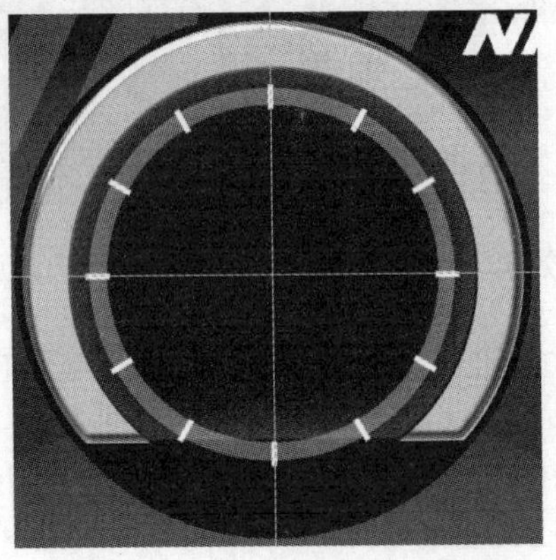

图 2-212　顺时针旋转矩形

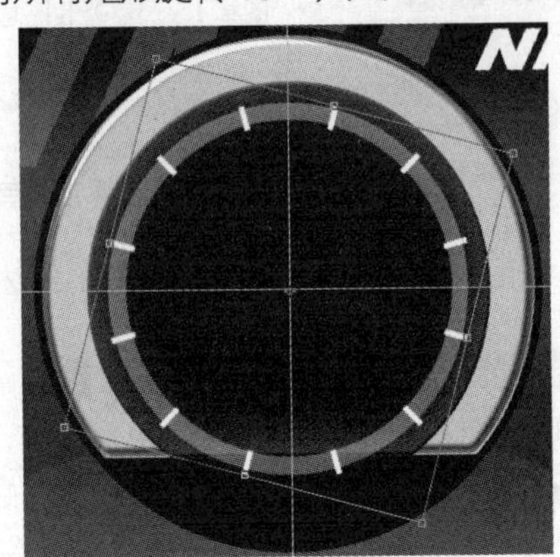

图 2-213　旋转图形

04 参照前面的方法，再制作一圈刻度，如图 2–214 所示。

05 选中图层 5，选择“多边形套索工具”，在画面中创建选区，然后删除选区内的图像，并调整该层的不透明度为 100%，如图 2–215 所示。

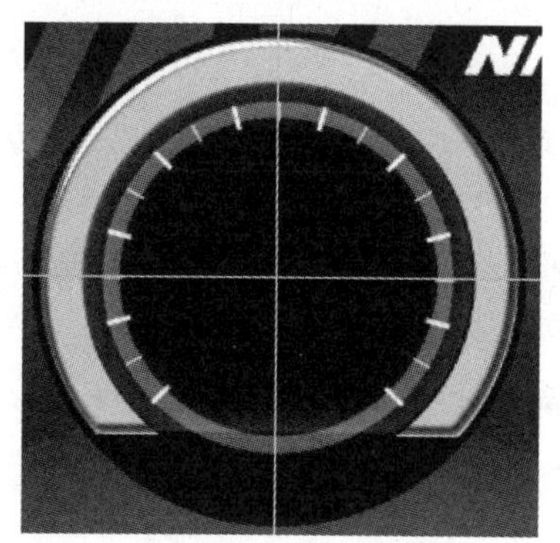

图 2–214　刻度效果

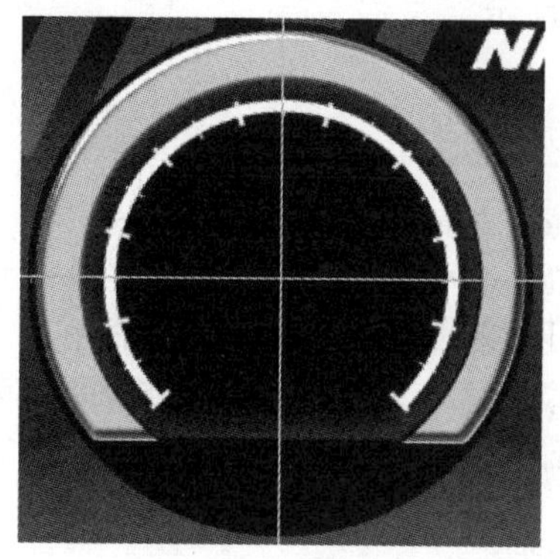

图 2–215　删除后效果

06 双击图层 5，打开“图层样式”对话框，添加渐变叠加效果，如图 2–216 所示。

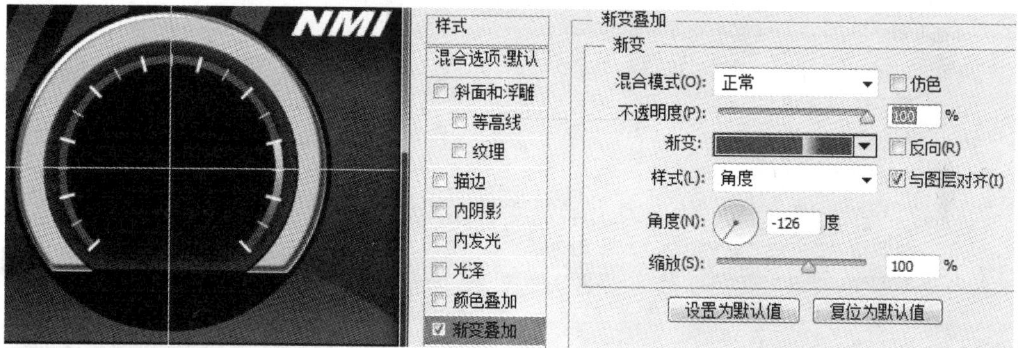

图 2–216　渐变叠加效果

07 选择“椭圆工具”，在画面中创建一个圆形路径，设置前景色为湖蓝色，选择文字工具，在画面中的路径上单击鼠标，沿路径输入数字，如图 2–217 所示。

08 为刻度所在图层添加“外发光”图层样式，设置外发光色的 RGB 值为（51，152，7），如图 2–218 所示。

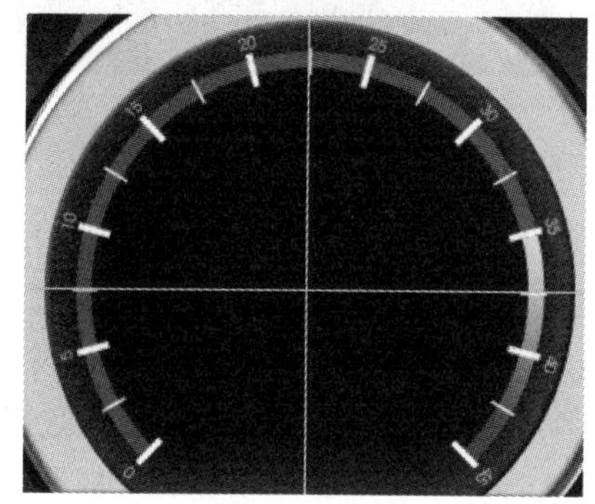

图 2–217　输入数字

图 2–218　刻度外发光效果

4．制作指针和题号

01 创建图层 7，选择“椭圆工具”，在画面中创建一个湖蓝色的圆形，双击图层 7，打开“图层样式”对话框，添加“渐变叠加”、“投影”、“斜面和浮雕”效果，如图 2-219～图 2-222 所示。

图 2-219　渐变叠加

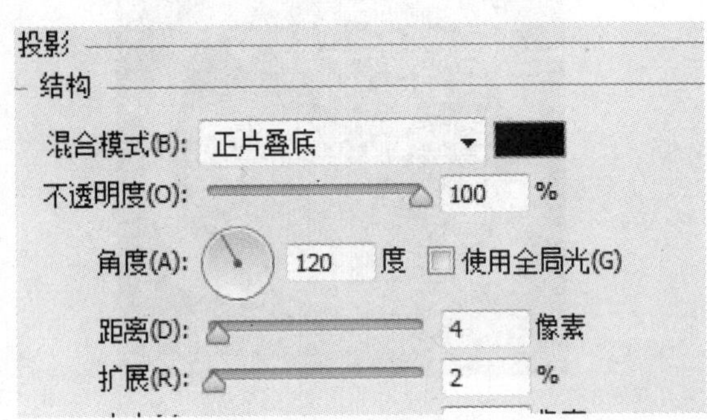

图 2-220　投影

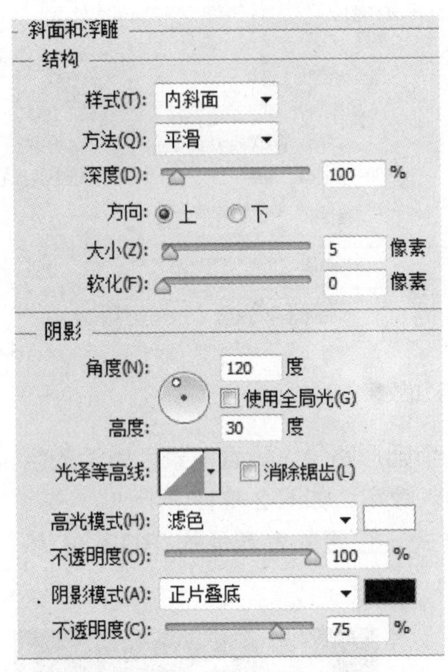

图 2-221　斜面和浮雕

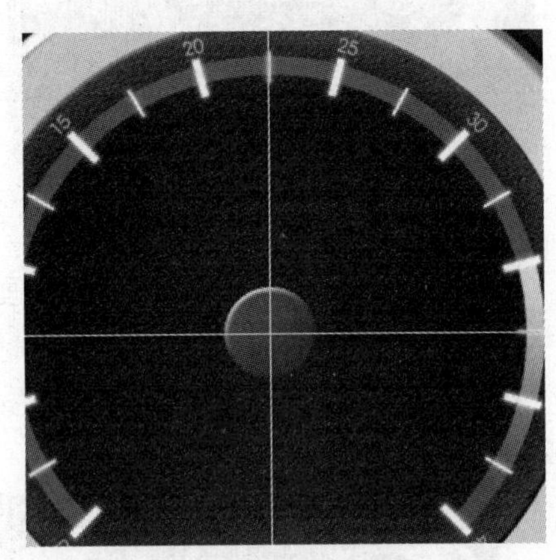

图 2-222　圆形效果

02 创建图层 8，选择“圆角矩形工具”，参照上面的方法绘制绿色指针，如图 2-223 所示。

03 创建图层 9，选择“椭圆工具”制作题号。在画面中绘制一个矩形，添加“内阴影”“渐变叠加”“投影”图层样式，然后输入文字并添加“外发光”效果，如图 2-224 所示。

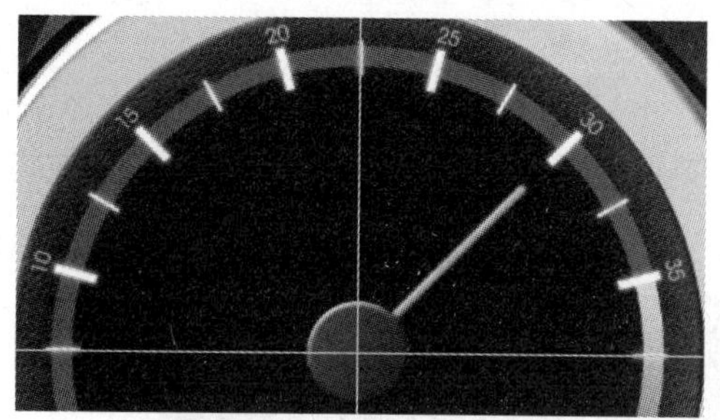

图 2-223　绿色指针

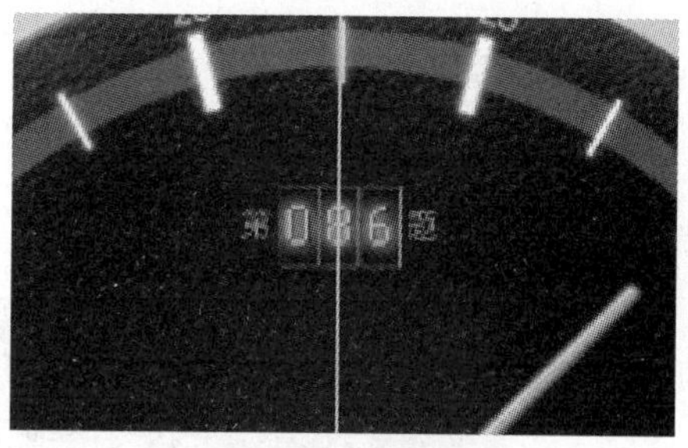

图 2-224　题号效果

5．制作试题与其他文字

01 在画面中输入文字，如图 2-225 所示。创建一个白色的圆形，添加“描边”“内阴影”图层样式，然后复制两个相同的图形，如图 2-226 所示。

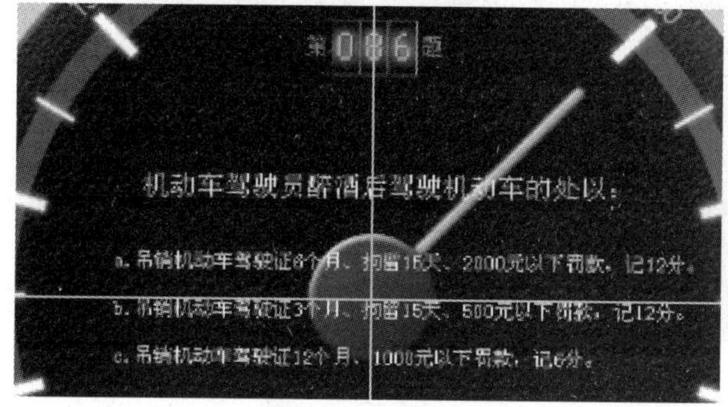

图 2-225　输入题目

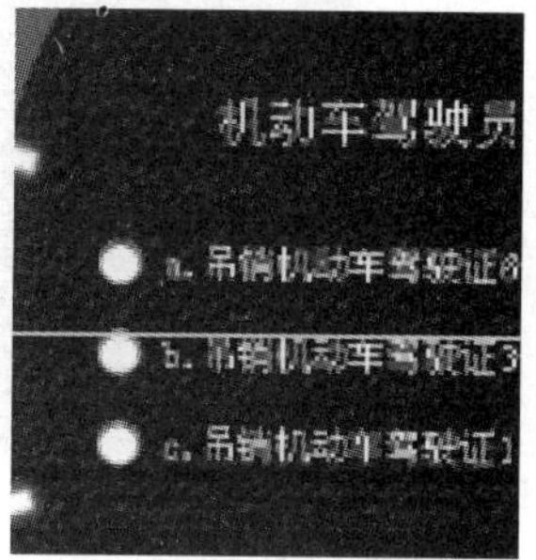

图 2-226　创建白色圆形

02 综合运用前面的方法，在画面中添加其他的文字和装饰，效果如图 2-227 所示。

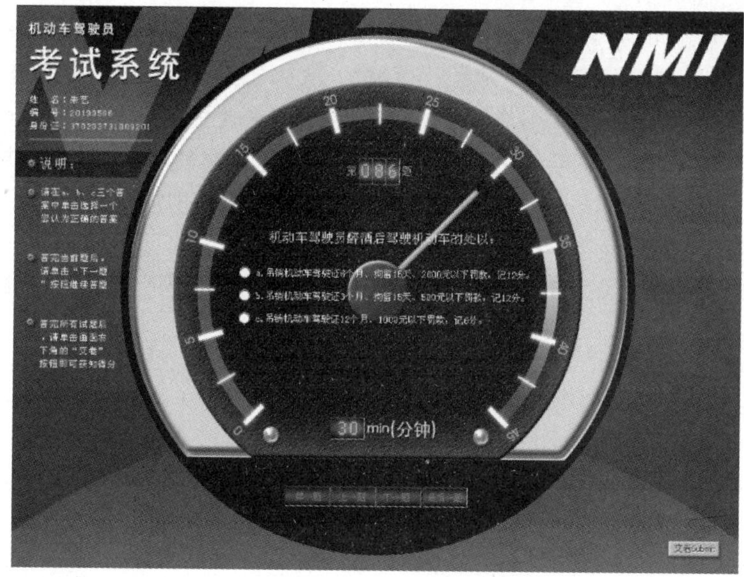

图 2-227　案例最终效果

2.4.5 案例拓展

本拓展案例制作一个发光文字效果，主要使用“画笔工具”“钢笔工具”和图层样式，效果如图 2–228 所示。

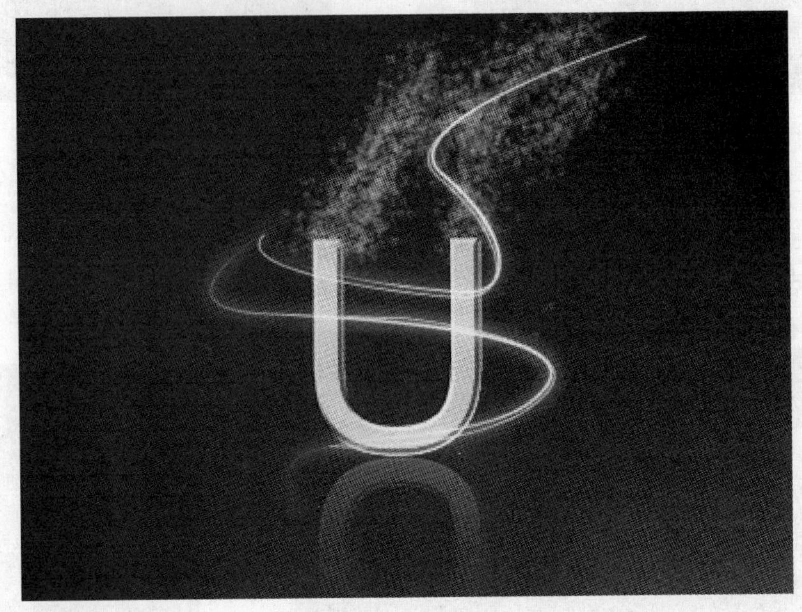

图 2–228 发光文字效果

01 新建文档，填充渐变背景。输入字母“U”，颜色设为金黄色。为文字图层添加“斜面和浮雕”样式，将样式设置为“枕状浮雕”，光泽等高线设置为“高斯”。

02 使用垂直翻转和图层蒙版制作字母“U”的倒影效果。

03 使用“钢笔工具”绘制曲线路径，在“路径”面板的下拉菜单中选择“描边路径”，在打开的面板中，选择“画笔”进行描边，勾选“模拟压力”选项，绘制出光线效果，并为光线添加“外发光”样式。

04 将字母“U”定义为画笔，设置画笔的“大小抖动”和“散布”参数，绘制出文字喷射效果。

项 3 目

图层特效

教学目标

- ✧ 熟练使用图层蒙版。
- ✧ 熟练使用快速蒙版。
- ✧ 熟练使用矢量蒙版。
- ✧ 熟练使用图层混合模式。
- ✧ 熟练使用剪贴蒙版。

任务 1　房地产广告设计

3.1.1　案例效果

本案例为“房地产广告设计”，主要学习图层蒙版的使用方法。效果如图 3-1 所示。

图 3-1　房地产广告设计效果

3.1.2　案例分析

本案例传达自然、高档的居住环境，远山素材和青蓝色调无不体现自然、静谧的氛围，格调高雅的小提琴里清晰的楼群体现了该楼盘的设计风格。

3.1.3　相关知识

3.1.3.1　认识蒙版

选区是对选中区域进行处理，而蒙版却与之相反，它所蒙住的地方是编辑时不受影响的地方。蒙版主要分为快速蒙版、图层蒙版、矢量蒙版以及剪贴蒙版 4 种类型。

蒙版是进行合成图像的重要功能，它可以隐藏图像内容，但不会将其删除，因此，用蒙版处理图像是一种非破坏性的编辑方式。

3.1.3.2　快速蒙版

快速蒙版是编辑选区的临时环境，可以辅助用户创建选区。快速蒙版模式可以将任何选区作为蒙版进行编辑，可以使用 Photoshop 中的大部分功能进行蒙版的修改。

1．快速蒙版的工作原理

在快速蒙版模式下，无色区域代表选区内的部分，而半透明的红色区域代表选区以外的部分，编辑完成后无色区域成为编辑的选区，如图 3-2 所示。

图 3-2　快速蒙版

2．创建快速蒙版

选中图层，然后单击工具箱中的“以快速蒙版模式编辑”按钮，或者按【Q】快捷键添加快速蒙版。前景色和背景色会自动变为黑白状态，同时在“通道”面板生成一个快速蒙版通道。然后就可以用黑色画笔涂抹想要遮罩的部分，涂抹的部分呈现出半透明的红色，涂抹完毕后，再次单击刚才的按钮切换到标准模式编辑，则没有涂抹的区域变成选区。使用快速蒙版进行编辑，不会影响图像，它只是形成选区。

3．为快速蒙版添加效果

蒙版相比选区，可以使用 Photoshop 中的大部分功能和效果，这样形成的选区也是很特别的。比如对编辑好的选区，执行“滤镜”→“像素化”→“马赛克”菜单命令，形成选区后删除的效果与未使用滤镜删除的效果有很大不同，如图 3-3 所示。

4．更改快速蒙版选项

双击“以快速蒙版模式编辑”按钮，会弹出如图 3-4 所示对话框设置色彩指示、颜色以及不透明度的参数。

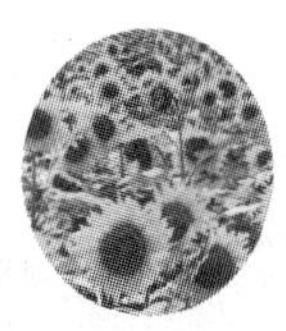

图 3-3　快速蒙版不添加滤镜和添加滤镜效果图

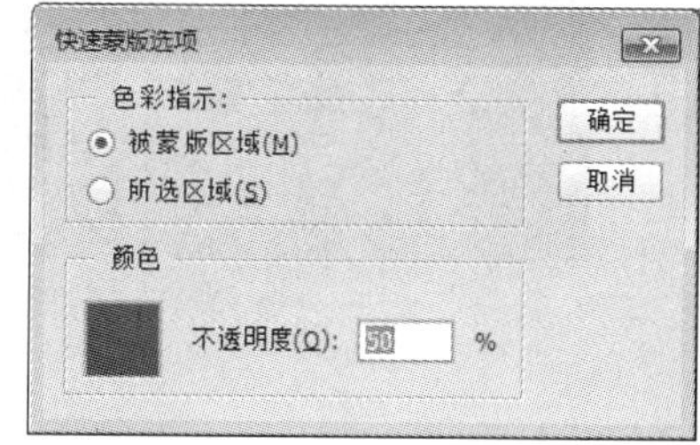

图 3-4　快速蒙版选项

【例 3-1】 制作美丽的边框。将文件保存为“边框.psd”。

制作描述：对快速蒙版涂抹区域执行滤镜操作，可以生成更为复杂的选区，进而制作有趣的图像边框，如图 3-5 所示。

图 3-5　效果图

01 打开素材文件，用“矩形选框工具”拉出一部分图像选区，并按下【Ctrl+Shift+I】组合键反向选区，然后按下“以快速蒙版模式编辑”按钮，如图 3-6a 所示。

a)　　b)

图 3-6　快速蒙版和彩色半调滤镜参数设置

02 执行“滤镜”→“像素化”→“彩色半调”菜单命令，具体参数设置如图 3-6b 所示。

03 再次单击“以快速蒙版模式编辑”按钮，切换到标准模式下编辑，形成选区，如图 3-7a 所示。按下【Ctrl+Shift+I】组合键反向选区，按【Ctrl+J】组合键复制图层，如图 3-7b 所示。

a)　　b)

图 3-7　转换为选区图和效果图

04 把背景图层填充为白色，输入文字。

3.1.3.3　图层蒙版

图层蒙版以一个独立的图层存在，而且可以控制图层或图层组中不同区域的操作。通过修改蒙版层，可以对图层的不同部分应用各种滤镜效果。

图层蒙版不同于快速蒙版和通道蒙版，图层蒙版是在当前图层上创建一个蒙版层，该蒙版层与创建蒙版的图层只是链接关系，所以无论如何修改蒙版，都不会对该图层上的原图层造成任何影响。

在创建调整图层或者填充图层等一些特殊图层时，Photoshop 也会自动为其添加图层蒙版。

1．图层蒙版的工作原理

图层蒙版通过黑、白、灰来控制图层的局部或整体透明度状态。添加图层蒙版后，蒙版默认的颜色为白色，用黑色画笔在上面涂抹，就可以看到当前图层下层的图像。白色区域为不透明，黑色区域为完全透明，灰色区域则表现为半透明。

2．创建图层蒙版

选中图层，执行“图层”→“图层蒙版”→“显示全部”菜单命令，即可以为图层添加蒙版。也可以单击“图层”面板底部的“添加图层蒙版”按钮来实现，如图 3-8 所示。

添加图层蒙版后，蒙版默认的颜色为白色，也可以将蒙版填充为黑色，这就完全显示了下面图层中的图像，便可以从另一个角度来使用蒙版。

图 3-8　添加图层蒙版

如果当前图像中存在选区，可以根据选区范围添加蒙版，选择要添加图层蒙版的图层，单击“图层”面板底部的“添加图层蒙版”按钮为图像添加图层蒙版，以图 3-9a 所示的选区为例，添加蒙版后的状态为图 3-9b 所示，“图层”面板如图 3-9c 所示。

a)

b)

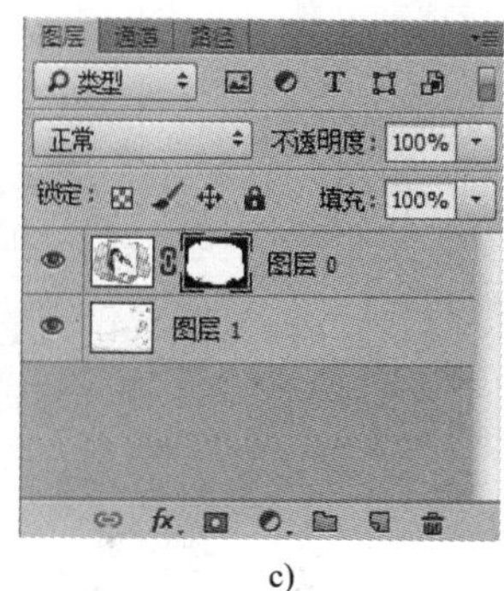

c)

图 3-9　使用图层蒙版隐藏部分图像

在依据选区范围添加图层蒙版时，如果在单击“添加图层蒙版”按钮时按住【Alt】键，即可依据与当前选区相反的范围为图层添加图层蒙版。

3．编辑图层蒙版

（1）画笔。

可以在图层蒙版中使用黑、白、灰的画笔进行涂抹来改变编辑蒙版，白色区域为不透明，黑色区域为完全透明，灰色区域则表现为半透明。如图 3-10 所示，在图层蒙版中用特殊的笔刷进行涂抹。

（2）渐变色。

可以在图层蒙版中添加渐变色，如图 3-11 所示，单击图层蒙版缩略图，添加黑色到白色的线性渐变。

图 3-10 效果图和“图层”面板（1）

图 3-11 效果图和“图层”面板（2）

（3）滤镜。

也可以在图层蒙版上添加滤镜等特殊效果，如图 3-12 所示，单击图层蒙版缩略图，对图层蒙版区域执行“滤镜”→“渲染”→“云彩”菜单命令。

图 3-12 效果图和“图层”面板（3）

4．图层蒙版与选区的运算

（1）选区生成蒙版。

选择图层，用“矩形选框工具”绘制一个矩形选区，然后创建图层蒙版，刚才的矩形选区便生成了图层蒙版的区域，如图 3-13 所示。

（2）添加蒙版到选区。

右键单击图层蒙版缩略图，在弹出的菜单中执行“添加蒙版到选区”命令（或者按住

【Ctrl】键的同时，用鼠标左键单击图层蒙版缩略图），蒙版的区域便形成了选区，白色部分代表选区，如图 3-14 所示。

图 3-13　效果图和“图层”面板（4）

图 3-14　效果图和“图层”面板（5）

（3）从选区中减去蒙版。

绘制选区，右键单击图层蒙版缩略图，在弹出的菜单中选择“从选区中减去蒙版”菜单命令，将减去图层蒙版与选区相重叠的白色部分，形成新的选区，如图 3-15 所示。

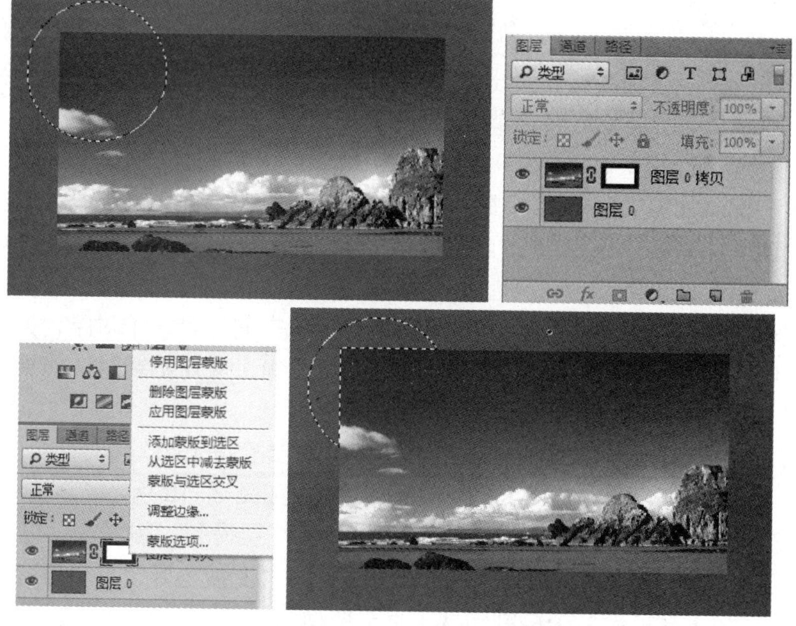

图 3-15　效果图和“图层”面板（6）

（4）蒙版与选区交叉。

绘制选区，右键单击图层蒙版缩略图，在弹出的菜单中执行“蒙版与选区交叉”菜单命令，椭圆选区和图层蒙版白色部分的交叉区域形成新的选区，如图 3-16 所示。

图 3-16　蒙版与选区交叉

5．停用与应用图层蒙版。

右键单击图层蒙版缩略图，在弹出的菜单中执行“停用图层蒙版”菜单命令，即可暂时停用图层蒙版，如图 3-17 所示。

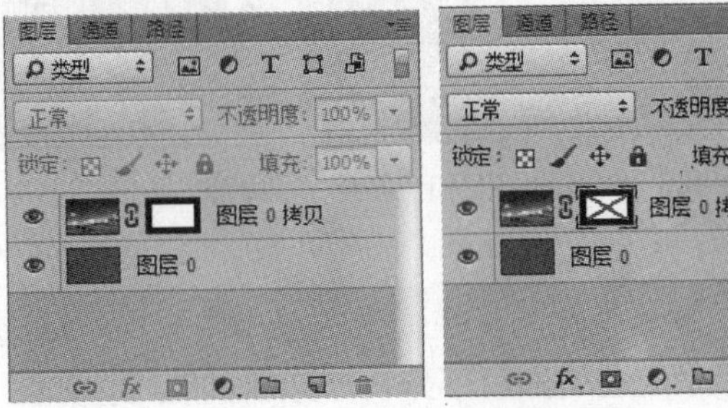

图 3-17　停用图层蒙版

右键单击图层蒙版缩略图，在弹出的菜单中执行“应用图层蒙版”命令，图层蒙版的效果将会作用于图层，而图层蒙版将会消失。

6．图层蒙版链接状态。

默认情况下，添加图层蒙版时，图层缩略图与图层蒙版是存在链接关系的。在链接图标位置单击时，该图标消失，表示取消了图层缩略图与图层蒙版之间的链接关系。再次在这个空白位置单击，即可重新将二者链接起来。

如果图层与图层蒙版处于链接状态，我们移动二者中的任意一个对象，另一个都会随着一起移动，否则就只能移动选中的对象。同理，变换图像、应用滤镜时，如果二者处于链接状态时，二者同时变化；否则仅影响所选的图像。

【例 3-2】 制作驳异空间图像。将文件保存为“驳异空间.psd”。

制作描述：利用图层蒙版制作驳异空间图像效果，如图 3-18 所示。

01 打开素材文件，按【Ctrl+J】组合键复制背景图层得到“图层 1”，在图像右上方绘制一个矩形选区，如图 3-19a 所示。选择“选择”→“变换选区”菜单命令调出选区变换控制框，按住【Ctrl】键拖动各个控制句柄，直至变换为如图 3-19b 所示的透视角度状态。

图 3-18　效果图

a)

b)

图 3-19　绘制选区和变换选区

02 为“图层 1”添加图层蒙版。新建“图层 2”并将其拖至“图层 1”和“背景”图层之间，填充白色。选择“图层 1”并添加“投影”和“描边”图层样式，如图 3-20 图所示。

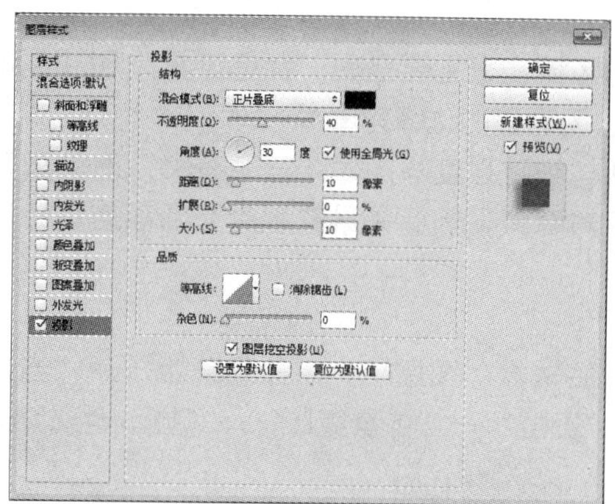

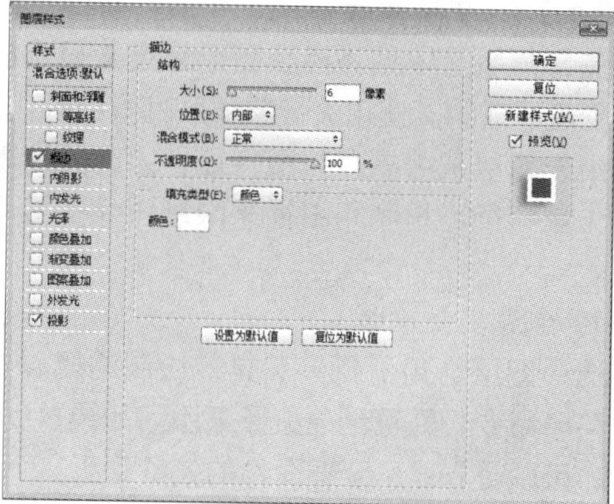

图 3-20　“投影”和“描边”图层样式

03 再次复制“背景”图层得到“图层 3”，按照前面的方法为“图层 3”添加蒙版，并复制“图层 1”的图层样式，如图 3-21a 所示。绘制一个矩形选区，将起连接作用的图像选中，如图 3-21b 所示。

a)

b)

图 3-21　效果图和绘制选区

04 复制“背景”图层得到“图层 4”，选中“魔棒工具”并按住【Alt】键在“图层 4”上的背景绿色区域单击，直至完全减去该部分选区，如图 3-22a 所示。为“图层 4”添加图层蒙版，并拖至顶层，“图层”面板如图 3-22b 所示。

a)

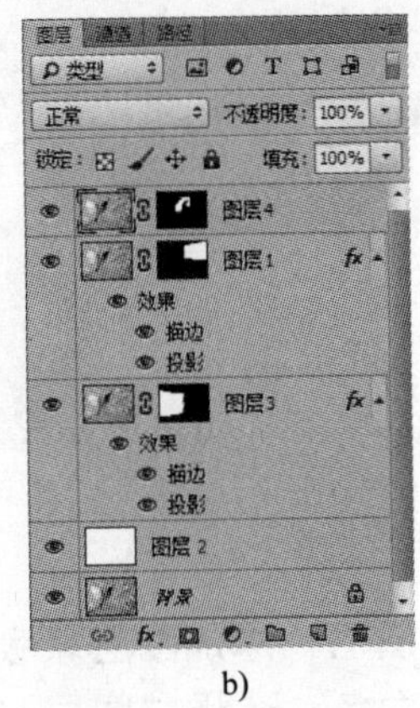

b)

图 3-22　效果图和“图层”面板

3.1.3.4　矢量蒙版

矢量蒙版是依据路径和图形来定义显示的区域，它主要是由“钢笔工具”和“矢量工具”创建而成的。使用矢量蒙版可以得到锐化、无锯齿的边缘轮廓。

由于图层蒙版具有位图特征，因此其清晰与细腻程度与图像分辨率有关；而矢量蒙版具有矢量特征，是利用路径来限制图像的显示与隐藏，因此矢量蒙版的光滑程度与分辨率无关。

1．创建矢量蒙版

选中图层，用“钢笔工具”绘制路径，然后执行“图层”→“矢量蒙版”→“当前路径”菜单命令，即可创建矢量蒙版。如果执行“图层”→“矢量蒙版”→“显示全部”菜单命令，可以得到显示全部图像的矢量蒙版。

2．编辑矢量蒙版

编辑矢量蒙版，必须通过钢笔工具或者形状工具在选区中绘制路径，才能进一步调整矢量蒙版的范围。

【例 3-3】 制作人物镜框。将文件保存为“镜框.psd”。

制作描述：利用矢量蒙版制作人像的镜框效果，如图 3-23 所示。

图 3-23　效果图

01 打开素材文件，置入人物素材，按【Ctrl+T】组合键缩放到合适大小，然后执行“图层”→“矢量蒙版”→“显示全部”菜单命令，创建矢量蒙版，如图 3-24a 所示。然后选择“自定形状工具”，在形状库里选择云彩形状，选中矢量蒙版缩略图，在画布上绘制图形，如图 3-24b 所示。

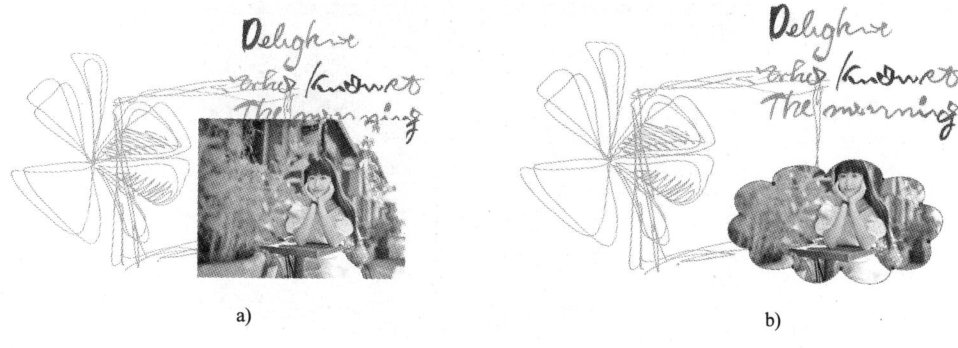

a)　　　　　　　　　　　　b)

图 3-24　绘制矢量蒙版

02 再次使用“自定形状工具”，选中矢量蒙版缩略图，用形状绘制一些装饰的素材，如图 3-25a 所示。双击矢量蒙版缩略图，为蒙版添加“投影”“描边”图层样式，“投影”样式参数保持默认值，“描边”样式参数如图 3-25b 所示。

a)

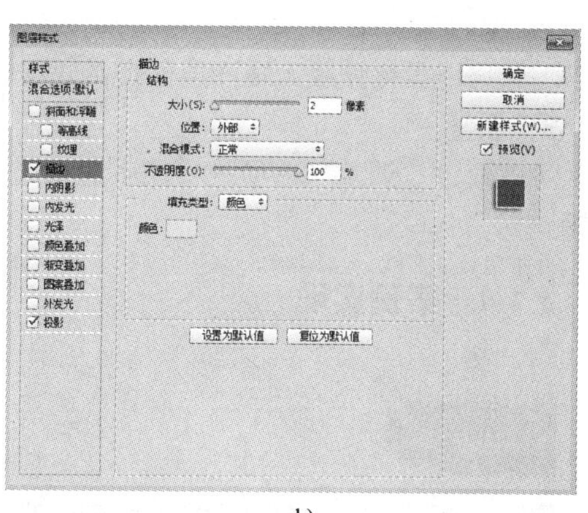

b)

图 3-25　添加图层样式

3．矢量蒙版与图层蒙版的关系

矢量蒙版的缺点在于无法使用各种绘图工具和图像调整命令对蒙版进行编辑，但 Photoshop 提供了将矢量蒙版转换为图层蒙版的功能，这样就可以使用“绘图工具”及图像调整等命令来编辑蒙版，从而得到更为丰富的图像效果。

要将矢量蒙版转换为图层蒙版，可以执行以下任一操作。

（1）选择要转换矢量蒙版的图层，然后选择“图层”→“栅格化”→“矢量蒙版”菜单命令。

（2）在要转换的矢量蒙版缩略图上单击鼠标右键，在弹出的快捷菜单中选择“栅格化矢量蒙版” 菜单命令。

注意：将矢量蒙版转换为图层蒙版的操作是不可逆的，即无法将图层蒙版还原成一个矢量蒙版。

3.1.3.5　“蒙版”面板

对蒙版的编辑与操作还可以通过“蒙版”面板来实现。通过双击图层蒙版或者矢量蒙版的缩略图即可打开“蒙版”面板，如图 3-26 所示。

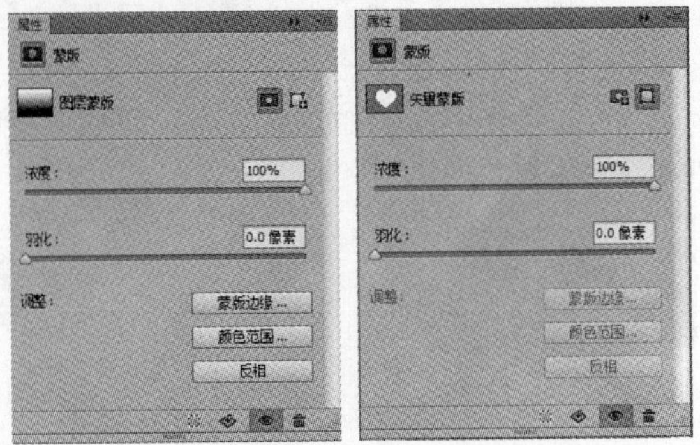

图 3-26 “蒙版”面板

1．浓度

浓度用来控制蒙版的不透明度，即蒙版的遮盖强度。随着浓度的升高，蒙版遮罩图层的区域就变得越不透明。

2．羽化

羽化可以柔化蒙版遮罩图层区域的边缘，在蒙住和未蒙住区域之间创建较柔和的过渡。

3．调整

可以通过“调整”选项的“蒙版边缘”、“颜色范围”和“反相”3 个按钮来对蒙版进行编辑。

3.1.4 案例实现

01 新建大小为 1276×893 像素、背景为白色的文档，保存为“房地产广告.psd”。打开“背景”素材图像并拖曳到新建文档中，设置该层的不透明度为 70%。添加“色相/饱和度”调整图层，参数设置如图 3-27a 所示。打开“远山”图像，将之拖入新文档中，添加图层蒙版，用渐变填充蒙版，如图 3-27b 所示。

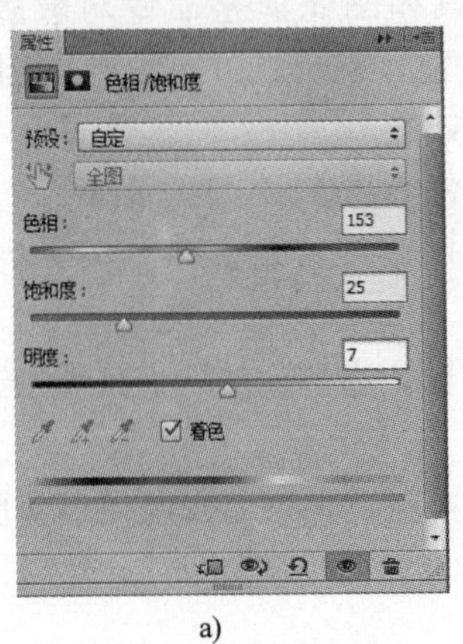

a)

b)

图 3-27 “色相/饱和度”属性设置和“图层”面板

02 打开“小提琴”素材图像，用“魔棒工具”选取白色，按【Ctrl+Shift+I】组合键将选区反向，将小提琴拖入文档并调整其大小和位置，如图 3-28a 所示。

a)

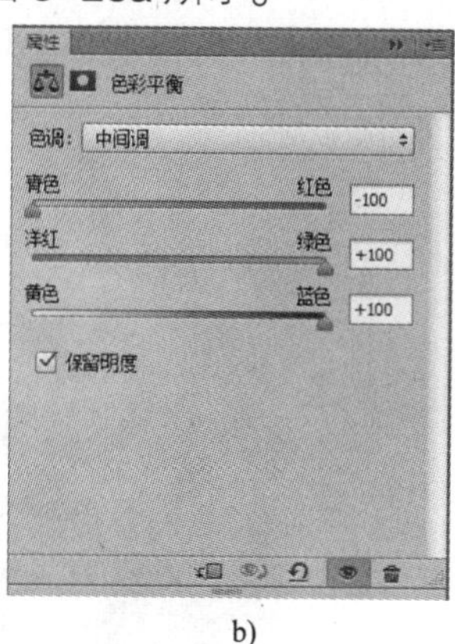

b)

图 3-28　效果图和“色彩平衡”参数设置

03 载入小提琴的选区，并添加色彩平衡的调节图层，参数设置如图 3-28b 所示。

04 打开“效果图”素材图片并拖曳到文档中形成“图层 3”，调整该层的位置在文档的下部，再次载入小提琴的选区，设置羽化为 30 像素。然后为“图层 3”添加图层蒙版，再次载入小提琴的选区，将选区反选后填充为深灰色，并使用“黑色画笔工具”在蒙版中的边界部分涂抹，效果和“图层”面板如图 3-29 所示。

图 3-29　效果图和“图层”面板

05 最后输入文字，效果如图 3-30 所示。

图 3-30　房地产广告效果图

3.1.5 案例拓展

本拓展案例为“儿童相册”，使用图层蒙版和矢量蒙版展示可爱儿童的生活瞬间。效果如图 3-31 所示。

图 3-31 儿童相册效果图

01 新建大小为 650×450 像素、背景为白色的文档。设置前景色为天蓝色（#91d8e4），选择“椭圆工具”，设置工具模式为“像素”，绘制椭圆，然后绘制椭圆选区并删除，制作天蓝色半圆环。

02 打开“儿童相册-1”素材文件并拖至文档中，添加图层蒙版，设置前景色为黑色，选择“柔角画笔工具”进行涂抹隐藏图像边缘部分内容。

03 打开“儿童相册-2”素材文件并拖至文档中，调整图层的大小。选择“圆角矩形工具”，设置工具模式为“路径”，半径为 20 像素，绘制圆角矩形路径。选择“图层”→“矢量蒙版”→“当前路径”命令，为该图层添加“描边”图层样式，设置大小为 5 像素，颜色为天蓝色。

04 打开“儿童相册-3”素材文件并拖至文档中并调整图层的大小，继续打开“儿童相册-4”素材文件并拖至文档中。

任务 2 刻录软件安装界面设计

3.2.1 案例效果

本案例为“刻录软件安装界面”，主要学习图层的混合模式。效果如图 3-32 所示。

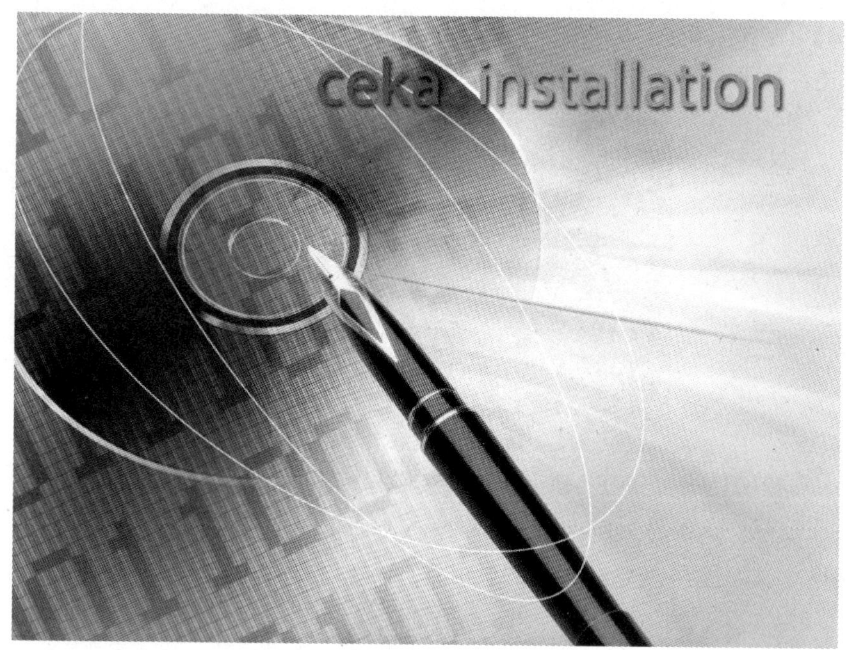

图 3-32 “刻录软件安装界面”效果图

3.2.2 案例分析

本案例是刻录软件的安装界面，可以通过数字和光盘体现软件的作用，将素材通过层模式的融合体现出高科技、神秘的氛围。

3.2.3 相关知识

3.2.3.1 组合模式组

1．正常模式

用当前图层像素的颜色叠加下层颜色，图层的不透明度为 100%时，完全遮住下面的像素，只有调整图层的不透明度才能看见下面的图层。

2．溶解模式

把当前图层的像素以一种颗粒状的方式作用到下层，以获取融入式效果。将“图层”面板中的“不透明度”调低，溶解效果将更加明显，如图 3-33 所示。

图 3-33 正常模式和溶解模式

【例 3-4】 制作雪花文字。将文件保存为“雪花.psd”。

制作描述：利用溶解模式制作雪花文字效果，如图 3-34 所示。

图 3-34 效果图

01 新建文件，将背景色填充为白色，输入文字，填充为蓝色。

02 栅格化文字图层，复制文字图层并添加“斜面与浮雕”图层样式，如图 3-35 图所示。

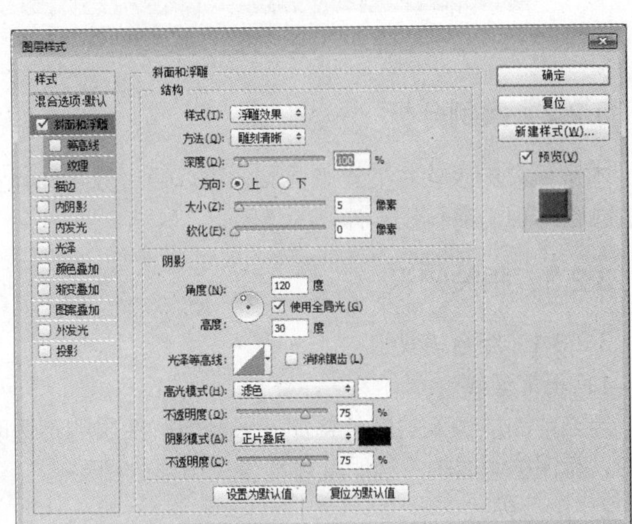

图 3-35 效果图和斜面与浮雕图层样式

03 把添加了图层样式的文字图层的颜色改为白色，把未添加图层样式的文字图层置顶，并把该层的图层混合模式改为“溶解”，“不透明度”设置为 50%。

3.2.3.2 加深模式组

使用加深模式组得到的效果通常会使图像变暗。

1．变暗模式

对两个图层的 RGB 值分别进行比较，取二者中低的值再组合混合后的颜色，所以总的颜色灰度降低，造成变暗的效果。

2．正片叠底模式

当前图层中的像素与底层的白色混合时保持不变，与底层的黑色混合时则被其替换。图层混合后的效果是低灰阶的像素显现，而高灰阶的像素不显现，产生正片叠加的效果。

3．颜色加深模式

通过增加对比度来加强深色区域，增加的颜色越亮，效果就越细腻。

4．线性加深模式

通过降低亮度来使像素变暗，它与“正片叠底”模式的效果相似，但可以保留下面图像更多的颜色信息。

5．深色模式

比较两个图层中的所有通道值的总和，并显示值较小的颜色。

【例 3-5】 为人物添加文身效果。将文件保存为“唯美文身.psd”。

制作描述：利用线性加深图层模式对人物背部添加文身效果。效果图如图 3-36 所示。

图 3-36　效果图

打开“唯美文身-1”素材文件，然后打开“唯美文身-2”素材文件并拖至“唯美文身-1”素材文件中，调整图片大小并设置该图层的图层模式为“线性加深”。

3.2.3.3　减淡模式组

减淡模式组属于变亮型混合模式，使用这一组混合模式得到的效果通常会使图像变亮。

1．变亮模式

比较两个图片混合之后的亮度，选择其中较亮的像素保留下来，造成变亮的效果。用黑色合成图像时无作用，用白色合成图像时仍为白色，和“变暗模式”正好相反。

2．滤色模式

与“正片叠底”模式的效果相反，它可以使图像产生漂白的效果，用黑色过滤时颜色保持不变，用白色过滤时将产生白色。

3．颜色减淡模式

该模式会增加图层的对比度，加上的颜色越暗，效果越细腻，与“颜色加深”模式的效果正好相反。

4．线性减淡（添加）模式

亮化效果比“滤色”和“颜色减淡”模式都要强烈，通过增加亮度来使底层颜色变亮，以此获得混合的色彩，与黑色混合没有任何效果。

5．浅色模式

比较两个图层的所有通道值的总和并显示值较大的颜色，不会生成第 3 种颜色。

【例 3-6】 提升图像亮度。将文件保存为“提升亮度.psd”。

制作描述：利用滤色图层模式对图像进行提亮。原图和效果图如图 3-37 所示。

图 3-37 原图和效果图

打开“提亮”素材文件，复制图层，设置该图层的图层模式为“滤色”。

3.2.3.4 融合模式组

使用融合模式组中的混合模式，可以将当前图层中的图像与其下方的图像进行融合。

1．叠加模式

显现两个图层较大的灰阶，而较低的灰阶则不显现，产生一种漂白的效果。

2．柔光模式

在这种模式下，原始图像与色彩、图像进行混合，并根据混合图像决定原始图像变亮还是变暗，原始图像亮，混合图像则更亮；原始图像暗，混合图像则更暗。

3．强光模式

在当前图层中，比 50%的灰色亮的像素会使图像变亮，比 50%灰色暗的像素会使图像变暗，产生如强烈灯光照射的效果。

4．亮光模式

如果上层图像的颜色高于 50%的灰色，则用增加对比度的方式使画面变亮，反之用降低对比度的方式使画面变暗。

5．线性光模式

如果上层图像的颜色高于 50%的灰色，则用增加亮度的方式使画面变亮，反之用降低亮度的方式使画面变暗。

6．点光模式

如果上层图像的颜色高于 50%的灰色，则替换暗的像素，反之替换亮的像素。

7．实色混合模式

如果上层图像的颜色高于 50%的灰色，那么底层图像则会变亮，反之底层图像则会变暗。

【例 3-7】 调色图像。将文件保存为“调色.psd”。

制作描述：利用柔光和叠加图层模式对图像进行调色。原图和效果图如图 3-38 所示。

图 3-38　原图和效果图

01 打开素材文件，复制图层，执行“滤镜”→“模糊”→“高斯模糊”菜单命令为复制图层添加“高斯模糊”特效，设置模糊半径为 3；并设置该图层的图层模式为“柔光”。

02 新建图层并填充为白色，设置该层的图层模式为“叠加”，不透明度为 50%。

3.2.3.5　比较模式组

1．差值模式

将要混合的图层双方的 RGB 值中每个值分别进行比较，用高值减去低值作为合成后的颜色。这种模式经常被用来得到负片效果的反相图像。

2．排除模式

用较高阶或较低阶颜色去合成图像时与差值模式毫无区别，使用趋于中间阶调颜色则效果会有区别，总的来说效果比差值模式要柔和。

3．减去模式

可从目标通道中相应的像素上减去原通道中的像素值。相当于把原始图像与混合图像相对应的像素提取出来并将它们相减。

4．划分模式

查看每个通道中的颜色信息，从基色中划分混合色。

【例 3-8】 艺术海报制作。将文件保存为“艺术海报.psd”。

制作描述：利用排除和变暗图层模式对图像进行合成。效果图如图 3-39 所示。

图 3-39　效果图

01 打开素材文件“艺术海报-1.jpg”，打开素材文件“艺术海报-2.jpg”并拖至“艺术海报-1.jpg”文档中；设置该图层的图层模式为“排除”。

02 打开素材文件“艺术海报-3.jpg”并拖至文档中，设置该层的图层模式为“变暗”。

3.2.3.6　色彩模式组

1．色相模式

当前图层的色相值会替换下层图像的色相值，而饱和度和亮度不变。对于黑色、白色和灰色区域，该模式不起作用。

2．饱和度模式

当前图层的饱和度会替换下层图像的饱和度，而色相和亮度不变。

3．颜色模式

当前图层的色相值与饱和度会替换下层图像的色相值和饱和度，而亮度不变。

4．明度模式

用当前图层的亮度值会替换下层图像的亮度值，而色相值和饱和度不变。

【例 3-9】 对图片进行上色。将文件保存为“眼睛.psd”。

制作描述：利用颜色图层模式为图片进行上色，原图与效果图如图 3-40 所示。

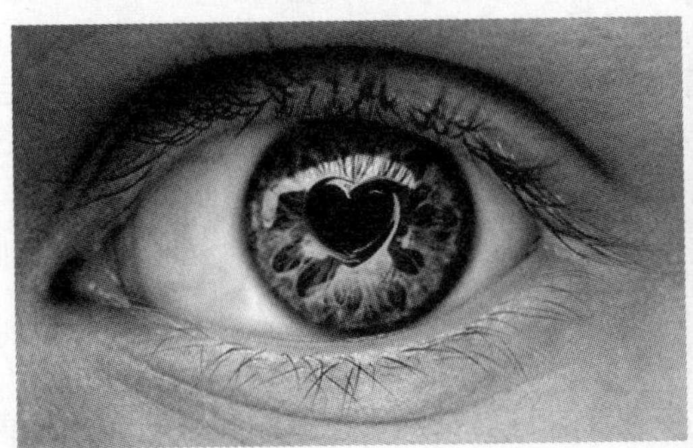
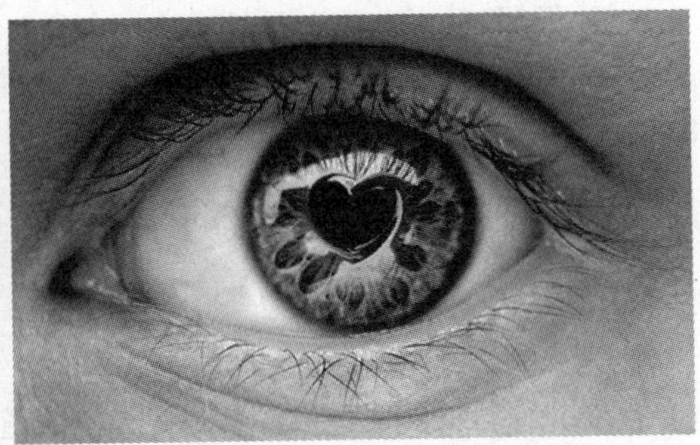

图 3-40　原图和效果图

01 打开素材文件，新建图层，使用柔角的蓝色（R6，G70，B232）画笔，在瞳孔部位涂抹，将该图层混合模式更改为“颜色”，该图层的不透明度设置为 50%。

02 再次新建图层，用柔角咖啡色（R132，G81，B36）画笔在眼球以外的部分涂抹，将图层混合模式更改为“颜色”，该图层的不透明设置为 75%，“图层”面板如图 3-41 图所示。

图 3-41　“图层”面板

3.2.4　案例实现

01 打开“背景”素材，保存为“刻录软件安装界面.psd”。新建“图层 1”，选择“渐变工具”，设置为红至黄的线性渐变填充窗口，然后设置该层的层模式为“变亮”，效果和“图层”面板如图 3-42 所示。

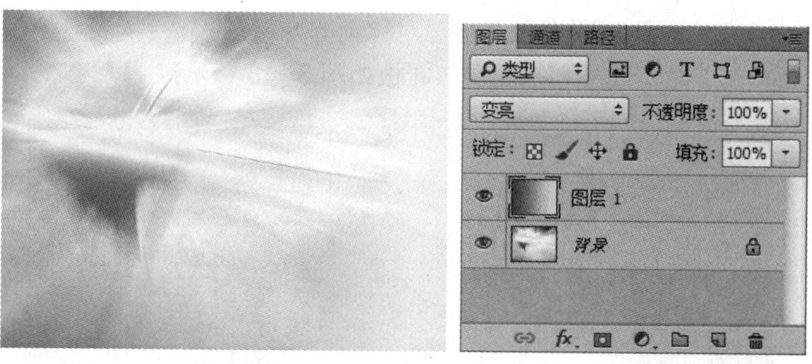

图 3-42　效果和“图层”面板（1）

02 打开“光效”素材图像，将其拖曳到文档中并放置到窗口的中间，为该图层添加“滤镜”→“模糊”→“高斯模糊”菜单命令，如图 3-43a 所示。然后调整该图层的位置，效果如图 3-43b 所示。

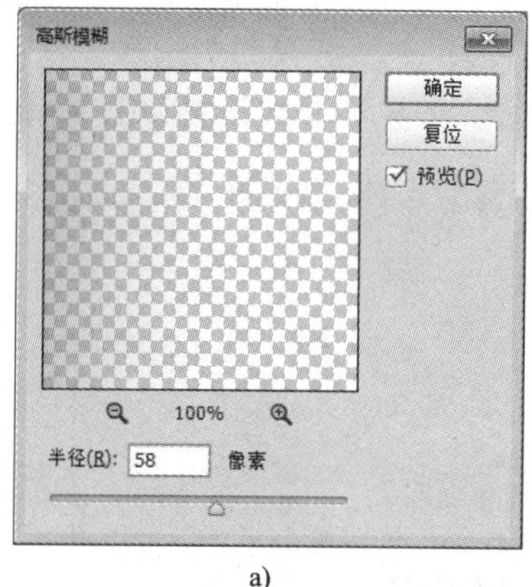

a)

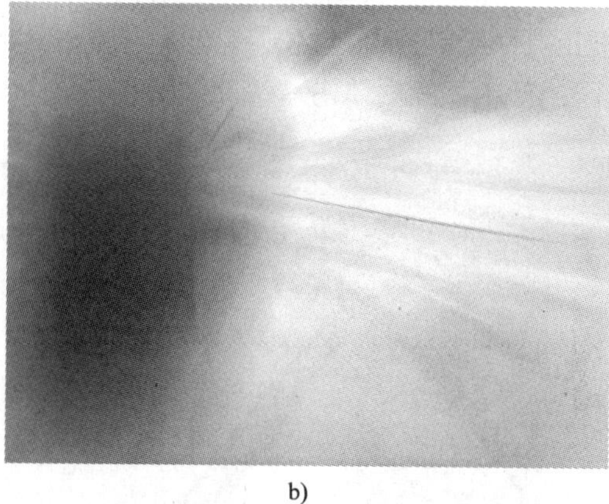

b)

图 3-43　特效参数设置和效果图

03 打开“数字”素材图像，将其拖曳到文档中并放置到窗口的左侧，设置该图层的图层模式为“柔光”，然后为该图层添加图层蒙版，使用黑白渐变填充图层蒙版将图像右侧边缘隐藏，如图 3-44 所示。

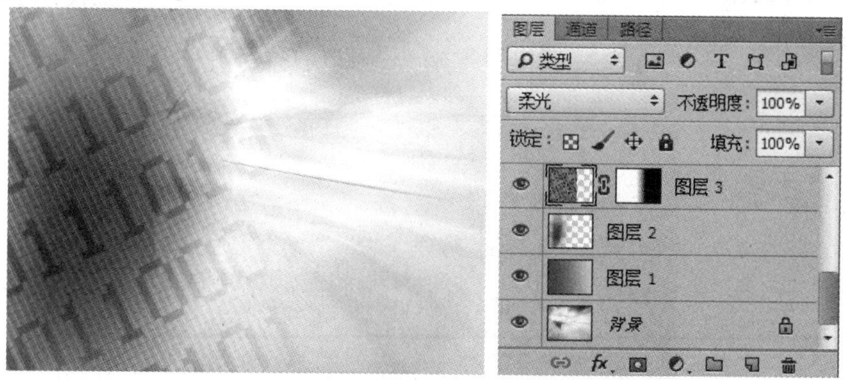

图 3-44　效果和“图层”面板（2）

04 打开“光盘”素材图片，将其拖曳到文档中并放置到窗口的左上部，使用“魔棒工具”选取光盘中的白色背景并删除。然后为该图层添加图层蒙版，选择“渐变工具”，设置为白至黑渐变，并在“工具”面板中选择“对称渐变”按钮，从光盘的中心向右下角拖拉，隐藏左上角和右下角，效果和“图层”面板如图 3-45 所示。

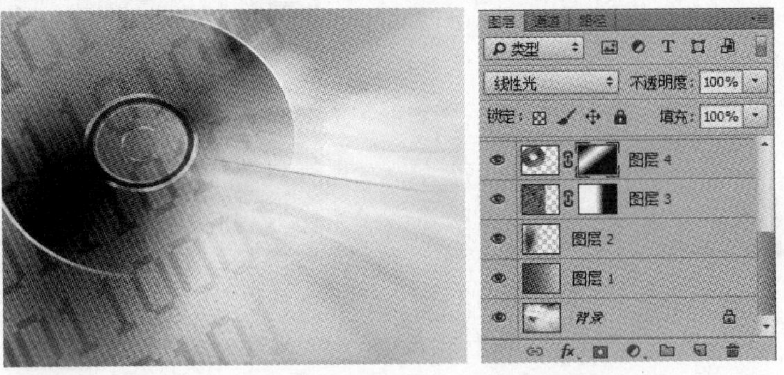

图 3-45 效果和“图层”面板（3）

05 打开“钢笔”素材图片，抠出钢笔并拖曳到文档中。然后新建“图层 6”，使用“椭圆选框工具”绘制椭圆选区，在选区内单击鼠标右键，在快捷菜单中选择“变换选区”，并调整选区的形状，然后单击“编辑”→“描边”命令。效果和参数设置如图 3-46 所示。

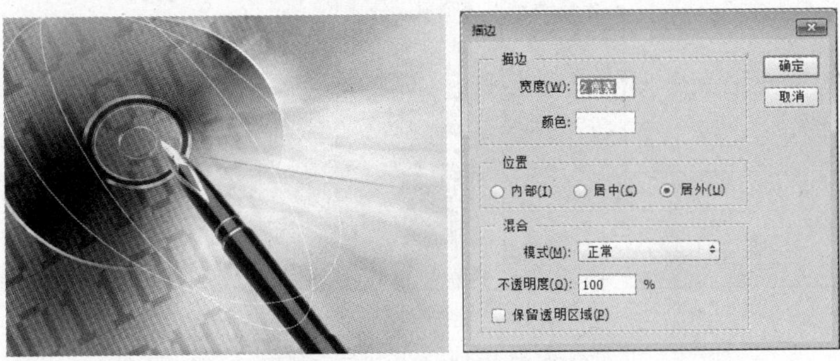

图 3-46 效果和参数设置

06 最后输入红色和灰色文字，并添加“投影”图层样式，参数保持默认。

3.2.5 案例拓展

本拓展案例为“浪漫贺卡”，使用渐变和图层的混合模式合成浪漫风格的贺卡。效果如图 3-47 所示。

图 3-47 浪漫贺卡

01 打开“图层混合模式-1”素材文件，复制“背景”图层，设置“背景拷贝”图层的混合模式为“滤色”。

02 新建“图层 1”，设置该图层的混合模式为“滤色”，选择“渐变工具”，在“渐变编辑器”对话框中选择“蓝，红，黄渐变”，并在工具栏选项中选择“线性渐变”，从图像左上角向右下角拖曳渐变颜色。

03 打开“图层混合模式-2”素材文件并拖至文档。设置该图层的混合模式为“变暗”，将文字叠加在背景上。

04 在图像右侧绘制文本框，在文本框中输入文字。

任务 3　日历设计

3.3.1　案例效果

案例“日历设计”主要学习剪贴蒙版的使用，效果如图 3-48 所示。

图 3-48　日历设计

3.3.2　案例分析

本案例是日历设计，通过纸张上的气球、树木等展现一幅立体画卷，突出一种清新的大自然的气息。

3.3.3　相关知识

3.3.3.1　剪贴蒙版

剪贴蒙版是一种常用的混合文字、形状及图像的方法，剪贴图层通过使用处于下方图层的形状来限制上方图层的显示状态来创造混合的效果。

1．剪贴蒙版工作原理

剪贴蒙版是把基底层有像素的部分显示出来，超出的部分将会被隐藏掉，达到一种剪贴的效果，如图 3-49 所示。

图 3-49　效果和“图层”面板（1）

剪贴蒙版是由多个图层组成的，最下面的一个层叫作基底图层，位于其上的图层叫作顶层。基层只能有一个，顶层可以有若干个，但必须保证相邻，如图 3-50 所示。

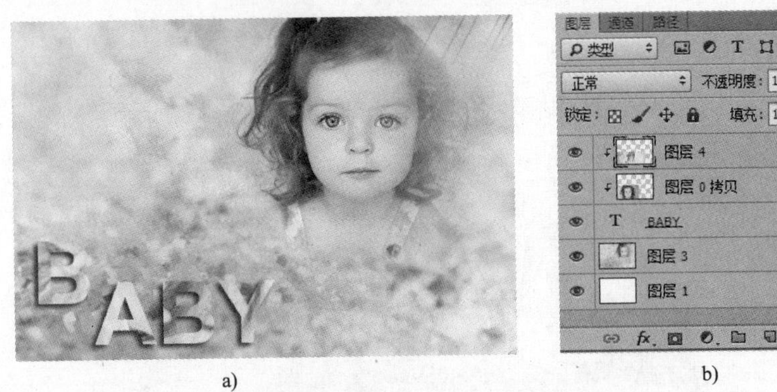

a)　　　　b)

图 3-50　效果和“图层”面板（2）

基底图层中包含像素的区域控制着内容图层的显示范围，因此，移动基底图层就可以改变顶层图层的显示内容。

2．创建剪贴蒙版

在保证两个有像素的图层的前提下，对顶层的图像制作“图层”→“创建剪贴蒙版”命令，也可以通过按【Alt+Ctrl+G】组合键来创建剪贴蒙版。剪贴蒙版的基底图层名称带有下画线，顶层图层缩略图是缩进的，如图 3-50b 所示。

注意：只有连续图层才能进行剪贴蒙版操作。

3．释放剪贴蒙版

如果想取消剪贴蒙版，可以执行“图层”→“释放剪贴蒙版”菜单命令，也可以按【Alt+Ctrl+G】组合键来释放剪贴蒙版。

3.3.3.2　常用的剪贴蒙版类型

1．图像型剪贴蒙版——图像与图像之间的剪贴方式

图像是剪贴蒙版中内容层经常用到的元素，有时候图像也会作为基层出现，在如图 3-51 所示的剪贴蒙版中，可以看出其内容层和基层都是图像。

图 3-51　效果和“图层”面板（3）

2．文字型剪贴蒙版——图像与文字之间的剪贴方式

当图像所在的普通图层与文字图层组合在一起形成剪贴蒙版时，文字图层通常以基层的形式出现在剪贴蒙版中，如图 3-52 所示。

创建文字型剪贴蒙版的优点是能够使文字体现出丰富的图像效果，另外由于文字图层本身具有很强的可编辑性，因此当文字内容发生变化后，只需要简单修改文字图层中的文字即可。

图 3-52　效果和“图层”面板（4）

3．调整图层型剪贴蒙版——图像与调整图层之间的剪贴方式

调整图层通常都是作为内容层出现于剪贴蒙版中的，从而起到对下方的基层中的图像进行调整的作用，如图 3-53 所示。

图 3-53　效果和“图层”面板（5）

4．矢量型剪贴蒙版——图像与矢量图层之间的剪贴方式

由于矢量蒙版图层可以保证矢量蒙版图层中矢量路径外形的光滑度，因此常用于基层确定剪贴蒙版的外形，其优点是可以随时根据需要通过调整矢量蒙版图层的矢量路径来调整最终效果。

【例 3-10】 制作艺术插图效果。将文件保存为“插图.psd”。

制作描述：利用矢量型剪贴蒙版制作艺术插图效果，如图 3-54 所示。

图 3-54　效果图

01 打开素材文件“插图背景.jpg”，使用“自定形状工具”绘制如图 3-55a 所示的路径，在“图层”面板底部单击“创建新的填充或调整图层”按钮添加“色阶 1”调整图层，并设置图层模式为“正片叠底”，如图 3-55b 所示。

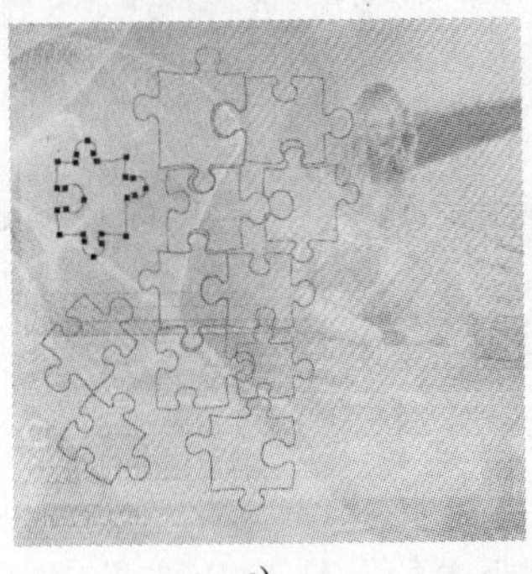

a)

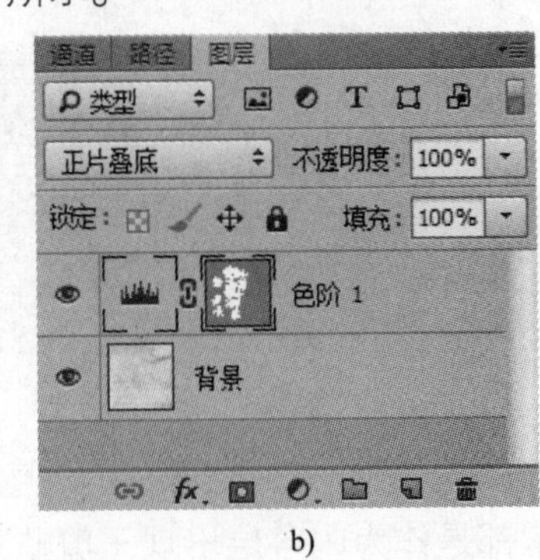

b)

图 3-55　效果和“图层”面板（1）

02 为调节图层添加“投影”图层样式，参数保持默认，如图 3-56 所示。

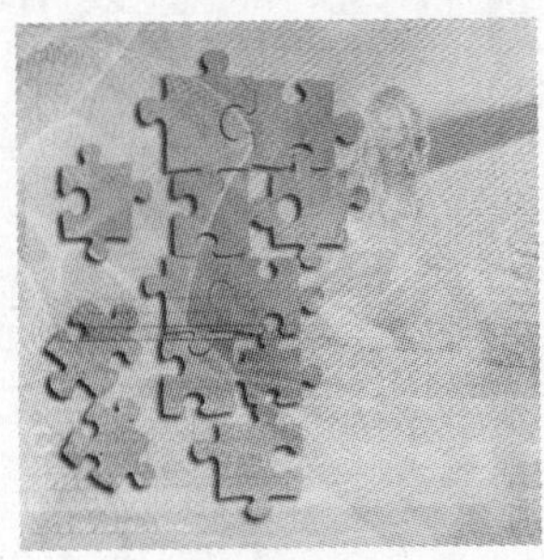

图 3-56　效果和“图层”面板（2）

03 把素材文件“插图人物.jpg”拖入文件中，按【Ctrl+Alt+G】组合键设置剪贴蒙版，如图 3-57 所示。

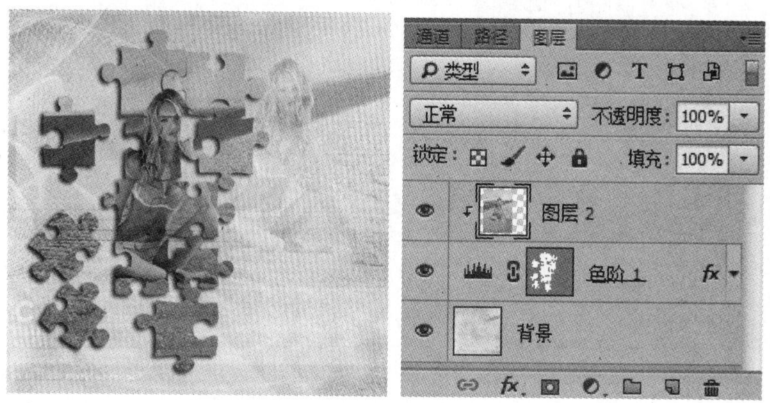

图 3-57　效果和“图层”面板（3）

5．渐变型剪贴蒙版——图像与渐变之间的剪贴方式

图像与渐变的剪贴，是指一个普通图层与一个渐变填充图层或带有渐变效果的图层组成的剪贴蒙版。通常情况下，带有渐变的图层都出现在内容层之中。

【例 3-11】 制作画框图像效果。将文件保存为“画框.psd”。

制作描述：利用渐变型剪贴蒙版制作画框图像效果，如图 3-58 所示。

图 3-58　效果图

01 打开素材文件“画框.jpg”，使用“磁性套索工具”在相框内部绘制选区，如图 3-59a 所示，按【Ctrl+J】组合键将选区中的图像复制到新图层中，得到“图层 1”。为该图层添加“内阴影”图层样式，参数设置如图 3-59b 所示。

a)

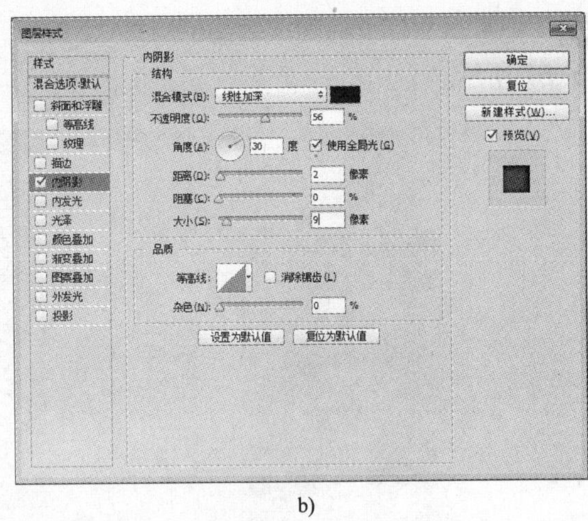

b)

图 3-59　绘制选区和图层样式参数设置

02 打开素材文件“画框人物.jpg”，拖至文件“图层 1”的上方并适当调整大小，按【Ctrl+Alt+G】组合键执行“创建剪贴蒙版”操作。按【Ctrl】键单击“图层 1”的缩略图载入其选区，单击“创建新的填充或调整图层”按钮，在弹出的快捷菜单中选择“渐变”命令。设置“渐变填充”对话框如图 3-60 所示，然后按【Ctrl+Alt+G】组合键执行“创建剪贴蒙版”操作。

03 设置图层“渐变填充 1”的混合模式为“滤色”，不透明度为 40%，“图层”面板如图 3-61 所示。

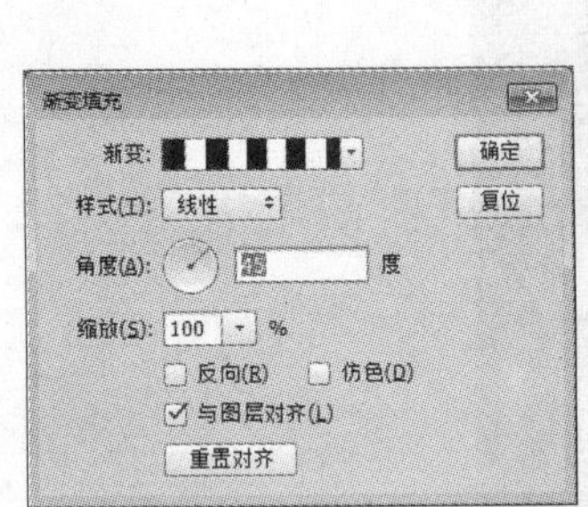

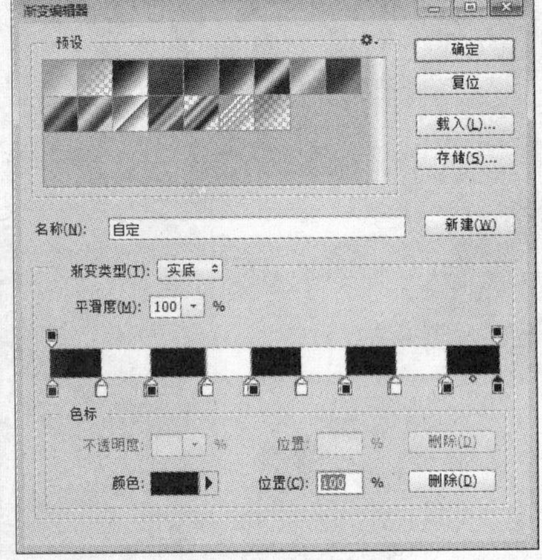

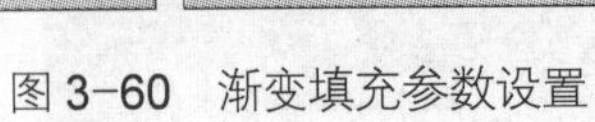

图 3-60　渐变填充参数设置

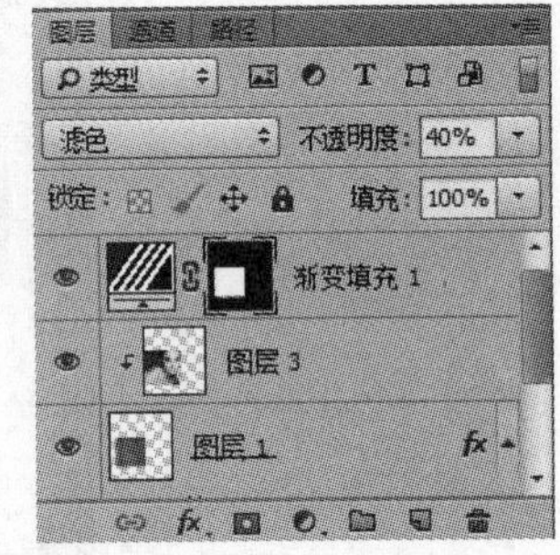

图 3-61　“图层”面板

注意 1：载入“图层 1”的选区再创建渐变填充图层是为了限制渐变的显示区域，未载入选区和载入选区的情况下得到的不同效果如图 3-62 所示。

注意 2：创建剪贴蒙版和不创建剪贴蒙版的差别如图 3-63 所示。即当释放剪贴蒙版后，基层中添加的“内阴影”图层样式不会对该图层中图像起作用。

图 3-62　未载入选区与载入选区的效果对比图

图 3-63　创建剪贴蒙版与不创建剪贴蒙版的效果对比图

3.3.4　案例实现

01 新建 2500×1663 像素、背景为白色的文档，保存为“清新日历设计.psd”。选择“渐变工具”，为背景从上到下填充灰色（#d6d5d5）到白色的线性渐变。打开“书卷”素材图像并拖曳到新建文档中，为该层添加“投影”图层样式，并设置“距离”和“大小”分别为 25 像素。

02 复制“图层 1”图层，然后打开“天空”素材图像并拖曳到文档中，按【Ctrl+Alt+G】组合键形成剪贴蒙版，如图 3-64 所示。

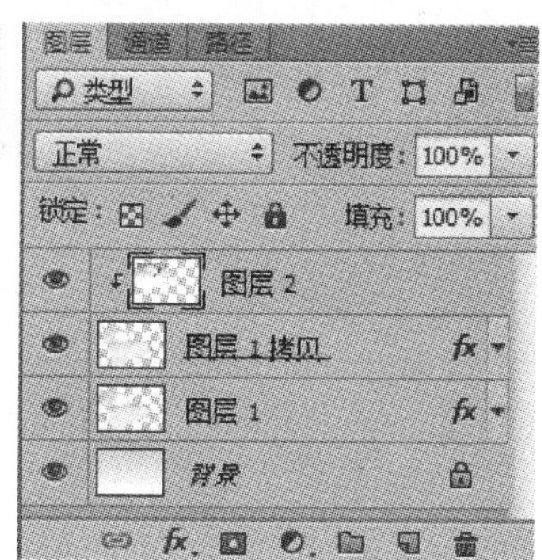

图 3-64　效果和“图层”面板（1）

03 打开“气球”素材文件并拖曳到文档的左上方，打开“白云”素材文件并拖曳到气球图像的下方。继续复制“图层 1”图层并拖至“cloud1”图层的上方，删除图层样式并为该图层添加图层蒙版，使用黑色画笔涂抹隐藏纸张的上半部分的内容。然后打开“草地”素材文件并拖至文档中，调整其角度，按【Ctrl+Alt+G】组合键形成剪贴蒙版，效果和“图层”面板如图 3-65 所示。

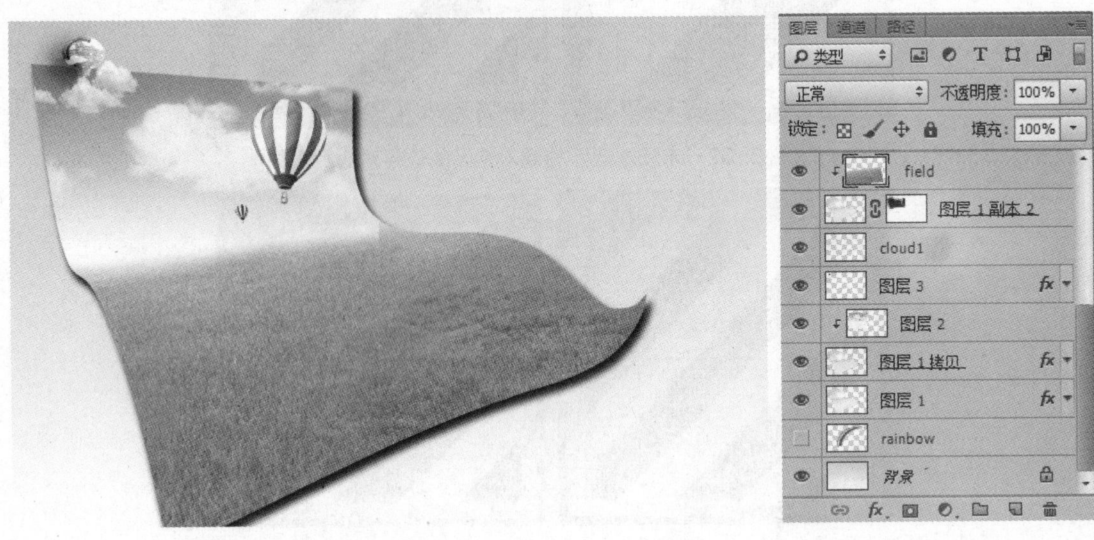

图 3-65 效果和“图层”面板（2）

04 打开“建筑”素材文件并将楼房和树木拖曳到文档中。打开“其他素材”文件，拖曳笔刷至文档的右下角，继续打开“日历背景”素材图片，拖曳该图片至笔刷的上层并按【Ctrl+Alt+G】组合键形成剪贴蒙版，效果和“图层”面板如图 3-66 所示。

图 3-66 效果和“图层”面板（3）

05 将“其他素材”文件中的草和日历拖曳至窗口中，最后输入文字，文字参数设置和最终效果如图 3-67 所示。

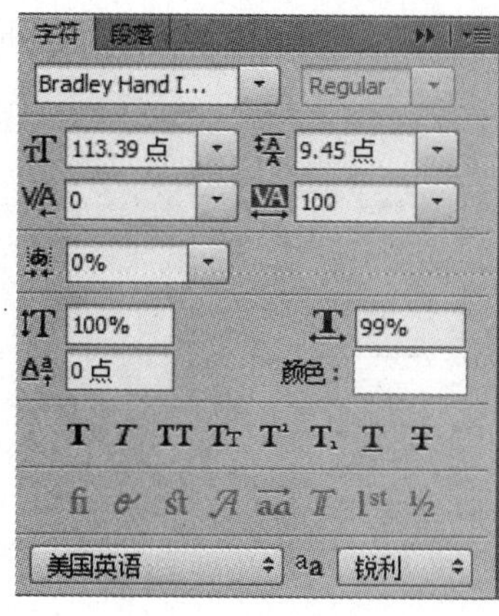

图 3-67　字符参数设置和效果

3.3.5　案例拓展

本拓展案例是制作各种图案蒙版的个性鼠标。效果如图 3-68 所示。

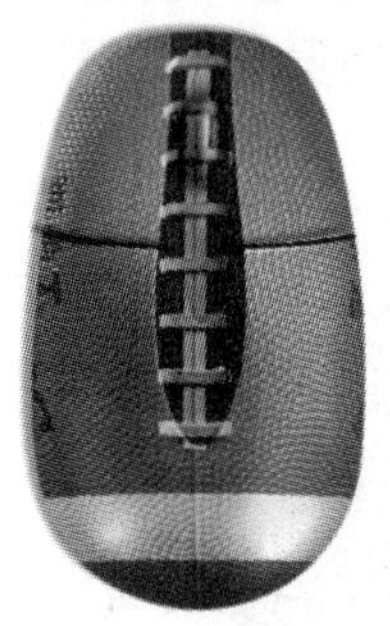

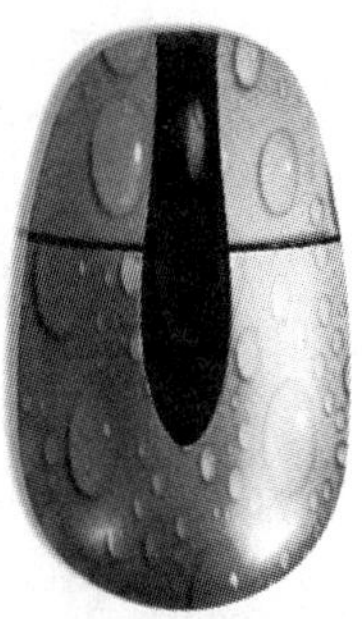

图 3-68　个性鼠标

操作提示

01　打开素材文件“鼠标.psd”，打开素材文件“鼠标图案.psd”，拖动其中的橄榄球图片至“鼠标.psd”中“鼠标”图层的上方，按下【Ctrl+Alt+G】组合键创建剪贴蒙版，设置该层的混合模式为“强光”，效果和“图层”面板如图 3-69 所示。

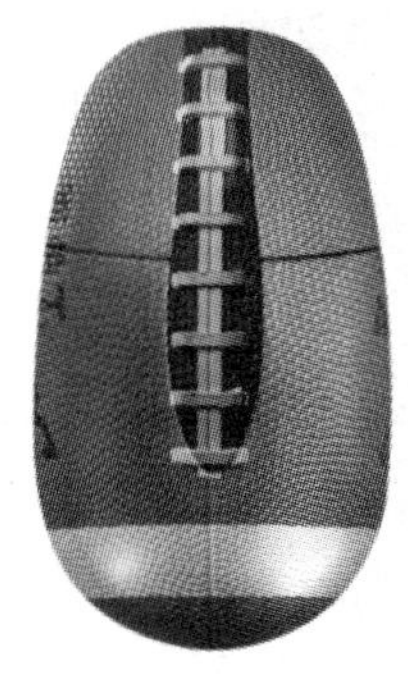

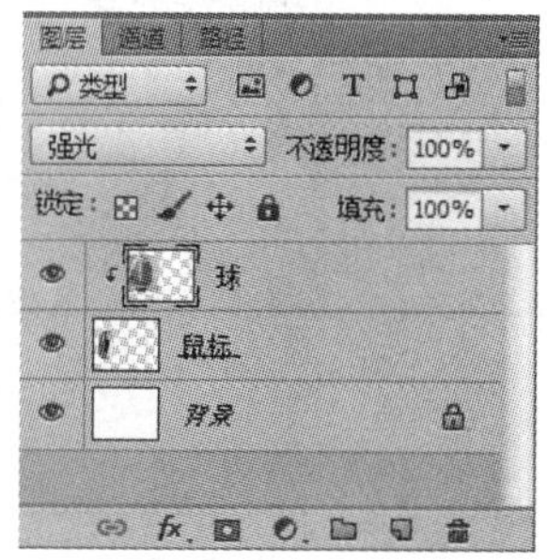

图 3-69　效果和“图层”面板

02 为“鼠标”图层添加“内发光”和“投影”图层样式，参数设置如图 3-70 所示。

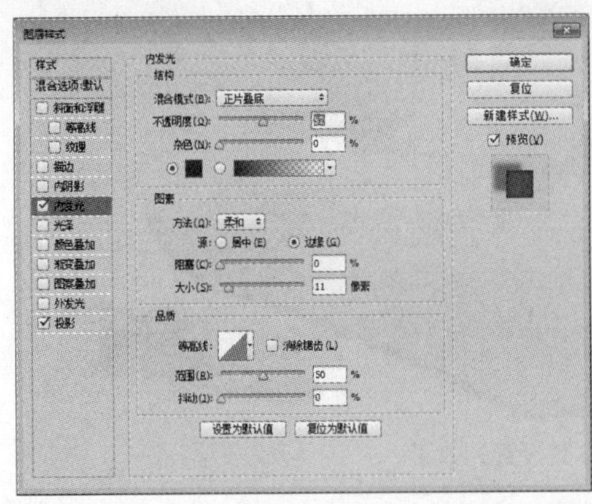

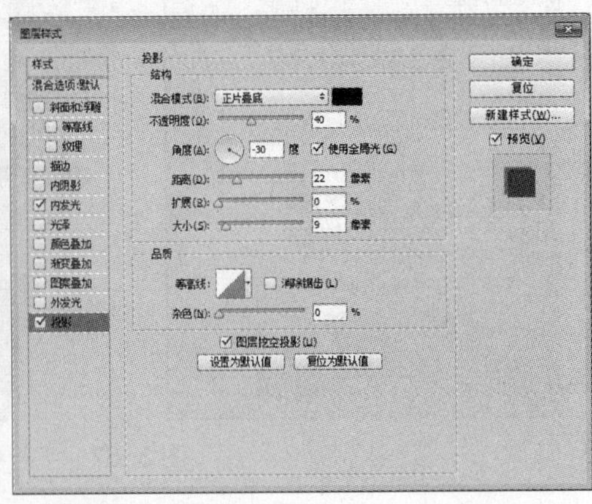

图 3-70 参数设置

03 隐藏“球”图层，选择“鼠标”图层，使用“椭圆选框工具”在鼠标的接缝处创建一个选区，然后单击工具选项栏中“从选区减去”按钮再创建一个椭圆选区，得到如图 3-71a 所示的选区，单击工具选项栏中“添加到选区”按钮将滚轮部分选取，如图 3-71b 所示。

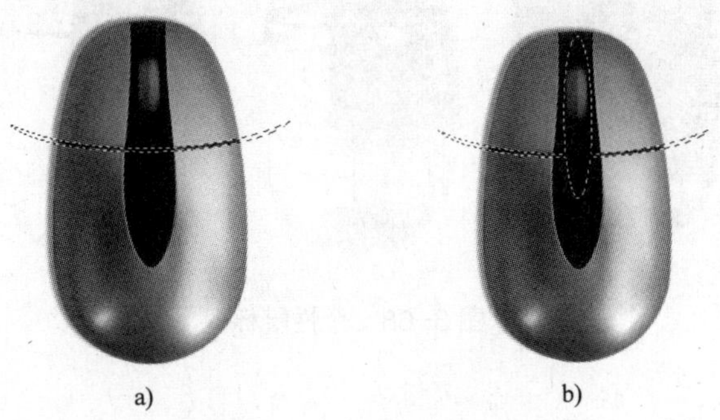

图 3-71 选区绘制图

04 按下【Ctrl+J】组合键复制选区内的图像生成新的图层“图层 1”并拖至“球”图层上方，更改层模式为“线性光”，为该层添加图层蒙版，只显示滚轮部分，“图层”面板如图 3-72 所示。其他个性鼠标的制作方法类似。

图 3-72 “图层”面板

项目 4 图像滤镜

教学目标

- ✧ 熟练使用图像智能滤镜。
- ✧ 熟练使用特殊滤镜。
- ✧ 熟练使用滤镜库。
- ✧ 熟练使用滤镜组。

任务 1　别墅海报设计

4.1.1　案例效果

本案例设计“别墅海报”，主要学习滤镜库特效的使用以及对通道添加特效，制作特殊的边缘效果，如图 4-1 所示。

图 4-1　别墅海报

4.1.2　案例分析

本案例设计一个山水别墅的海报。海报里远山和近水的喷溅边缘效果，给人感觉是自然景观的手绘效果，突出此别墅周边环境宜人的特点。

4.1.3　相关知识

4.1.3.1　认识滤镜

滤镜源于安装在照相机前的滤光镜，用来改变相片的拍摄方式。而 Photoshop 中的滤镜对图像的改进以及产生的特殊效果是滤光镜不能比拟的，它通过改变图像的位置和颜色来生成各种艺术效果。

1．滤镜的分类

滤镜分为内置滤镜和外挂滤镜两大类。内置滤镜是 PS 系统提供的滤镜，外挂滤镜则是从外部载入的插件模块。

2．使用滤镜

（1）滤镜的使用范围。

滤镜只能作用于当前图层，不能同时作用于多个图层，并且必须保证选择的图层是可见的。特殊的图层不能直接应用滤镜，需要栅格化图层，如文字图层和形状图层等。

如果图层中创建了选区，则滤镜作用限制在选区内的图像。如果图层没有选区，滤镜菜单命令则作用于当前图层中的全部图像。

也可以对选择图层中的通道执行“滤镜”菜单命令。

（2）执行滤镜菜单命令。

当执行一个滤镜菜单命令后，“滤镜”菜单的顶部会出现该滤镜的名称，单击该菜单命令可以快速应用该滤镜，也可以使用【Ctrl+F】组合键执行操作。如果要对滤镜的设置进行调整，可以通过【Alt+Ctrl+F】组合键来打开上次使用滤镜的对话框。

4.1.3.2　滤镜库

滤镜库的特点是可以在一个对话框中应用多个相同或者不同的滤镜，还可以根据需要调整这些滤镜应用到图像中的顺序与参数，使用户在使用多个滤镜对图像处理时提高了灵活性与机动性，大大提高了工作效率。

1．使用滤镜库

打开图像，执行“滤镜”→“滤镜库”菜单命令即可打开滤镜库对话框。对话框左侧是预览区，中间是可供选择的滤镜组，右侧是对应滤镜的参数设置区，如图 4-2 所示。

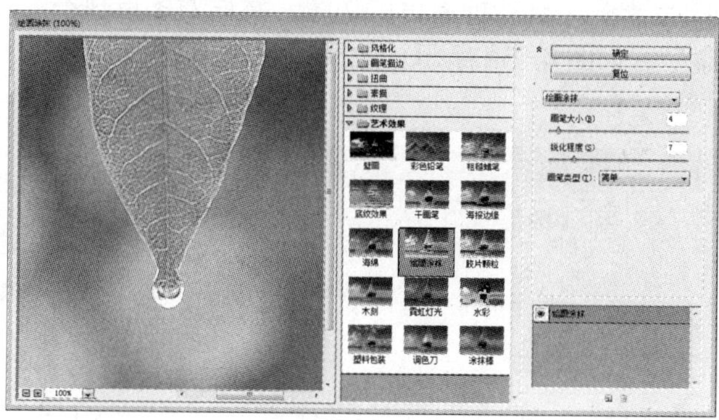

图 4-2　滤镜库

2．照亮边缘

“照亮边缘”滤镜是滤镜库中风格化滤镜组中唯一的滤镜。该滤镜就是将图像的边缘进行照亮，与之相对应的边缘宽度、边缘亮度和平滑度 3 个参数可以调整照亮边缘的设置。

【例 4-1】 制作运动广告。将文件保存为“运动广告.psd”。

制作描述：利用“照亮边缘”滤镜将图像边界照亮，形成奇异的颜色效果，如图 4-3 所示。

图 4-3　效果图

01 新建 800×600 像素的文件，填充背景色为白色，置入街舞人物图片，打开滤镜库，执行“照亮边缘”滤镜菜单命令，如图 4-4 所示。

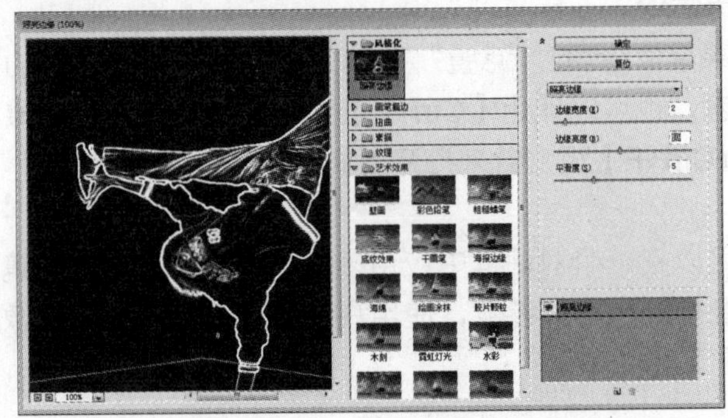

图 4-4　滤镜参数设置

02 退出滤镜库，按【Ctrl+I】组合键对图像进行反相，设置图层的“透明度”为 80%，并为该层添加图层蒙版，屏蔽掉舞台的边缘。然后对图层执行“图像”→“调整”→“色相/饱和度”菜单命令，如图 4-5a 所示，效果如图 4-5b 所示。

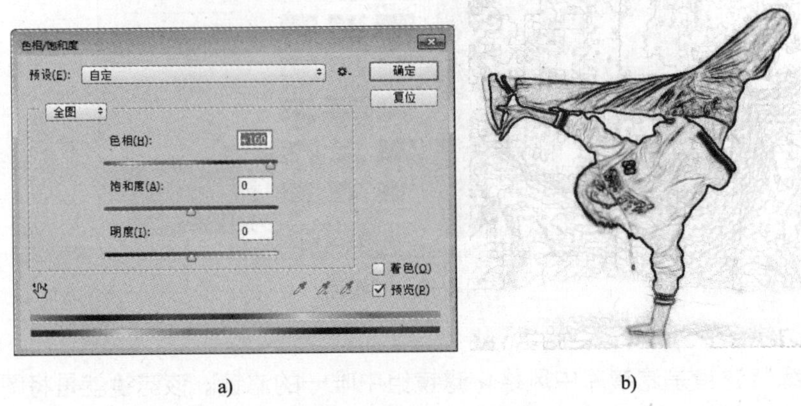

a)　　b)

图 4-5　“色相/饱和度”对话框和效果

03 置入背景素材 1，调整图层的位置和大小，设置图层的混合模式为“正片叠底”，然后置入背景素材 2，调整图层的位置并添加图层蒙版，使用“画笔工具”在蒙版的人物手臂处涂抹，效果如图 4-6a 所示，“图层”面板如图 4-6b 所示。

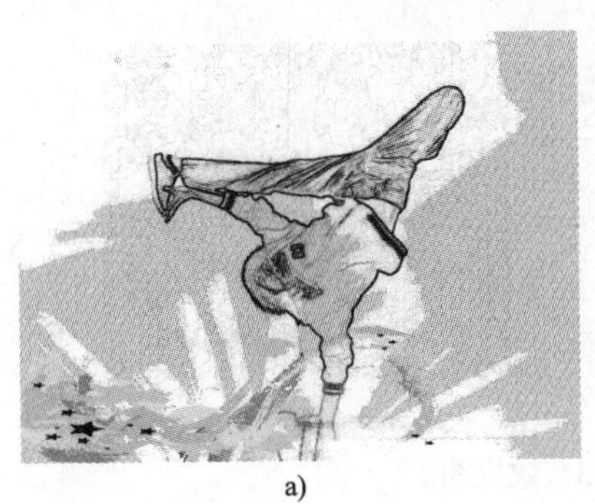

a)　　b)

图 4-6　效果和图层面板

04 最后拖入文字图层。

3．画笔描边

滤镜库中的“画笔描边”滤镜组主要是使用不同的画笔和油墨进行边缘的勾画，从而表现出绘画效果。

【例 4-2】 制作水墨画效果。将文件保存为“水墨荷花.psd”。

制作描述：利用“喷溅”滤镜和色彩调整制作水墨荷花效果。原图和效果图如图 4-7 所示。

图 4-7　原图和效果图

01 打开“荷花.jpg”素材文件，执行“图像”→“调整”→“去色”菜单命令，按【Ctrl+L】组合键打开“色阶”对话框，将色阶调整为（0,1,153），按【Ctrl+I】组合键对图像进行“反相”。

02 执行“滤镜”→“模糊”→“高斯模糊”菜单命令，设置模糊半径为 1。继续执行“滤镜”→“滤镜库”菜单命令，选择“画笔描边”滤镜组下的“喷溅”特效，设置喷色半径为 2，平滑度为 1。最后使用“历史记录画笔工具”恢复荷花的颜色。

4．扭曲

滤镜库中“扭曲”滤镜组主要是对图像的像素进行移动和缩放等处理，使图像产生各种扭曲变形。

5．素描

滤镜库中“素描”滤镜组常用来模拟素描和速写等艺术效果或手绘外观，“素描”滤镜组中几乎都要使用到前景色和背景色重绘图像，可以设置不同的颜色来取得不同的效果。

【例 4-3】 制作斑驳文字。将文件保存为“斑驳文字.psd”。

制作描述：利用“海洋波纹”滤镜和“便纸条”滤镜制作斑驳文字效果，如图 4-8 所示。

图 4-8　效果图

01 打开“斑驳文字背景”图片，在“通道”面板中新建一个通道，然后输入文字，转换为选区后填充为白色，“通道”面板如图 4-9a 所示。取消选择，执行“滤镜”→“滤镜库”菜单命令，选择“扭曲”滤镜组下的“海洋波纹”特效，设置波纹大小为 13，波纹幅度为 6，效果如图 4-9b 所示。

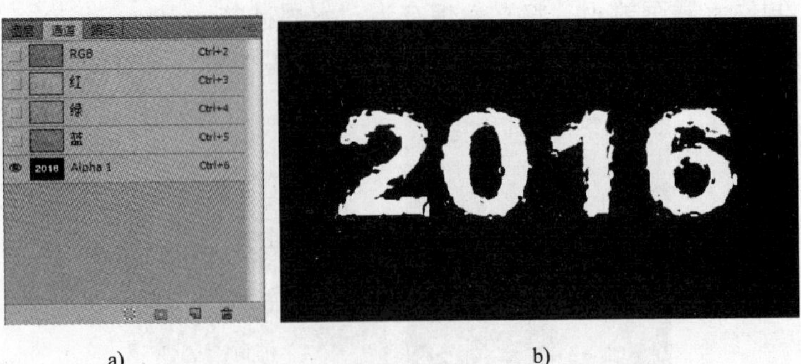

a) b)

图 4-9 “通道”面板和效果

02 复制 Alpha1 通道，对其副本通道执行“滤镜”→“滤镜库”菜单命令，选择“素描”滤镜组下的“便纸条”特效，参数设置如图 4-10 所示。

图 4-10 “便纸条”滤镜参数设置

03 选择“Alpha1 复制”通道，载入“Alpha1”通道的选区，按下【Ctrl+C】组合键复制，返回 RGB 复合通道显示彩色图像，按下【Ctrl+V】组合键将复制的通道粘贴到图层，“通道”图板如图 4-11 所示。

图 4-11 “通道”面板

6．纹理

滤镜库中“纹理”滤镜组的主要功能是使图像产生各种有深度质感的纹理效果。

【例 4-4】 制作哈密瓜。将文件保存为“哈密瓜.psd”。

制作描述：利用“染色玻璃”滤镜和“纹理化”滤镜制作哈密瓜效果，如图 4-12 所示。

图 4-12　效果图

01 打开“瓜藤”背景图片，按【D】键恢复默认颜色，隐藏“背景”图层，新建“图层 1”并填充为白色，执行“滤镜”→“滤镜库”菜单命令，选择“纹理”滤镜组下的“染色玻璃”特效，并设置“单元格大小”为 5，“边框粗细”为 3，“光照强度”为 3。

02 使用“魔棒工具”选出黑色的图像区域，新建“图层 2”并填充黄色（#c7cab3），隐藏“图层 1”，复制“图层 2”，并适当调整图像的位置，使网格更复杂。新建“图层 3”，并填充为暗绿色（#30672d），执行“滤镜”→“滤镜库”菜单命令，选择“纹理”滤镜组下的“纹理化”特效，并设置“纹理”为砂岩，“缩放”为 60%，“凸现”为 8。然后将该图层拖至“图层 2”的下方。

03 为“图层 2”和“图层 2 复制”添加“斜面和浮雕”图层样式，参数保持默认。按【Ctrl+Alt+Shift+E】组合键盖印图层并隐藏其他图层，使用“椭圆工具”建立选区并执行“滤镜”→“扭曲”→“球面化”滤镜，反向选区并删除多余图像。

04 显示“背景”图层，调整“图层 4”的大小，使用“减淡工具”和“加深工具”调整哈密瓜的明暗关系，并添加图层蒙版将哈密瓜的瓜蔓显现出来。

7．艺术效果

滤镜库中“艺术效果”滤镜组可以模仿自然或传统介质效果，使图像呈现一种具有艺术特色的绘画效果。

【例 4-5】 制作奶牛花纹字。将文件保存为“奶牛花纹字.psd”。

制作描述：利用“塑料包装”滤镜和剪贴蒙版制作奶牛花纹字效果，如图 4-13 所示。

图 4-13　效果图

01 打开“绿色”背景图片，在“通道”面板中新建一个通道，然后输入文字，字体为“Cooper Std”，转换为选区后填充为白色。

02 取消选区，复制一个“Alpha1”通道，执行“滤镜”→“滤镜库”菜单命令，选择“艺术效果”滤镜组下的“塑料包装”特效，参数设置如图 4-14 所示。

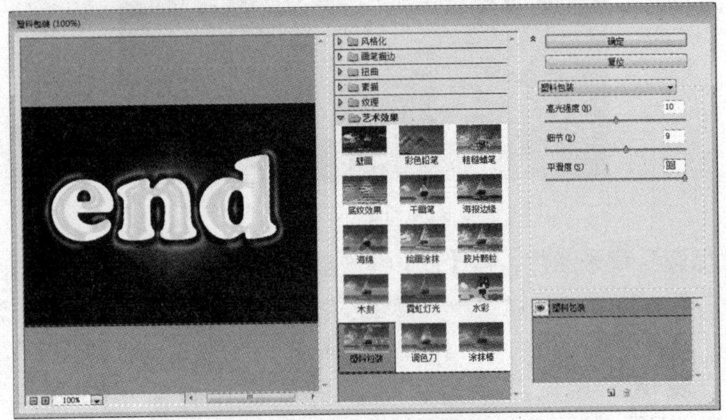

图 4-14 “塑料包装”特效参数设置

03 按住【Ctrl】键单击“Alpha1 复制”通道缩略图载入选区，返回 RGB 复合通道，在“图层”面板中新建一个图层，在选区内填充白色。再次载入“Alpha1”通道的选区并将选区扩展 3 像素，为“图层 1”添加图层蒙版，如图 4-15 所示。

图 4-15 效果图和“图层”面板

04 为“图层 1”添加“投影”图层样式（角度为 90°，距离为 8 像素，大小为 10 像素），继续添加“斜面和浮雕”图层样式（深度为 100%，大小为 6 像素）。然后新建“图层 2”，设置前景色为黑色，选择“椭圆工具”，在工具选项栏单击“像素”工具模式，在画面中绘制几个圆形，如图 4-16 所示。

图 4-16 效果图

05 然后执行“滤镜”→“扭曲”→“波浪”菜单命令，参数设置如图 4-17a 所示，对圆点进行扭曲。按下【Ctrl+Alt+G】组合键创建剪贴蒙版，将花纹的显示范围限制在下面的文字区域内，如图 4-17b 所示。

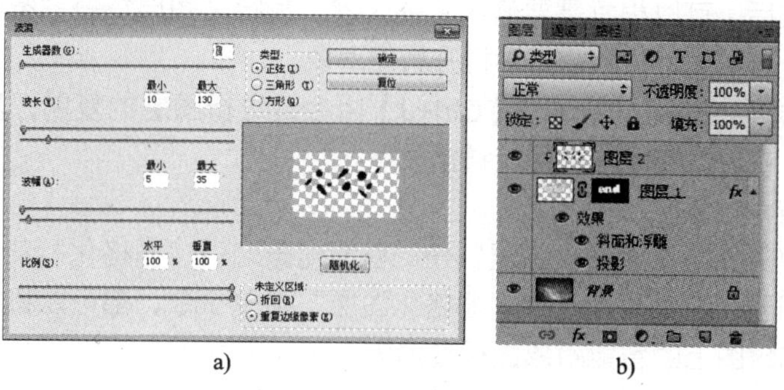

a)　　b)

图 4-17　波浪特效和“图层”面板

8．同时添加多个滤镜效果

在滤镜库中可以通过创建新的效果图层来同时为图像添加多个滤镜效果。通过单击“滤镜库”对话框底部的“新建效果图层”按钮创建一个效果图层，选择相应的滤镜即可为图像添加多个滤镜效果。

4.1.3.3　智能滤镜

在为图像添加滤镜效果时，可以先把图像转换为智能对象，之后为智能对象添加滤镜效果，这样应用于智能对象的滤镜叫作“智能滤镜”。使用智能滤镜可以非常便捷地进行调整、移除等操作，而且是不会丢失原始图像数据或降低品质的非破坏性编辑。

1．智能对象

智能对象是一种特殊的图层对象，可以将一个文件的内容以一个图层的方式放入图像中使用。可以形象地将智能对象图层理解为一个容器，其中存储着位图和矢量信息，利用智能对象功能进行图像处理，具有更强的可编辑性和灵活性。

（1）创建智能对象。

选中一个图层，然后执行“图层”→“智能对象”→“转换为智能对象”菜单命令，或者使用鼠标右键单击该图层，在菜单中选择“转换为智能对象”命令也能将图层转换为智能对象，图层缩略图右下角会出现智能对象的图标，如图 4-18 所示。

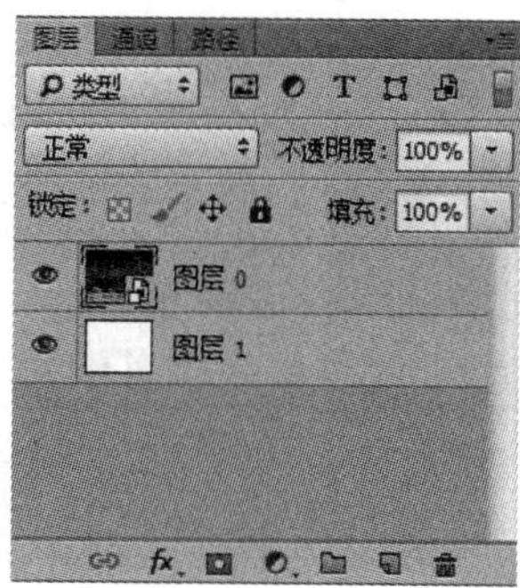

图 4-18　转换为智能对象

同时选择多个图层，执行“转换为智能对象”菜单命令，可以将它们打包到一个智能对象中。

（2）编辑智能对象。

创建智能对象后，可以根据需要修改它的内容。执行“图层”→“智能对象”→“编辑内容”菜单命令，会在一个新的窗口中打开智能对象。

将一个图层转换为智能对象，按【Ctrl+J】组合键进行图层的复制，复制的图层被称为智能对象的实例，它与原智能对象保持链接关系。

（3）栅格化智能对象。

选择智能对象的图层，执行“图层”→“智能对象”→“栅格化”菜单命令，或者使用鼠标右键单击该图层，在菜单中选择“栅格化图层”菜单命令，都可以将智能对象转换为普通图层，原图层缩略图上的智能对象图标会消失。

2．智能滤镜

应用于智能对象的滤镜叫作智能滤镜。智能滤镜会出现在智能对象图层的下方。由于可以调整、移除或隐藏智能滤镜，这些滤镜操作是非破坏性的。

（1）创建智能滤镜。

选中图层，执行“滤镜”→“转换为智能滤镜”菜单命令即可将图层转换为智能对象。可以为智能滤镜图层添加多种滤镜效果，它们会按照先后顺序排列在智能滤镜下的列表中，先执行的滤镜菜单命令会排在后执行的滤镜菜单命令之下，如图 4–19 所示。

图 4–19　智能滤镜效果和“图层”面板

如图在添加智能滤镜效果之前创建了选区，那么滤镜效果将会被限制在选定区域内，如图 4–20 所示。

图 4–20　限制选区的智能滤镜

（2）编辑智能滤镜。

在智能滤镜的列表中双击滤镜的名称，即可打开该滤镜参数和选项设置的对话框。在智能滤镜图层的右边，有一个编辑混合选项图标，双击它可以打开该滤镜的“混合选项”对话框，可以设置滤镜效果的不透明度和混合模式，如图 4-21a 所示。

a)

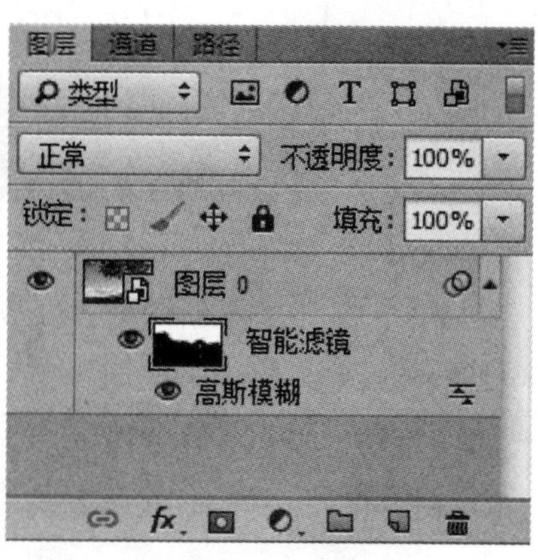

b)

图 4-21　智能滤镜的混合选项和智能滤镜的蒙版

智能滤镜包含一个蒙版，它和图层蒙版的应用基本相同，用黑色、灰色以及白色控制智能滤镜中显示的区域，有选择地应用滤镜效果在图像上，如图 4-21b 所示，用黑色画笔在蒙版中涂抹，改变“高斯模糊”滤镜效果的范围。

（3）转移和复制智能滤镜。

在智能滤镜下面的列表中单击任意滤镜的名称，拖动到其他智能对象图层中，便可以将该智能滤镜从一个智能对象转移到另一个智能对象上。

按住【Alt】键，再单击滤镜的名称进行拖动，松开鼠标后便可以复制智能滤镜。

（4）停用和删除智能滤镜。

如果要停用智能滤镜，可以执行“图层”→“智能滤镜”→“停用智能滤镜”菜单命令；如果要删除智能滤镜，可以执行“图层”→“智能滤镜”→“删除智能滤镜”菜单命令。

4.1.4　案例实现

01 新建 590×410 像素、背景为白色的文档，保存为“别墅海报设计.psd”。新建“图层 1”，设置前景色为深绿色（# 28442c），在图像窗口下方绘制出需要的矩形选区并用前景色填充，取消选区。新建“图层 2”， 用“钢笔工具”（属性栏选中“路径”按钮）在图像窗口中绘制一个不规则路径，如图 4-22 所示，将路径转化为选区。

图 4-22 路径

02 在“通道”面板中创建新通道，生成新通道 Alpha 1，将前景色设置为白色，用前景色填充选区（注意：不要取消选区），执行“滤镜”→“滤镜库”菜单命令，在滤镜库中选择“画笔描边”滤镜组的“喷色描边”特效，如图 4-23 所示。

图 4-23 “喷色描边”特效

03 将 Alpha1 通道作为选区载入，返回“图层”面板，选中“图层 2”将前景色设为白色并用前景色填充，然后取消选区。

04 打开“图片 1”素材图片并拖曳到文档中形成“图层 3”图层，按下组合键【Ctrl+Alt+G】形成剪贴蒙版，然后为该图层添加图层蒙版，使用“柔边画笔工具”，前景色为黑色涂抹蒙版，隐藏该图层上半部分图片。效果和“图层”面板如图 4-24 所示。

图 4-24 效果和“图层”面板

05 添加“色阶”调整图层，参数设置如图 4-25a 所示。打开“图片 2”素材文件并拖曳到图像窗口中并调整其位置及大小。执行“滤镜”→“滤镜库”菜单命令，在滤镜库中选择“艺术效果”滤镜组的“绘画涂抹”特效，如图 4-25b 所示。同时选择“图片 2”图层和色阶调整图层，按【Ctrl+Alt+G】组合键制作 2 个图层的剪贴蒙版。

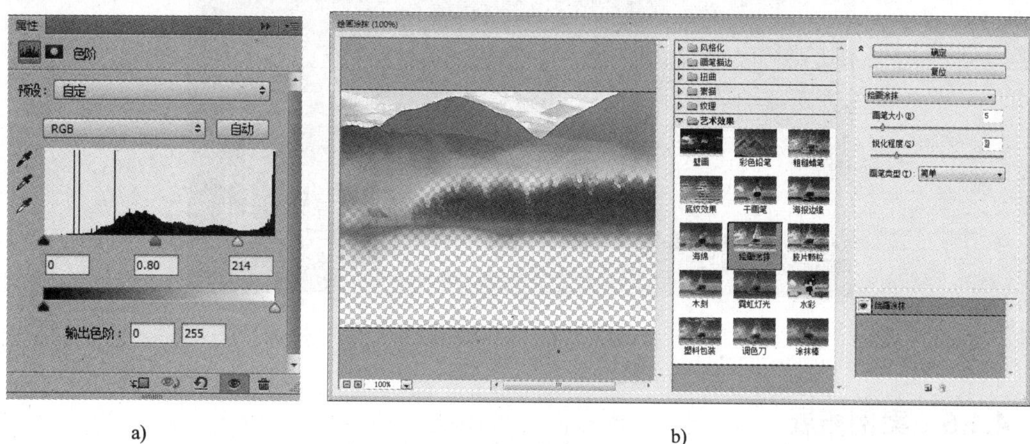

a)　　　　b)

图 4-25　色阶调整和“绘画涂抹”特效

06 打开“图片 3”素材文件并拖曳到图像窗口中并调整其位置。在“图层”面板中添加“色彩平衡”调整图层，参数设置和“图层”面板如图 4-26 所示。

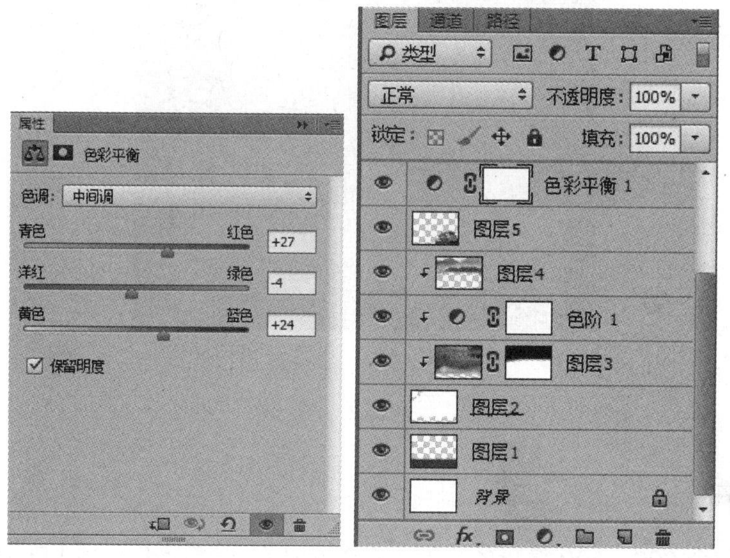

图 4-26　色彩平衡参数设置和“图层”面板

07 选择“椭圆工具”，在工具选项中选择“像素”工具模式，在窗口中绘制 4 个圆。然后添加“描边”图层样式（大小为 2 像素，白色）。使用“文本工具”输入文字。最后打开“位置”素材文件并拖曳到窗口的左下角，最终效果如图 4-27 所示。

图 4-27 最终效果图

4.1.5 案例拓展

本拓展案例“泥巴墙效果”，使用“塑料包装”滤镜、“阴影线”滤镜、“龟裂缝”滤镜等滤镜模拟泥巴墙效果。效果图如图 4-28 所示。

图 4-28 效果图

01 新建一个 600×500 像素的文件，存储为“泥巴墙.psd”。按【D】键恢复默认前景和背景色，执行“滤镜”→“渲染”→“云彩”菜单命令。

02 执行“滤镜”→“滤镜库”菜单命令，选择“艺术效果”滤镜组中的“塑料包装”滤镜，参数设置如图 4-29a 所示。继续添加“画笔描边”滤镜组中的“阴影线”滤镜，参数设置如图 4-29b 所示。继续添加“纹理”滤镜组中的“龟裂缝”滤镜，参数设置如图 4-29c 所示。

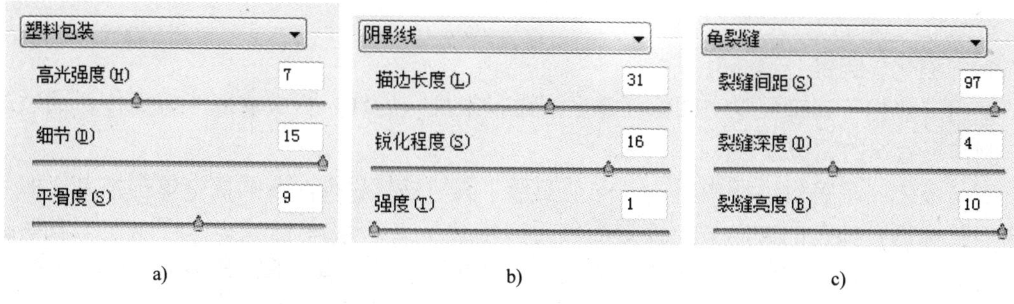

a)　　b)　　c)

图 4-29　滤镜参数设置图

03 添加“色相/饱和度”调整图层，选择“着色”，设置“色相”为 23，“饱和度”为 35。最后输入灰色文字，并设置图层模式为“颜色加深”。

任务 2　服饰网站设计

4.2.1　案例效果

本案例为“服饰网站设计”，主要学习基础滤镜组中滤镜的使用，效果如图 4-30 所示。

图 4-30　服饰网站

4.2.2　案例分析

本案例是知性美女服饰网站，使用紫色背景，前景展示穿着美丽服饰的美女模特，突出高端、大气、知性的特色。

4.2.3　相关知识

4.2.3.1　特殊滤镜

Photoshop 提供了一些特殊滤镜，用于特殊图像的制作，其中包括“液化”“镜头校正”和“消失点”3 种滤镜，使用这些滤镜可以对图像进行变形操作、处理图像中的小瑕疵、对倾斜图像进行校正等。

1．“液化”滤镜

使用“液化”滤镜可以对图像任意区域进行推拉、旋转、折叠、膨胀等操作，通过这些操作制作出特殊的图像效果。

在“液化”滤镜对话框中单击“向前变形工具”按钮，在图像中单击拖曳，即可将图像向鼠标指针拖曳的方向进行变形。使用“褶皱工具”单击或拖曳可以使图像朝着画笔区域的中心移动，制作出缩小变形的效果。使用“膨胀工具”单击或拖曳可以使图像局部朝着离开画笔区域中心的方向移动，制作出膨胀的效果。使用“左推工具”平行向右拖曳时，可以使图像向上移动。

【例 4-6】 美化人物。将文件保存为“美化人物.psd”。

制作描述：利用“液化”滤镜对人物的眼睛进行放大操作。原图和效果图如图 4-31 所示。

图 4-31　原图和效果图

01 打开“美化人物”素材文件，执行“滤镜”→“液化”菜单命令，打开“液化”滤镜对话框，选择“膨胀工具”，调整合适的画笔大小，在人物的眼睛上单击进行放大，如图 4-32 所示。

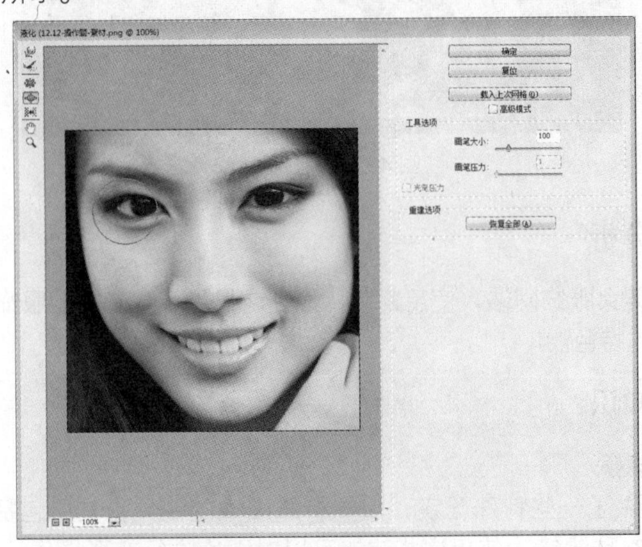

图 4-32　“液化”滤镜

2．“镜头校正”滤镜

“镜头校正”滤镜多用于校正与相机相关的因拍摄造成的照片外形或颜色的扭曲，“镜头校正”滤镜可修复常见的镜头瑕疵，如桶形和枕形失真、晕影、色差等。

【例 4-7】 校正镜头。将文件保存为“校正镜头.psd”。

制作描述：利用“镜头校正”滤镜对图像进行晕影设置。原图和效果图如图 4-33 所示。

图 4-33　原图和效果图

01 打开“镜头校正”素材文件，执行“滤镜”→“镜头校正”菜单命令，打开“镜头校正”滤镜对话框，在“自定”选项卡中设置“晕影”为-100，“中点”为 30，如图 4-34 所示。

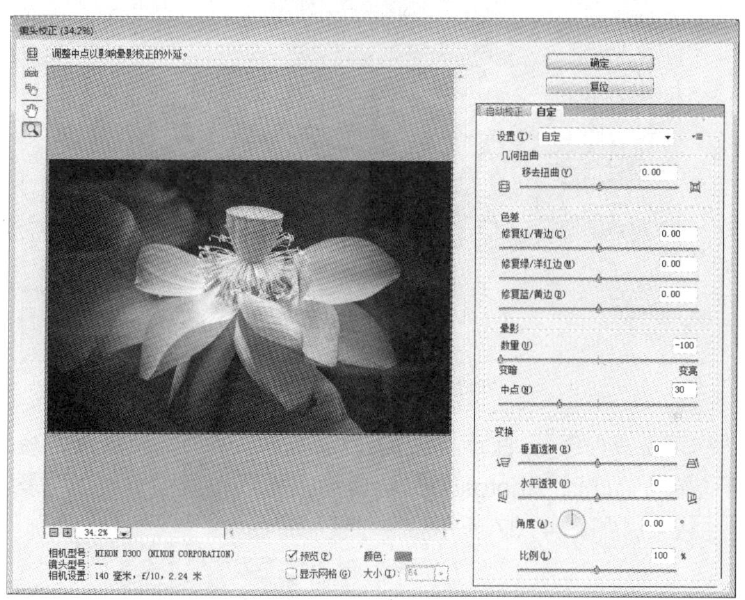

图 4-34　镜头校正

02 创建“色阶”调整图层，在打开的“属性”面板中输入色阶值为 5,0.88,234。继续添加“色相/饱和度”调整图层，设置饱和度为 30。

3．“自适应广角”滤镜

“自适应广角”滤镜可以自动读取照片的 EXIF 数据，并进行校正，也可以根据使用的镜头类型（如广角、鱼眼等）来选择不同的校正选项，配合“约束工具”和“多边形约束工具”的使用，达到校正透视变形的目的。

【例 4-8】 校正广角镜头的畸变问题。将文件保存为“校正广角镜头.psd”。

制作描述：利用“自适应广角”滤镜校正广角镜头产生的畸变。原图和效果图如图 4-35 所示。

图 4-35　原图和效果图

01 打开“广角镜头”素材文件，执行“滤镜”→“自适应广角”菜单命令，打开“自适应广角”滤镜对话框，选择“校正”选项为“鱼眼”，此时 Photoshop 会自动读取当前照片的“焦距”参数，如图 4-36 所示。

图 4-36　自适应广角

02 选择“约束工具”，在地平线的左侧单击以添加一个锚点，将光标移至地平面的右侧位置，再次单击，此时 Photoshop 会自动根据所设置的“校正”及“焦距”生成一个用于校正的弯曲线条，如图 4-37 所示。

图 4-37　使用“约束工具”调整

03 拖动圆形左右的控制点，可以调整线条的方向，使地平面处于水平状态，如图 4-38 所示。

图 4-38　调整图

04 调整“缩放”数值，以裁剪掉画面边缘的透明区域，并使用“移动工具”调整图像的位置，直至得到满意的效果，如图 4-39 所示。

图 4-39　参数调整

4．“消失点”滤镜

在 Photoshop 中，可以使用“消失点”滤镜来处理图像中的一些小瑕疵，同时也可以在编辑包含透视平面的图像时保留正确的透视效果。

【例 4-9】 修复残缺图像。将文件保存为“桥.psd”。

制作描述：利用“消失点”滤镜将图像修补完整，并保留正确的透视效果。原图和效果图如图 4-40 所示。

图 4-40　原图和效果图

01 打开素材文件，执行“滤镜”→“消失点”菜单命令，打开“消失点”滤镜对话框，选择“创建平面工具”，在图像中创建一个平面，如图 4-41 所示。

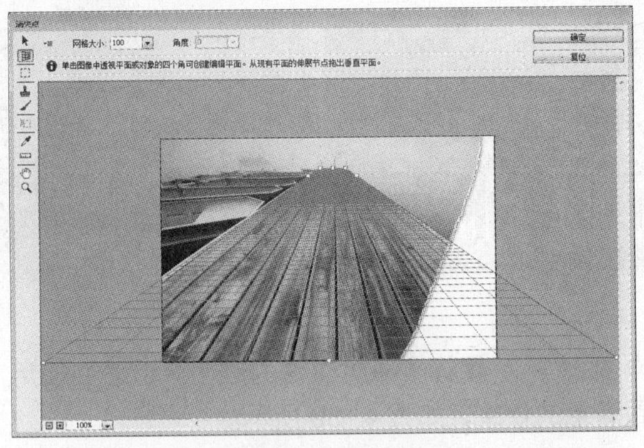

图 4-41　创建平面

02 选择“图章工具”，按下【Alt】键同时单击缺角的附近进行取样，在进行第一次修补时一定要将纹理对齐。对缺损的图像部分进行修补，如图 4-42a 所示。对木桥的边缘暂时不进行修补，需要重新进行取样。

a)

b)

图 4-42　修补地面和创建平面

03 然后对图像的右上角进行修补，以同样的方法创建一个平面，如图 4-42b 所示。在剩余的残缺图像附近进行取样，进行第一次修补时与木桥的边沿对齐。将第一次修补与木桥对齐后，修补就很容易，效果如图 4-43 所示。

图 4-43　修补效果

4.2.3.2　“模糊”滤镜组

使用“模糊”滤镜组中的滤镜菜单命令可以对图像或选区进行柔和处理，产生平滑的过渡效果，其中包括“高斯模糊”“动感模糊”“径向模糊”等 11 种滤镜。

【例 4-10】 制作动感效果。将文件保存为“动感效果.psd”。

制作描述：利用“径向模糊”滤镜制作动感效果。原图和效果图如图 4-44 所示。

图 4-44　原图和效果图

01 打开“模糊背景”素材文件，在“图层”面板的菜单选项中选择“转换为智能对象”。执行“滤镜”→“模糊”→“径向模糊”菜单命令，设置“数量”为 30，“模糊方法”为“缩放”，“品质”为“最好”，效果如图 4-45 所示。

图 4-45　径向模糊

02 选择智能滤镜蒙版，在工具箱中选择“渐变工具”，在工具选项中选择黑白径向渐变，双击“径向滤镜”右侧的“编辑滤镜混合选项”按钮，设置不透明度为 55%，如图 4-46 所示。

图 4-46　效果和图层面板

4.2.3.3 “渲染”滤镜组

“渲染”滤镜组用于为图像制作出云彩图案或模拟的光反射等效果，其中包括“云彩”“分层云彩”“光照效果”“镜头光晕”和“纤维”5 种滤镜。

【例 4-11】制作山间云雾效果。将文件保存为“山间云雾.psd”。

制作描述：利用“云彩”滤镜和“高斯模糊”滤镜制作山间云雾效果。原图和效果图如图 4-47 所示。

图 4-47　原图和效果图

01 打开“山间云雾”素材文件，复制背景图层，执行“滤镜”→“渲染”→“云彩”菜单命令，继续执行“滤镜”→“模糊”→“高斯模糊”菜单命令，设置“半径”为 5.0。并将此图层的混合模式设置为“滤色”，不透明度为 50%。

02 为“背景 复制”图层添加图层蒙版，使用黑色的“柔角画笔工具”在画面中进行涂抹，直至得到比较理想的云雾效果。

4.2.4 案例实现

01 新建 1024×768 像素、背景为白色的文档，保存为“服饰网站.psd”。设置前景色为深紫色（#5c425b），用前景色填充背景图层。新建“图层 1”，并将其填充为白色。执行“滤镜”→“杂色”→“添加杂色”菜单命令；然后继续执行“滤镜”→“模糊”→“动感模糊”菜单命令，参数设置如图 4-48 所示。

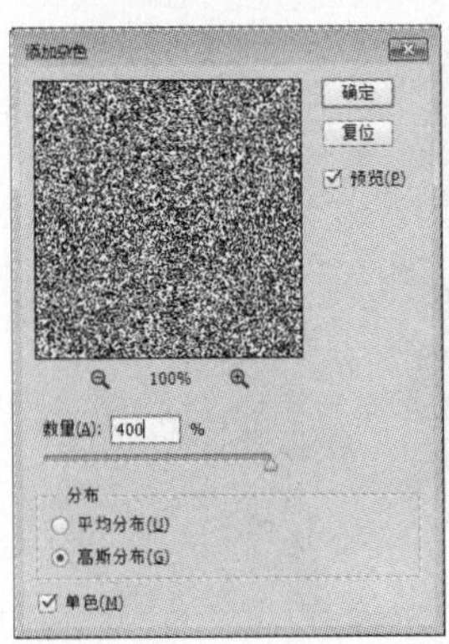

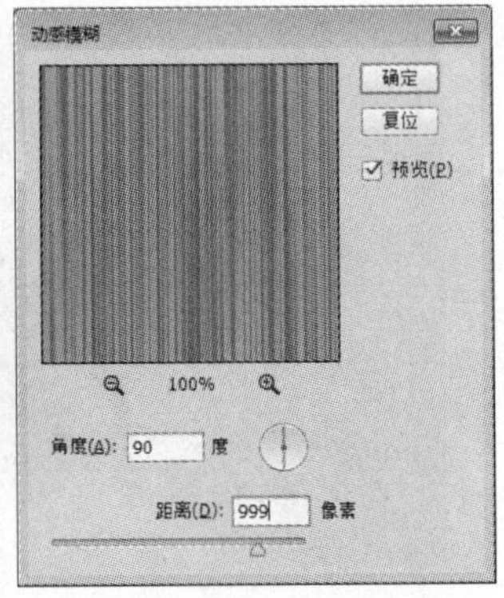

图 4-48　“添加杂色”和“动感模糊”滤镜参数设置

02 使用“矩形选框工具”在画布中绘制矩形选区，然后将选区羽化 20 像素，按下【Ctrl+Shift+I】组合键反相选区并删除选区内容。继续执行“滤镜”→“模糊”→“动感模糊”菜单命令，设置角度为 90°，距离为 200 像素。继续对“图层 1”图层执行“滤镜”→“模糊”→“高斯模糊”菜单命令，模糊半径为 1。单击“图像”→“调整”→“色相/饱和度”菜单命令，选择“着色”，并设置色相为 280，效果如图 4-49 所示。

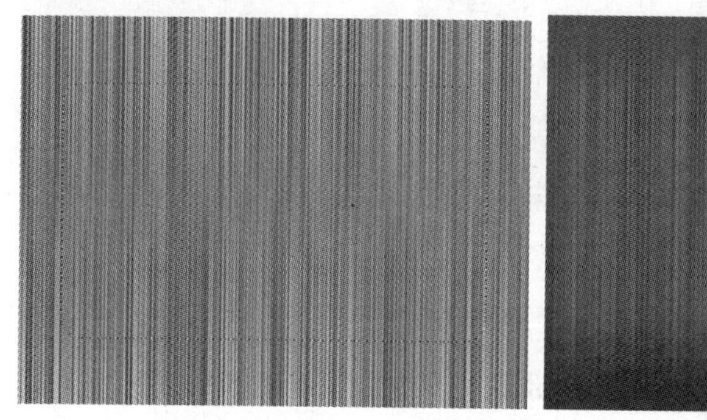

图 4-49　调整效果

03 新建“图层 2”图层，选择“圆角矩形工具”并在工具栏选项中选择“像素”工具模式，设置半径为 30 像素，在窗口中绘制圆角矩形。新建“图层 3”图层，选择渐变工具，设置前景色为#593d38，前景色到透明的线性渐变，从窗口右上角沿着对角线方向拖拉。然后按【Ctrl+Alt+G】组合键形成剪贴蒙版，效果和“图层”面板如图 4-50 所示。

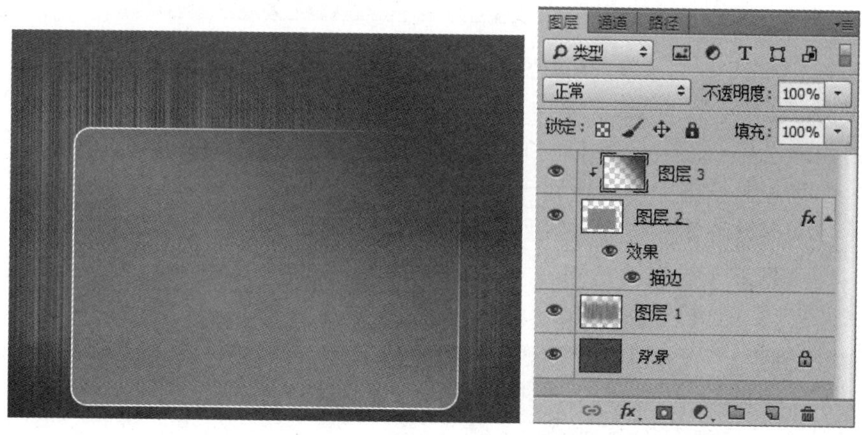

图 4-50　绘制圆角矩形效果和“图层”面板

04 打开“renwu1”素材文件并拖动至文档中，调整该图层的大小，并为该层添加图层蒙版隐藏右侧部分内容，然后按【Ctrl+Alt+G】组合键形成剪贴蒙版，效果和“图层”面板如图 4-51 所示。新建“图层 5”图层，执行“滤镜”→“像素化”→“点状化”菜单命令，设置“单元格大小”为 70。继续执行“滤镜”→“模糊”→“动感模糊”菜单命令，设置该图层的层模式为“叠加”并为该图层添加图层蒙版，使用“画笔工具”在人物脸部涂抹，最后按【Ctrl+Alt+G】组合键形成剪贴蒙版，“动感模糊”对话框和图层面板如图 4-52 所示。

图 4-51　剪贴蒙版效果和“图层”面板

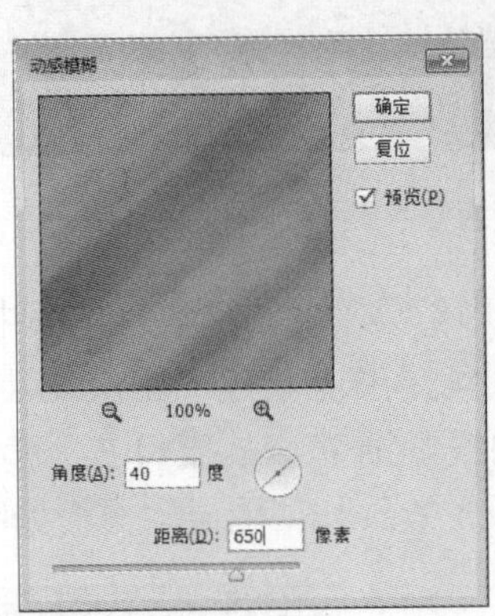

图 4-52　“动感模糊”对话框和“图层”面板

05 新建“图层 6”图层，选择“矩形工具”，在工具选项中选择“像素”工具模式，设置前景色为白色，在窗口中绘制一个矩形。然后选择“矩形选框工具”绘制一个矩形选区并变换选区删除矩形的左上角。拖动该图层至“图层 1”的上方，打开“renwu2”素材文件并拖至文件中，调整图像的位置并设置剪贴蒙版，然后为“图层 7”添加“描边”图层样式和“投影”图层样式（设置不透明度为 40%，距离为 11 像素）。另一个图像块制作方式相同，效果和“图层”面板如图 4-53 所示。

图 4-53　效果和“图层”面板

06 在“图层 5”的上方新建“图层 9”图层，选择“圆角矩形工具”，设置半径为 10 像素，在窗口的左下角绘制一些圆角矩形。为该层添加图层蒙版，并在蒙版中设置放射状渐变隐藏部分图像，最后拖入图像设置剪贴蒙版，效果和“图层”面板如图 4-54 所示。

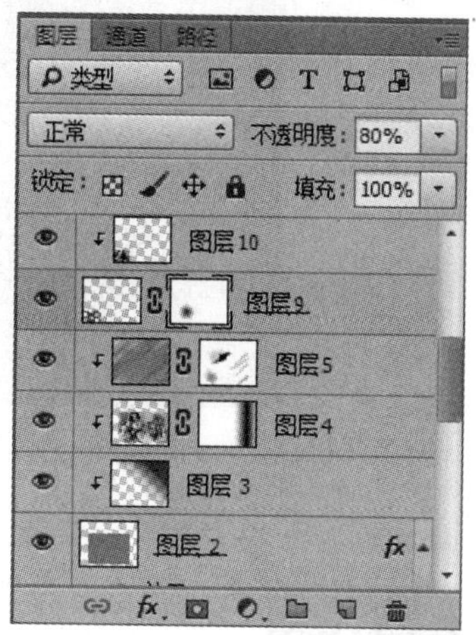

图 4-54　效果和“图层”面板

07 新建“导航”图层组并拖曳至“图层 1”的上方，绘制矩形块并输入文字。新建“图层 13”，填充为灰色（# 828282），执行“滤镜”→“渲染”→“镜头光晕”菜单命令，并设置该图层的层模式为“叠加”。同样再次新建一个图层添加“镜头光晕”特效，设置层模式为“强光”。最后打开“logo”素材文件并拖入文档中，执行“图像”→“调整”→“色相/饱和度”菜单命令，参数设置和最终效果如图 4-55 所示。

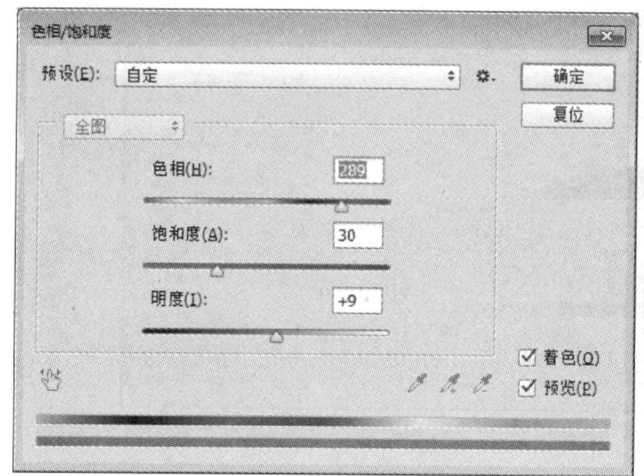

图 4-55　“色相/饱和度”设置和最终效果

4.2.5　案例拓展

本拓展案例“星空图像”的效果如图 4-56 所示。案例主要通过星云、星光、光线耀斑组成神秘的星空效果。

图 4-56 星空图像

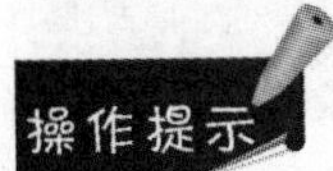

01 新建 800×500 像素、背景为黑色的文档，保存为"星空图像.psd"，执行"滤镜"→"杂色"→"添加杂色"菜单命令，参数设置如图 4-57a 所示。在菜单栏中选择"图像"→"调整"→"色阶"菜单命令，参数设置如图 4-57b 所示。

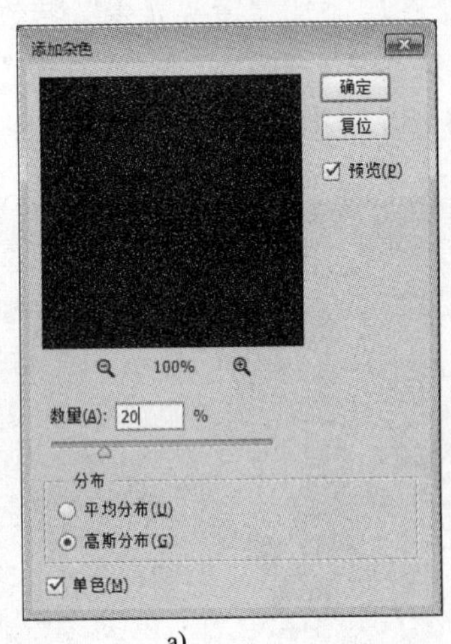

a)

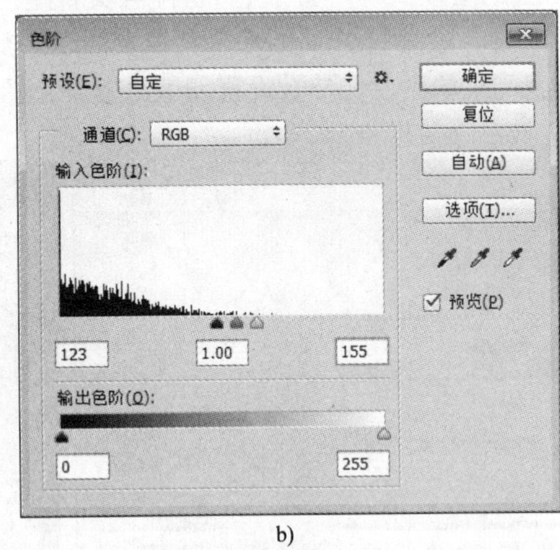

b)

图 4-57 "添加杂色"和"色阶"参数设置

02 新建图层，选择"渐变工具"对图像进行从上到下的黑白渐变填充，然后执行"滤镜"→"渲染"→"分层云彩"菜单命令。接着按下两次【Ctrl+F】快捷键重复执行分层云彩菜单命令，并设置该图层的混合模式为"滤色"，添加"色阶"调整图层，设置参数为（52,0.62,206）。继续添加"色相/饱和度"调整图层，设置"色相"为 208，按【Ctrl+Alt+G】组合键设置两个调整图层以下层为剪贴蒙版，效果和"图层"面板如图 4-58 所示。

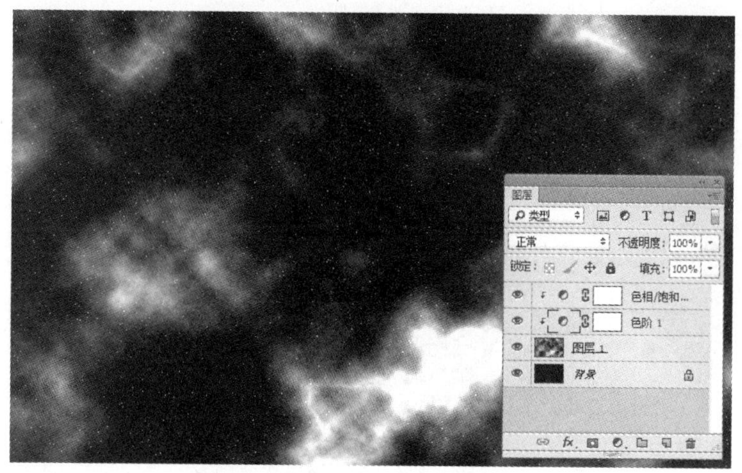

图 4-58　效果和“图层”面板

03 选择“背景”图层，执行“滤镜”→“渲染”→“镜头光晕”菜单命令，参数设置如图 4-59a 所示。复制“背景”图层，执行“滤镜”→“渲染”→“镜头光晕”菜单命令，参数设置如图 4-59b 所示。

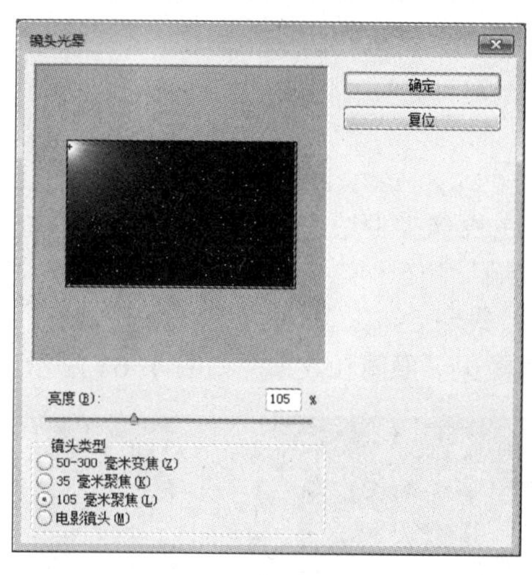

a)

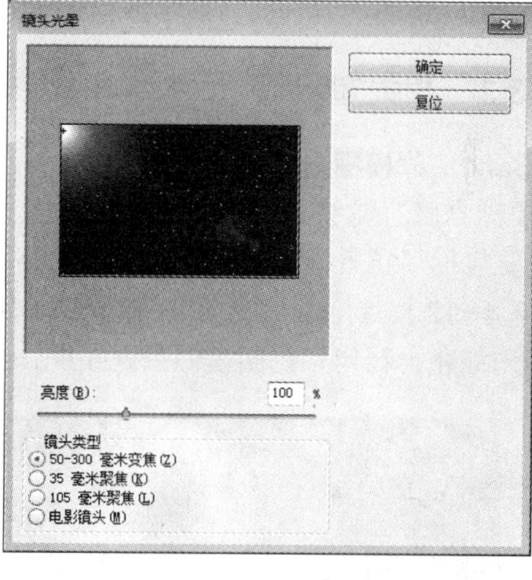

b)

图 4-59　“镜头光晕”特效设置

04 选择“背景 复制”图层，添加图层蒙版，使用“黑色画笔工具”涂抹左上角的镜头光晕。最后输入文字效果。

任务 3　青春相册设计

4.3.1　案例效果

本案例为“青春相册设计”，主要学习基础滤镜组中滤镜的使用，效果如图 4-60 所示。

图 4-60　青春相册效果

4.3.2　案例分析

本案例通过使用滤镜对底部绿叶图片进行处理和上层图片的点状底纹融为一体，萌发出青春气息。

4.3.3　相关知识

4.3.3.1　“模糊画廊”滤镜组

“模糊画廊”滤镜组中的滤镜可以通过直观的图像控件快速创建截然不同的照片模糊效果，主要包括“场景模糊”“光圈模糊”“路径模糊”等 5 种滤镜。

【例 4-12】 制作景深效果。将文件保存为“景深.psd”。

制作描述：利用“光圈模糊”滤镜制作景深效果。原图和效果图如图 4-61 所示。

图 4-61　原图和效果图

01 打开“景深人物”素材文件，执行“滤镜”→“模糊画廊”→“光圈模糊”菜单命令，画面中出现如图 4-62a 所示的光圈模糊图钉。拖动模糊图钉中心的位置，可以调整模糊的位置；拖动模糊图钉周围的 4 个白色圆点可以调整模糊渐隐的范围，若按住【Alt】键拖动某个白色圆点，可单独调整其模糊渐隐范围。

a)

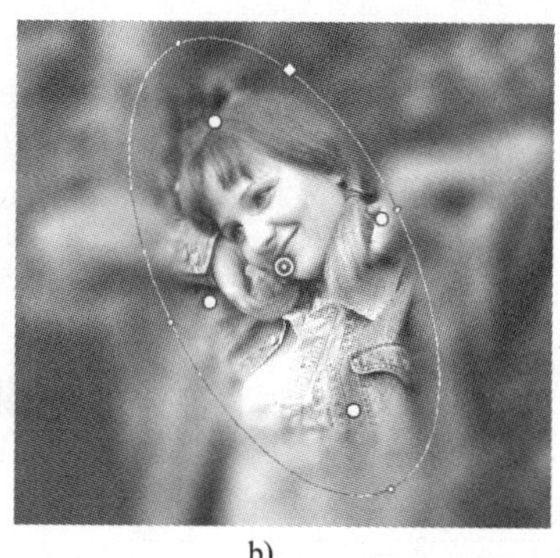
b)

图 4-62　光圈模糊调整图

02 模糊图钉外围的圆形控制框可以调整模糊的整体范围，拖动该控制框上 4 个控制句柄，可以调整圆形控制框的大小和角度，如图 4-62b 所示。

03 拖动圆形控制框上的◇控制句柄，可以调整圆形的形状，如图 4-63 所示。

图 4-63　光圈模糊调整图

4.3.3.2　“扭曲”滤镜组

“扭曲”滤镜组中的滤镜可以对图像进行几何变形、创建三维或其他变形效果，主要包括“波浪”“波纹”“极坐标”“球面化”等 9 种滤镜。

【例 4-13】 制作黄昏光线效果。将文件保存为“黄昏光线.psd”。

制作描述：利用“波浪”、“极坐标”滤镜制作黄昏光线效果，原图和效果图如图 4-64 所示。

图 4-64　原图和效果图

01 打开“黄昏”素材文件，在“图层”面板中新建一个图层，选择“渐变工具”为画布的上方到下方填充白黑线性渐变。执行“滤镜”→“扭曲”→“波浪”菜单命令，参数设置如图 4-65a 所示。继续执行“滤镜”→“扭曲”→“极坐标”菜单命令，参数设置如

图 4-65b 所示。

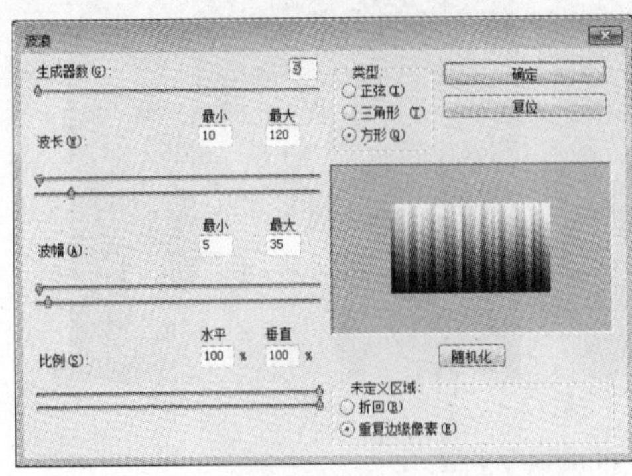

a)

b)

图 4-65 “波浪”滤镜和“极坐标”滤镜参数设置

02 设置“图层 1”的混合模式为“叠加”，并调整图层的大小和位置，效果如图 4-66a 所示。

a)

b)

图 4-66 叠加效果图和径向渐变图

03 新建“图层 2”，设置颜色从白色到橘黄色的径向渐变，从画布中心向外拖动，如图 4-66b 所示。设置该层的混合模式为“叠加”，不透明度为 50%。

4.3.3.3 “像素化”滤镜组

“像素化”滤镜组中的滤镜主要通过将相邻颜色值相近的像素结成块状来制作各种特殊效果，主要包括“彩块化”“彩色半调”“点状化”等 7 种滤镜。

【例 4-14】 制作冰晶字效果。将文件保存为“冰晶字.psd”。

制作描述：利用“晶格化”、“高斯模糊”滤镜和图层样式制作冰晶字效果，如图 4-67 所示。

图 4-67 冰晶字效果

01　打开“雪花”素材文件，在“通道”面板中新建一个 Alpha1 通道，输入文本，对选区填充白色。取消选区并按【Ctrl+I】组合键对图像进行反相。按住【Ctrl】键单击 Alpha1 通道载入选区，执行“滤镜”→“像素化”→“晶格化”菜单命令，设置“单元格大小”为 9，如图 4-68 所示。按【Ctrl+Shift+I】组合键翻转选区，执行“滤镜”→“杂色”→“添加杂色”菜单命令，设置“数量”为 38%，“分布”为高斯分布。继续执行“滤镜”→“模糊”→“高斯模糊”菜单命令，设置“半径”为 1.4。

图 4-68　效果图

02　按【Ctrl+I】组合键对图像进行反相，执行“图像”→“图像旋转”→“顺时针 90 度”菜单命令。继续执行“滤镜”→“风格化”→“风”菜单命令，设置“方法”为“风”，“方向”为“从右”。执行“图像”→“图像旋转”→“逆时针 90 度”菜单命令转正图像。

03　恢复 RGB 通道并载入 Alpha1 通道的选区，在“图层”面板新建图层，将选区填充为白色。

4.3.3.4　“锐化”滤镜组

“锐化”滤镜组中的滤镜可以对图像进行自定义锐化处理，使模糊的图像变得清晰，其中包括“USM 锐化”“进一步锐化”“智能锐化”等 6 种滤镜。

【例 4-15】 锐化图像效果。将文件保存为“锐化.psd”。

制作描述：利用“USM 锐化”“智能锐化”滤镜制作清晰图像效果，原图和效果图如图 4-69 所示。

图 4-69　原图和效果图

01　打开“锐化”素材文件，复制“背景”图层，对“背景拷贝”图层执行“滤镜”→“锐化”→“USM 锐化”菜单命令，参数设置如图 4-70 所示。锐化后小猫的毛变得更清晰。

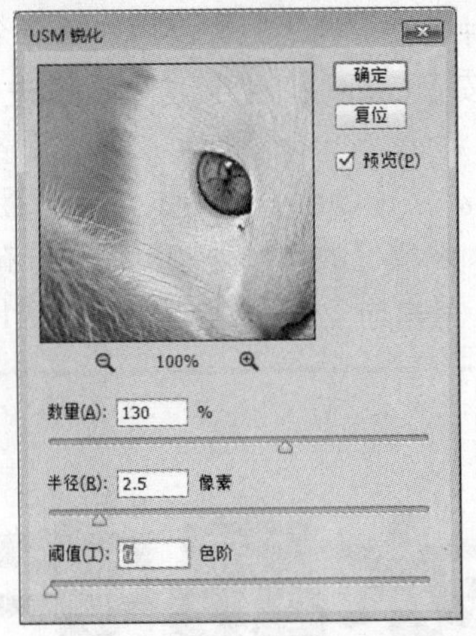

图 4-70 “USM 锐化”滤镜参数设置

02 执行“滤镜”→“锐化”→“智能锐化”菜单命令，参数设置如图 4-71 所示。复制“背景拷贝”图层，得到“背景 复制 2”图层，设置该图层的混合模式为“叠加”，不透明度为 50%。

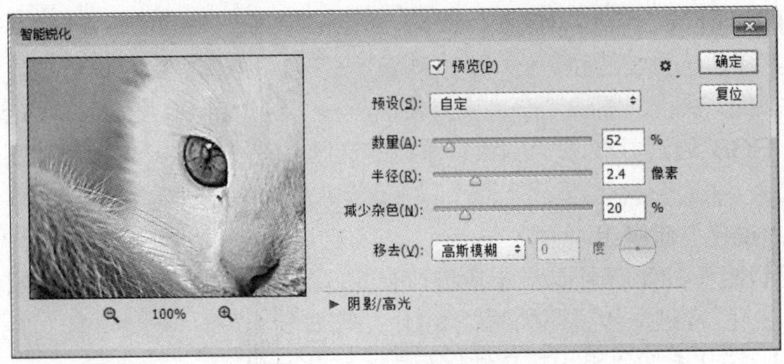

图 4-71 “智能锐化”参数设置

03 创建“色相/饱和度”调整图层，设置饱和度为 18。

4.3.4 案例实现

01 新建 403×567 像素、背景为白色的文档，保存为“青春相册.psd”。打开“bg”素材文件并拖曳到文档中并变换位置，单击工具箱底部的“以快速蒙版模式”编辑按钮，进入快速蒙版状态。将背景色设置为黑色，执行“滤镜”→“像素化”→“点状化”菜单命令，设置“单元格大小”为 80，然后按【Ctrl+F】组合键 5 次，重复执行“点状化”滤镜。效果如图 4-72a 所示。继续执行“滤镜”→“像素化”→“马赛克”菜单命令，设置“单元格大小”为 45，方形。继续执行“滤镜”→“锐化”→“USM 锐化”菜单命令，设置“数量”为 100%，“半径”为 2 像素，按【Ctrl+F】组合键 3 次，重复应用“USM 锐化”滤镜，效果如图 4-72b 所示。

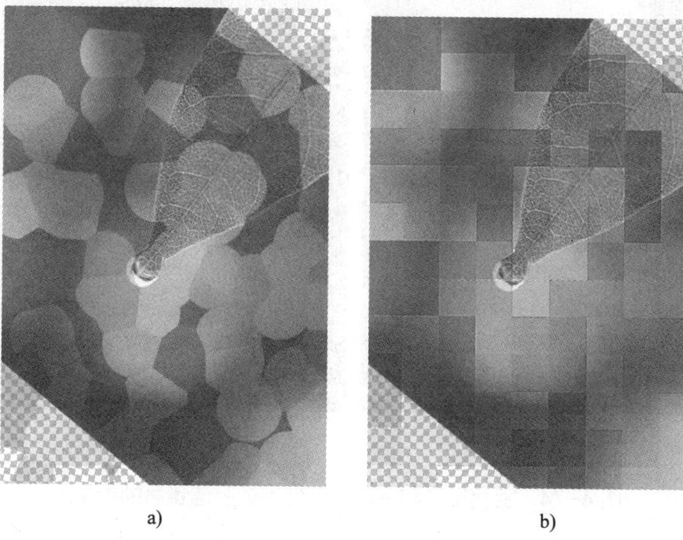

图 4-72　执行“点状化”滤镜效果和执行“马赛克”滤镜并锐化后的效果

02 退出快速蒙版状态，执行“编辑”→“描边”菜单命令，参数设置及效果如图 4-73 所示。打开“girl”素材文件并拖曳到文档中，调整其大小和位置。添加“描边”图层样式，设置“大小”为 18 像素，“位置”为内部，颜色为白色。

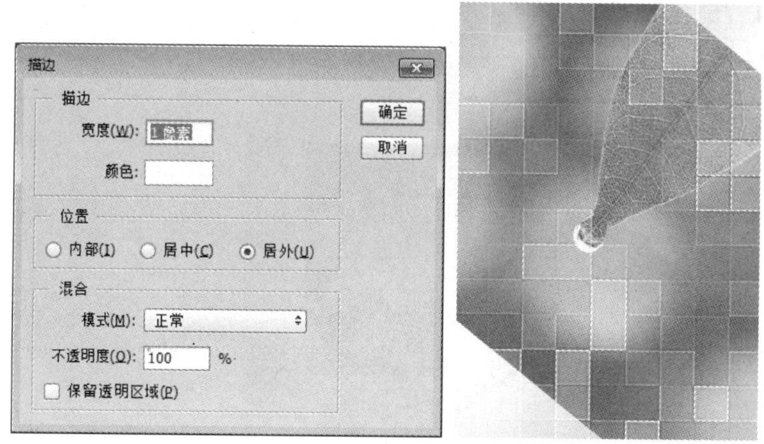

图 4-73　“描边”参数设置和效果图

03 在“通道”面板中新建一个 Alpha 通道，选择“矩形选框工具”，在工具选项栏中设置“羽化”参数为 10 像素，创建一个选区，填充为白色，如图 4-74a 所示。然后执行“滤镜”→“像素化”→“彩色半调”菜单命令，设置“最大半径”为 5 像素，效果如图 4-74b 所示。载入 Alpha 通道的选区，返回到彩色图像编辑状态后在“图层”面板中新建“图层 3”，放置到“图层 2”的下方。使用白色填充选区，然后取消选区。

a)　　　　b)

图 4-74　羽化选区和执行“彩色半调”滤镜后的效果

04 在“图层 2”的下方在新建一个“图层 4”图层，使用“矩形选框工具”（羽化 10 像素）创建一个略大于照片的选区。设置前景色为黑色，选择“渐变工具”，在“渐变”下拉面板中选择前景色到透明渐变，并在“渐变工具”选项栏中选择“对称渐变”，在选区中拖动进行渐变填充。取消选区，执行“滤镜”→“扭曲”→“球面化”菜单命令，设置“数量”为-15，使图像向内收缩。设置该图层的“不透明度”为 30%，使照片两个角呈现翘起效果，效果如图 4-75 所示。

图 4-75　设置后的效果

05 在“图层 2”上方新建“图层 5”图层，使用“椭圆选框工具”（羽化 10 像素）创建一个选区，填充为黑色然后取消选区。使用“矩形选框工具”选择上半部分图像，如图 4-76a 所示，按下【Delete】键删除并取消选区。选择该图层并变换其位置将其移动到照片右上角，作为卡角的投影，并设置该图层的不透明度为 70%，效果如图 4-76b 所示。

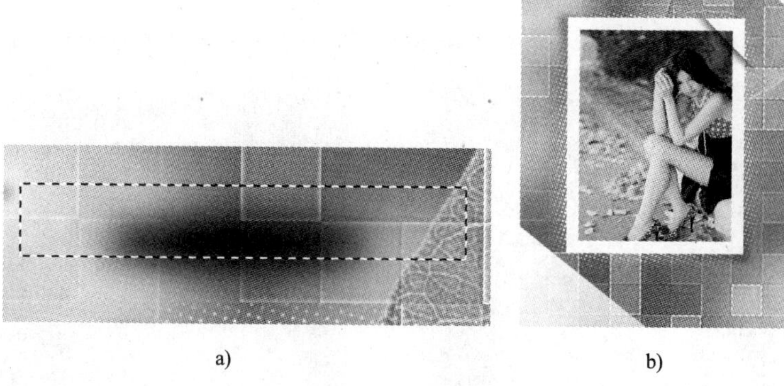

a)　　　　b)

图 4-76　绘制选区和调整图片位置

06 复制“图层 5”图层，移动到照片的左下角。选择“多边形套索工具”，按住【Shift】键创建一个三角形选区，设置前景色为浅黄色（#dbec8f），填充前景色。然后添加“斜面和浮雕”图层样式，同样制作左下角效果，边角效果如图 4-77 所示。

图 4-77　边角效果

07 新建图层，使用“矩形工具”绘制白色矩形框，填充白色到浅灰色线性渐变，旋转并调整位置，复制图层并调整其位置。最后输入文字，最终效果如图 4-78 所示。

图 4-78　最终效果

4.3.5 案例拓展

本拓展案例“特色图像边缘”，是利用滤镜制作各种特色的图像边缘效果，如图 4-79 所示。

a) b) c) d)

图 4-79 特色图像边缘效果

操作提示

01 打开“图像边缘”素材文件。双击“背景”图层将之转换为普通图层，在该图层下新建图层并填充为浅绿色（#9bc920）。选择图像层，绘制比原图小一些的矩形选框，开启快速蒙版。执行“滤镜”→“像素化”→“彩色半调”菜单命令，设置“数量”为 12，继续执行“滤镜”→“像素化”→“碎片”菜单命令，执行“滤镜”→“锐化”→“锐化”菜单命令，并重复执行 3 次。退出快速蒙版，并为图层添加图层蒙版，效果如图 4-79a 所示。

02 复制图层并删除图层蒙版，绘制比原图小一些的矩形选框，开启快速蒙版。执行“滤镜”→“模糊”→“径向模糊”菜单命令，设置“数量”为 15，“模糊方法”为旋转。执行“编辑”→“渐隐径向模糊”菜单命令，设置“不透明度”为 80。执行“滤镜”→“锐化”→“锐化”菜单命令，并重复执行 3 次。退出快速蒙版，并为图层添加图层蒙版，效果如图 4-79b 所示。

03 复制图层并删除图层蒙版，绘制比原图小一些的矩形选框，开启快速蒙版。执行“滤镜”→“滤镜库”菜单命令，选择“画笔描边”滤镜组下的“阴影线”滤镜，将参数值调到最大。执行执行“滤镜”→“像素化”→“碎片”菜单命令，执行“滤镜”→“锐化”→“锐化”菜单命令并重复执行至效果出来为止，效果如图 4-79c 所示。

04 新建 500×500 像素的文档，设置前景色为黑色，背景为白色。执行“滤镜”→“渲染”→“分层云彩”菜单命令。执行“滤镜”→“滤镜库”菜单命令，选择“艺术效果”滤镜组下的“调色刀”滤镜；继续添加“艺术效果”滤镜组下的“海报边缘”滤镜。复制该图层，继续添加“扭曲”滤镜组下的“玻璃”滤镜，设置该图层的混合模式为“叠加”。该文件命名为“border.psd”，以便后面我们在置换中使用它。

05 返回原文档，新建图层并绘制一个小于图像的矩形选区，按【Ctrl+Shift+I】组合键反选，填充浅绿色。执行“滤镜”→“扭曲”→“置换”菜单命令，设置“水平比例”和“垂直比例”均为 20，在随后弹出的对话框中选择置换文件“border.psd”，效果如图 4-79d 所示。

任务 4　相机公路牌广告设计

4.4.1　案例效果

案例“相机公路牌广告设计”主要学习基础滤镜的使用，效果如图 4-80 所示。

图 4-80　“相机公路牌广告设计”效果

4.4.2　案例分析

本案例为了突出自然的相机拍摄画面，使用原生态木板做背景；为了突出色彩鲜艳的相机拍摄画面，背景外围使用五颜六色的光丝效果。

4.4.3　相关知识

4.4.3.1　“风格化”滤镜组

“风格化”滤镜组主要作用于图像的像素，可以强化图像的色彩边界，风格化滤镜最终在选区中营造一种绘画或印象派的效果，包括“查找边缘”、“等高线”、“浮雕效果”等 8 种滤镜。

【例 4-16】 制作水晶放射视觉效果。将文件保存为“水晶放射.psd”。

制作描述：利用“镜头模糊”、“壁画”和“凸出”滤镜打造水晶放射视觉效果，如图 4-81 所示。

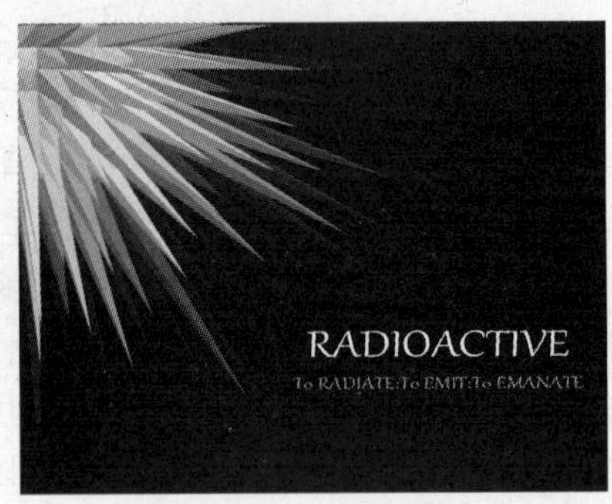

图 4-81 效果图

01 新建一个 810×700 像素、模式为 RGB 颜色的文档，将背景填充为黑色。新建“图层 1”，填充为黑色，执行“滤镜”→“渲染”→“镜头光晕”菜单命令，参数设置如图 4-82 所示。

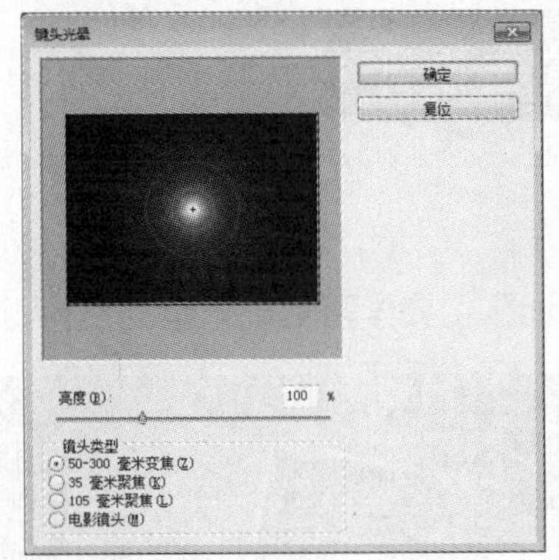

图 4-82 “镜头光晕”参数设置

02 执行“滤镜”→“滤镜库”菜单命令，选择“艺术效果”滤镜组中的“壁画”滤镜，参数设置如图 4-83 所示。对“图层 1”图层进行图像缩小变换操作后将图像合并。

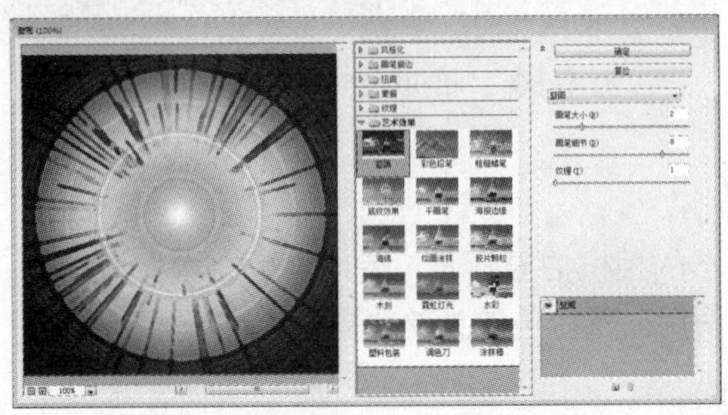

图 4-83 “壁画”滤镜参数设置

03 执行“滤镜”→“风格化”→“凸出”菜单命令，参数设置和效果如图 4-84 所示。将制作好的图像放置到画布的左上角并添加文字。

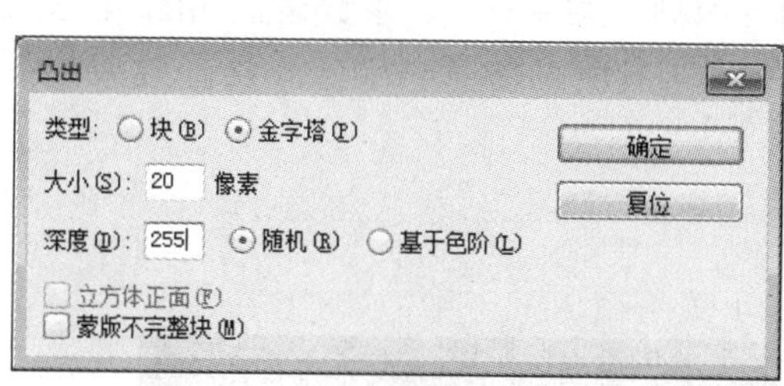

图 4-84　“凸起”滤镜参数设置和效果图

4.4.3.2　“杂色”滤镜组

“杂色”滤镜组中的滤镜可为图像添加或移去杂色，也可以淡化图像中的某些干扰颗粒，包括“添加杂色”、“减少杂色”、“去斑”、“蒙尘与划痕”和“中间色”5 种滤镜。

【例 4-17】 制作雨景效果。将文件保存为“雨景.psd”。

制作描述：利用“高斯模糊”、“动感模糊”和“添加杂色”滤镜制作雨景效果。原图和效果图如图 4-85 所示。

图 4-85　原图和效果图

01 打开“雨景人物”素材文件，在“图层”面板中新建一个图层并填充为黑色，执行“滤镜”→“杂色”→“添加杂色”菜单命令，参数设置如图 4-86a 所示。继续执行“滤镜”→“模糊”→“高斯模糊”菜单命令，设置“半径”为 3 像素。

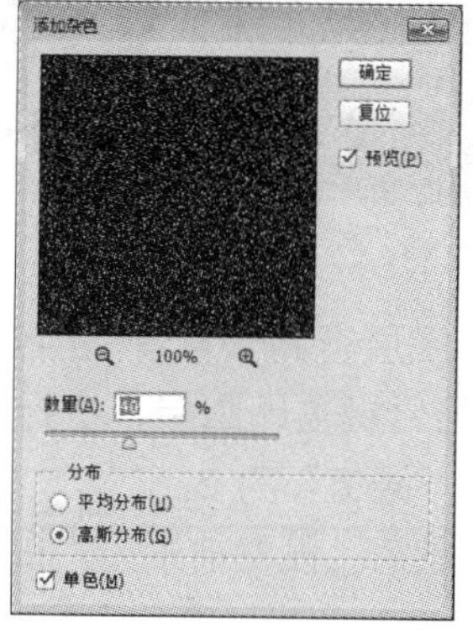

a)

b)

图 4-86　“添加杂色”和“阈值”特效参数设置

02 执行“图像”→“调整”→“阈值”菜单命令，参数设置图 4-86b 所示，将图像转换为黑白效果，生成随机变化的白色颗粒。

03 执行“滤镜”→“模糊”→“动感模糊”菜单命令，参数设置如图 4-87a 所示，生成倾泻的雨丝。可以使用“画笔工具”涂抹黑色，覆盖一部分雨丝，效果如图 4-87b 所示。

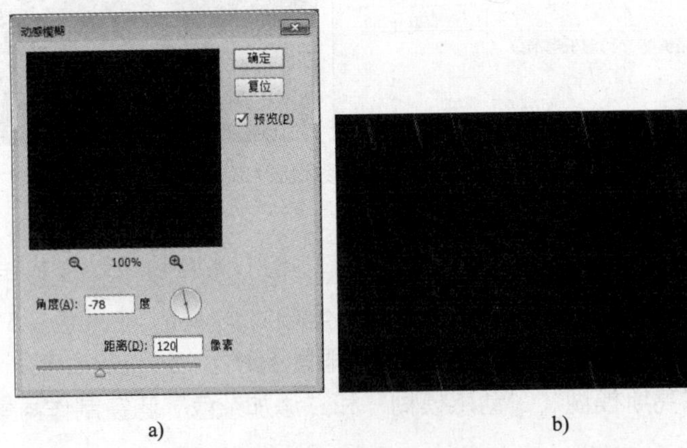

a) b)

图 4-87 “动感模糊”特效参数设置和效果图

04 设置该图层的混合模式为“滤色”。复制“背景”图层，执行“滤镜”→“模糊”→“高斯模糊”菜单命令，半径为 3 像素，并为该图层添加图层蒙版，使用“画笔工具”在人物脸部涂抹黑色，使人物清晰，背景模糊，为雨景效果营造朦胧氛围。

【例 4-18】 去除面部瑕疵效果。将文件保存为“去斑.psd”。

制作描述：利用“蒙尘与划痕”滤镜去除人物面部瑕疵。原图和效果图如图 4-88 所示。

图 4-88 原图和效果图

01 打开“除斑人物”素材文件，复制“背景”图层得到“背景 复制”图层，设置该图层的混合模式为“滤色”，按【Ctrl+Shift+Alt+E】组合键盖印图层，执行“滤镜”→“杂色”→“蒙尘与划痕”菜单命令，设置“半径”为 5，“阈值”为 2。

02 为“图层 1”添加图层蒙版，为蒙版填充为黑色。设置前景色为白色，选择“画笔工具”，在人物皮肤上涂抹即可为人物去斑。

4.4.3.3 “其他”滤镜组

“其他”滤镜组中的滤镜可以帮助用户创建自己的滤镜、使用滤镜修改蒙版、使图像发生位移，还可以快速调整图像的颜色，包括“高反差保留”、“位移”、“自定”、“最大值”和“最小值”5 种滤镜。

【例 4–19】 打造写实的水乡风光。将文件保存为“水乡风光.psd”。

制作描述：利用“高反差保留”结合图层混合模式加强画面细节的展现，打造写实的水乡风光。原图和效果图如图 4–89 所示。

图 4–89　原图和效果图

01 打开“水乡风光”素材文件，复制“背景”图层得到“背景 拷贝”图层，执行“滤镜”→“其他”→“高反差保留”菜单命令，设置“半径”为 200 像素。并设置该图层的混合模式为“叠加”。

02 按组合键【Ctrl+Alt+Shift+2】选取图像的高光区域，然后按【Ctrl+Shift+I】组合键反选，创建“色阶”调整图层，在打开的“属性”面板中设置“129,1.0,255”，加强画面的影调效果。载入“色阶 1”调整图层蒙版的选区，然后按【Ctrl+Shift+I】组合键反选，继续创建“色阶”调整图层，在打开的“属性”面板中设置“0,1.05,173”，提亮图像的暗部。

4.4.4　案例实现

01 新建 2480×1417 像素、背景为白色的文档，保存为“相机公交路牌.psd”。新建“图层 1”并填充白色，执行“滤镜”→“杂色”→“添加杂色”菜单命令，设置“数量”为 400，平均分布。继续执行“滤镜”→“模糊”→“动感模糊”菜单命令，设置角度为 90°，“距离”为 999 像素。执行“滤镜”→“滤镜库”菜单命令，“素描”滤镜组下的“铬黄渐变”滤镜，设置“细节”为 0，“平滑度”为 7。执行“图像”→“调整”→“色相/饱和度”菜单命令，选择“着色”，并设置色相为 40，亮度为–16。效果如图 4–90 所示。

图 4–90　效果图

02 添加“曲线”调整图层，将曲线稍微往上提拉，提亮木纹颜色。最后新建“组 2”，将图层和组放置在其中，“曲线”面板和效果如图 4-91 所示。

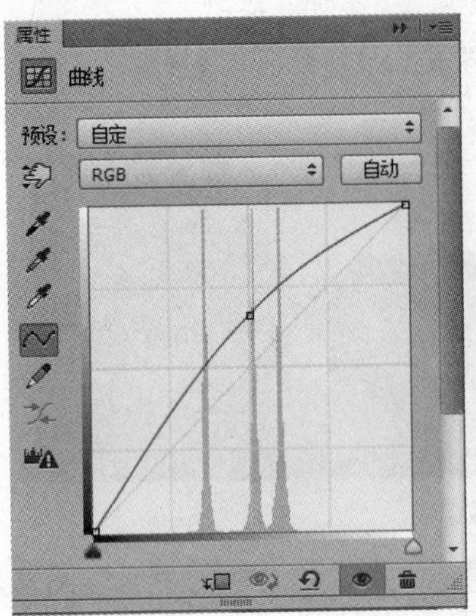

图 4-91 “曲线”面板和效果图

03 打开“照片 1”和“照片 2”素材文件并拖至文档中，调整其旋转角度并添加“描边”图层样式，设置大小为 25，位置为内部，颜色为白色。继续添加“投影”图层样式，设置距离为 2 像素，扩展为 2%，大小为 16 像素。打开花朵素材并拖曳到文档中，效果如图 4-92 所示。

图 4-92 效果图（1）

04 新建“底纹背景”图层，设置前景色为淡黄色（# f1f1d0），选择“画笔工具”，载入“墨迹纹理”笔刷文件，画刷大小为 250 左右，在画面四周涂抹颜色，效果如图 4-93 所示。

图 4-93　效果图（2）

05 新建“底纹”图层，设置前景色为黑色，背景色为白色。执行“滤镜”→“渲染”→“云彩”菜单命令，执行“滤镜”→“像素化”→“铜板雕刻”菜单命令，设置类型为中长描边。继续执行“滤镜”→“模糊”→“径向模糊”菜单命令，设置数量为 100，勾选“缩放”单选按钮。多按几次【Ctrl+F】组合键重复执行径向模糊将其效果加强。执行“滤镜”→“扭曲”→“旋转扭曲”菜单命令，设置角度为 125°。复制该图层，并执行“滤镜”→“扭曲”→“旋转扭曲”菜单命令，设置角度为-180°。设置复制图层的混合模式为“变亮”。合并两个图层并添加“渐变填充”调整图层，设置该图层模式为柔光，参数设置和效果如图 4-94 所示。

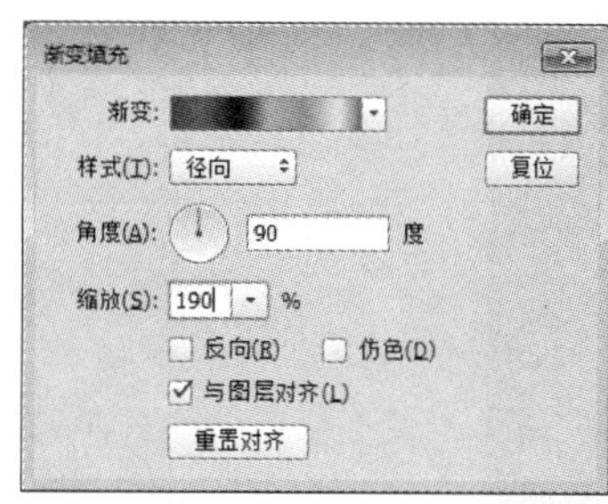

图 4-94　渐变填充参数设置和效果图

06 合并“底纹”图层和调整图层，按下【Ctrl+Alt+G】组合键形成剪贴蒙版，效果如图 4-95 所示。

图 4-95　效果图（3）

07 打开“树叶”素材文件并拖曳至文档中，添加“投影”图层样式。打开“相机”素材文件并拖曳至文档中，添加“投影”图层样式。复制“相机”图层并删除图层样式，对该图层进行垂直翻转，然后添加图层蒙版，选择“渐变工具”，设置为黑至白线性渐变，在蒙版中拖动隐藏相机倒影部分。最后打开“文字”素材文件并拖曳至文档中，最终效果如图 4-96 所示。

图 4-96 最终效果图

4.4.5 案例拓展

本拓展案例“海报背景”，效果如图 4-97 所示。本案例利用光束、色块、水波展示另类的海报风格。

图 4-97 海报背景

01 新建 500×700 像素、背景为白色的文档，保存为“海报背景.psd”。双击背景图层将之转换为普通图层，执行“滤镜”→“风格化”→“凸出”菜单命令，参数设置如图 4-98 所示。执行“图像”→“调整”→“色阶”菜单命令，设置输入色阶为（164,1.27,255）。

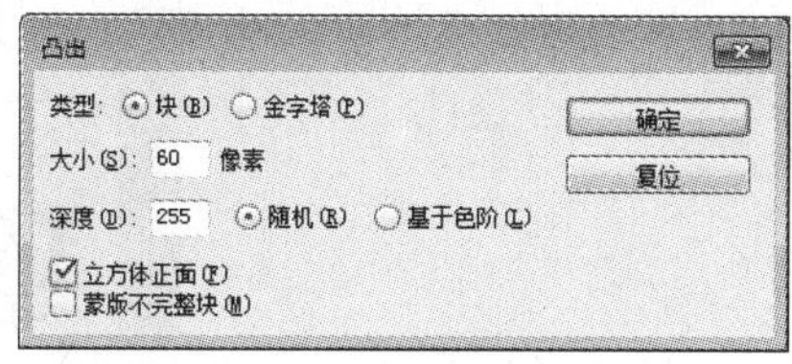

图 4-98　“凸出”特效参数设置

02 按【Ctrl+I】组合键将图像反相，执行“滤镜”→“模糊”→“径向模糊”菜单命令，设置“数量”为 100，“模糊方式”为缩放。添加“渐变”调整图层，设置渐变色为“红—绿—蓝”渐变，如图 4-99 所示。设置该层的混合模式为“叠加”。

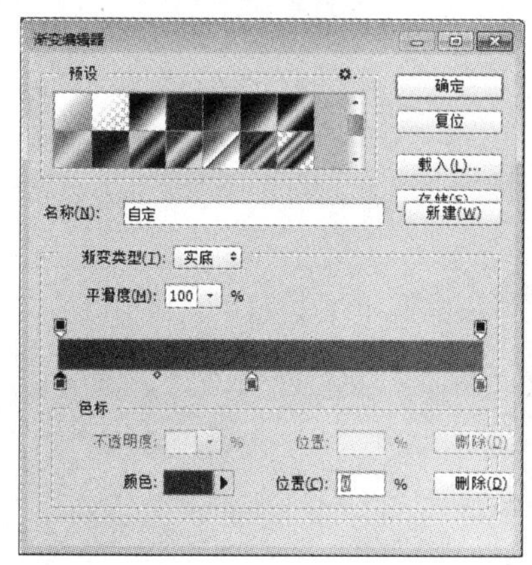

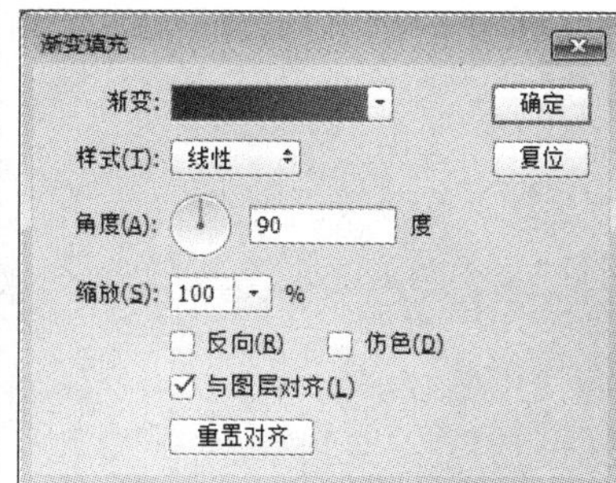

图 4-99　渐变填充参数设置

03 新建“图层 1”，选择“直线工具”，在工具选项栏中选择工具模式为“像素”，设置前景色为白色，沿着图像边缘绘制几条直线，如图 4-100 所示，执行“滤镜”→“模糊”→“径向模糊”菜单命令，设置“数量”为 40，“模糊方式”为缩放。

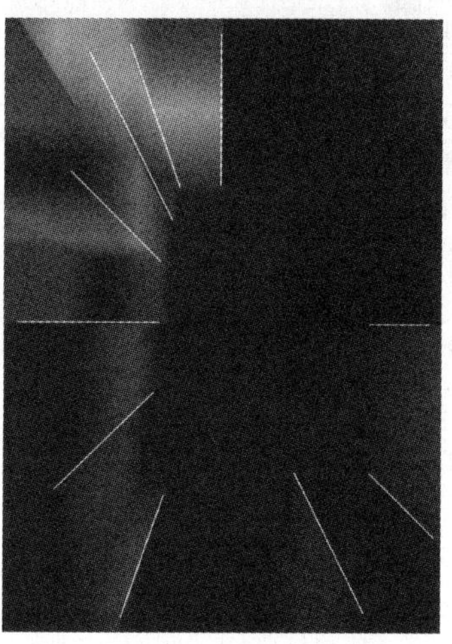

图 4-100　绘制直线效果

04 依次打开“海报背景-素材 1”～“海报背景-素材 3”文件，并拖入文档中并调整好位置。

项目 5 照片处理

教学目标

- ✧ 熟练使用色阶。
- ✧ 熟练使用曲线。
- ✧ 熟练使用色相/饱和度。
- ✧ 熟练使用可选颜色。
- ✧ 熟练使用色彩平衡。
- ✧ 熟练使用匹配颜色。
- ✧ 熟练使用颜色替换。
- ✧ 熟练使用通道混合器。
- ✧ 熟练使用照片滤色。
- ✧ 熟练使用阴影/高光。
- ✧ 掌握填充图层和调整图层。
- ✧ 掌握“图章工具”和“修补工具”的用法。
- ✧ 掌握“模糊工具”“锐化工具”“涂抹工具”的用法。
- ✧ 掌握“减淡工具”“加深工具”“海绵工具”的用法

任务 1　风景照片的润色

5.1.1　案例效果

本案例“风景照片的润色”主要学习如何利用色彩调整命令调整图像的色调，使图片颜色更加艳丽。原图和效果如图 5-1 和图 5-2 所示。

图 5-1　风景照片原图

图 5-2　风景照片的润色效果

5.1.2　案例分析

本案例的原图整体感觉灰蒙蒙的，平淡无奇，但是通过色阶、色相/饱和度、照片滤镜命令的调整，可增强画面的饱和度，产生强烈的视觉冲击力。

5.1.3 相关知识

5.1.3.1 色阶

色阶表示的是图像亮度强弱的数值，色阶图是一张图像中不同亮度的分布图。一般以横坐标表示“色阶指数的取值”，标准尺度在 0~255 之间，0 表示没有亮度，黑色；255 表示最亮，白色；而中间是各种灰色。又以纵坐标表示包含“特定色调（即特定的色阶值）的像素数目”，于是其取值越大就表示在这个色阶的像素越多。使用“色阶”命令可以调整图像的阴影、中间调和高光的关系，从而调整图像的色调范围或色彩平衡。

1．“色阶”对话框的打开方式

执行“图像”→“调整”→“色阶”命令，或按组合键【Ctrl+L】可以调出“色阶”对话框，如图 5–3 所示。

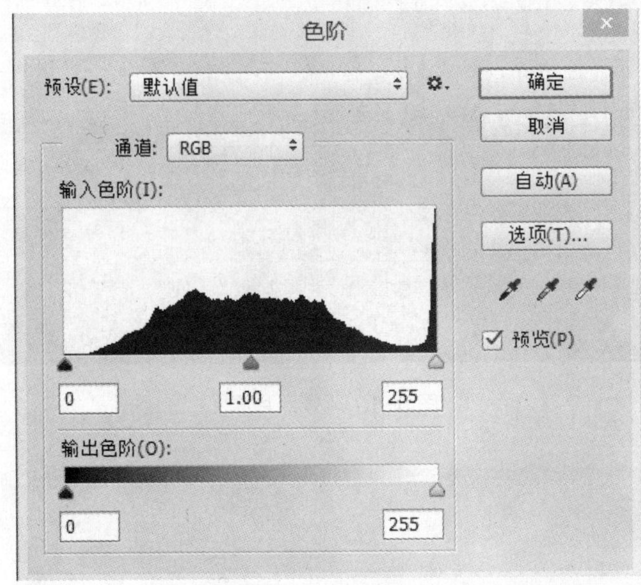

图 5–3 “色阶”对话框

2．色阶的参数调整

（1）通道：该选项是根据图像模式而改变的，可以对每个颜色通道设置不同的输入色阶与输出色阶值。当图像模式为 RGB 时，该选项中的颜色通道为 RGB、红、绿、蓝；当图像模式为 CMYK 时，该选项中的颜色通道为 CMYK、青色、洋红、黄色与黑色。

（2）输入色阶：该选项可以通过拖动色阶的三角滑块进行调整，也可以直接在“输入色阶”文本框中输入数值。

（3） 输出色阶：该选项中的“输出阴影”用于控制图像最暗数值；“输出高光”用于控制图像最亮数值。

（4）吸管工具：3 个吸管分别用于设置图像黑场、白场和灰场，从而调整图像的明暗关系。

（5）“自动”按钮：单击该按钮，即可将亮的颜色变得更亮，暗的颜色变得更暗，提高图像的对比度。它与执行“自动色阶”命令的效果是相同的。

（6）“选项”按钮：单击该按钮可以更改自动调节命令中的默认参数。

3．利用色阶处理曝光不足的照片

曝光不足的照片如图 5-4 所示，整体偏暗。按下【Ctrl+L】组合键，打开“色阶”对话框，如图 5-5 所示，直方图下方黑色、灰色、白色的滑块分别代表暗调（黑场）、中间调（灰场）和亮调（白场）。将白色滑块往左拖动，图像的亮调区域增大，图像变亮；将黑色滑块往右拖动，图像的暗调区域增大，图像变暗；灰色滑块代表中间调，向左拖动使中间调变亮，向右拖动使中间调变暗。调整后的图片效果和“色阶”对话框如图 5-6 和 5-7 所示。

图 5-4　曝光不足的照片

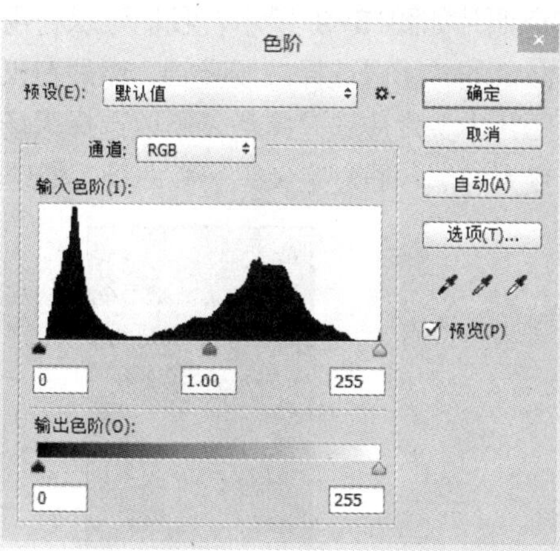

图 5-5　“色阶”对话框

图 5-6　调整后的照片

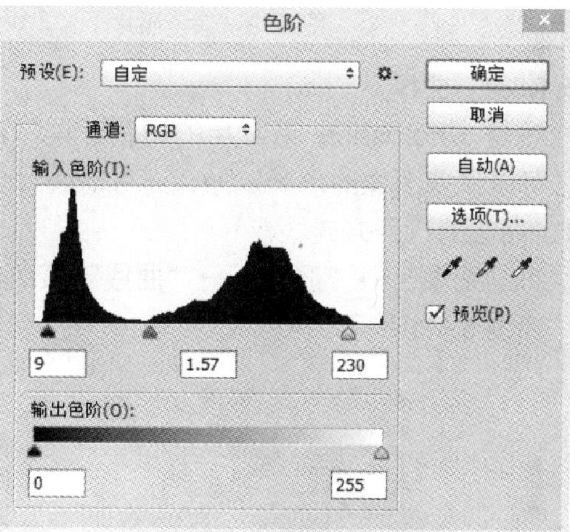

图 5-7　“色阶”对话框

色阶可以处理曝光不足的照片，同理，通过对暗部、灰部和亮部的调整，也可以处理曝光过度的照片或者照片偏灰、对比度不强的照片。

4．利用色阶处理照片偏色

色阶右下角位置有三个吸管，分别设置黑场、灰场和白场，如图 5-8 所示。选择吸管，然后在图像中单击，可以把单击处的像素及其同等亮度的像素变为纯黑、纯灰、纯白。在这个操作过程中，颜色可能会有所变化，所以也可以用来处理图片的偏色问题。

图 5-8　黑场、灰场、白场吸管

偏色照片如图 5-9 所示，我们可以利用黑场和白场来处理偏色问题。图片中树后面的天空应该是白色的，所以选择白场吸管，然后在天空处单击，使天空及和天空亮度值一样的颜色变成纯白；图片中头发应该是黑色，所以选择黑场吸管，在头发处单击，使头发及和头发亮度值一样的颜色变为纯黑，通过定义黑场和白场，处理偏色问题，最终效果图如图 5-10 所示。

图 5-9　偏色照片

图 5-10　正常颜色的照片

5.1.3.2　曲线

曲线是 Photoshop 最常用的调整工具，它和色阶一样可以调整图像的色调，但是，曲线除了可以调整图像的色调以外，还可以通过个别通道，调整图像的色彩。

1．曲线的打开方式

执行“图像”→“调整”→“曲线”菜单命令，或按【Ctrl+M】组合键调出“曲线”对话框，如图 5-11 所示。

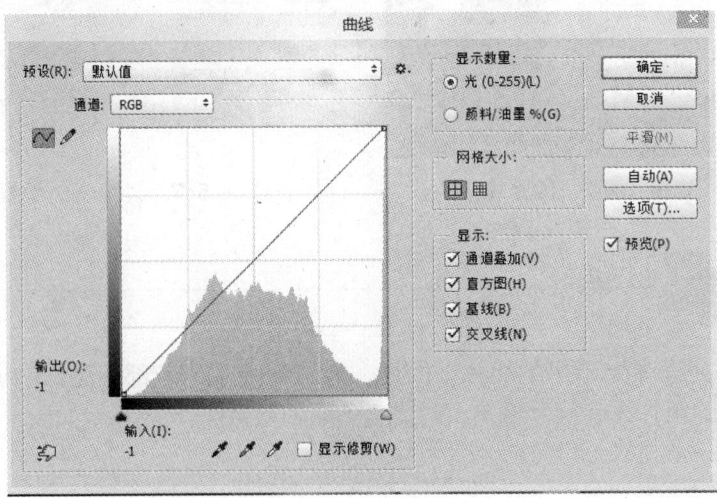

图 5-11　“曲线”对话框

2．通过曲线调整图像的色调

观察图 5-12，不难发现一些规律，将曲线向上拉，照片亮度提高，曲线向下拉，照片亮度降低，S 形曲线可增强对比度，反 S 形曲线降低对比度。

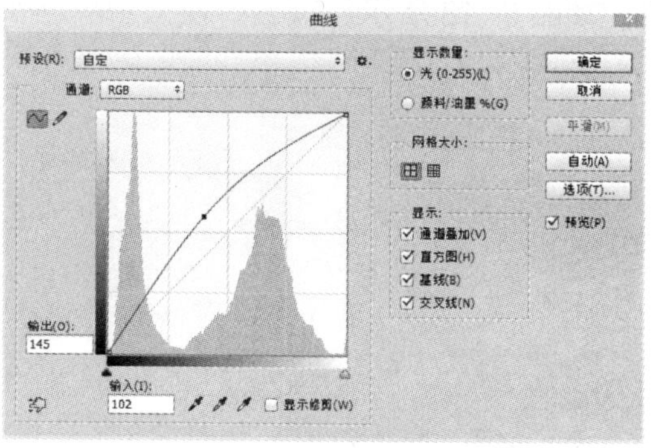

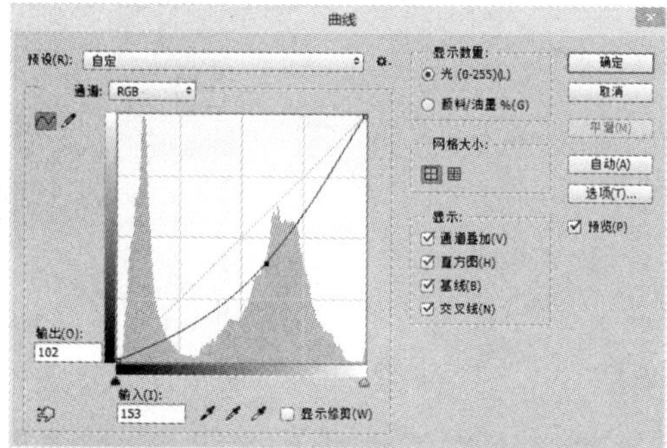

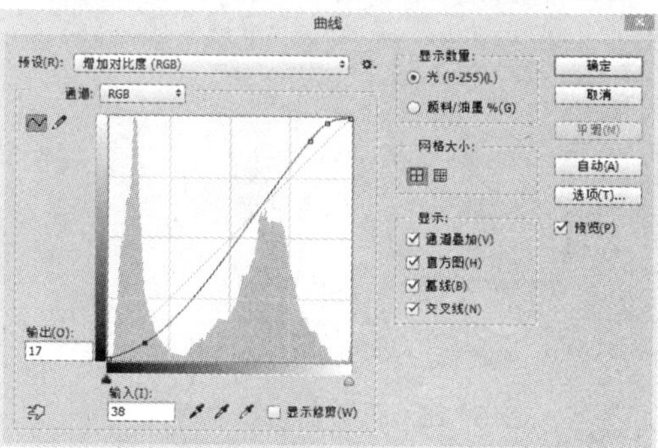

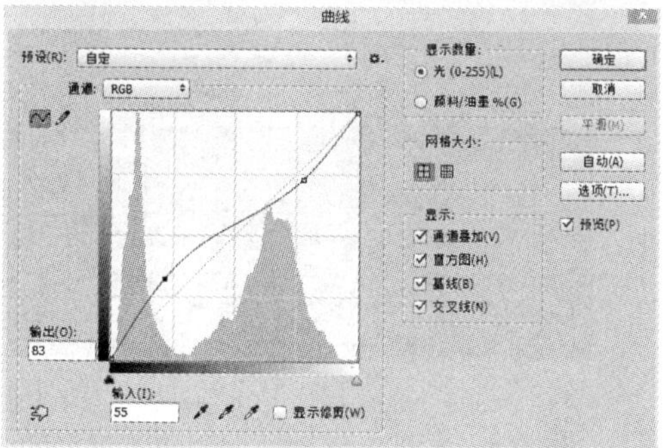

图 5-12　曲线调整

3. 通过曲线调整图像的颜色

与“色阶”对话框一样，“曲线”也可以调整图像的整体色调。但是“曲线”的功能更加强大，它还可以通过各个颜色通道对图像颜色进行精确的调整。以 RGB 模式为例，“曲线”对话框中可以选择红通道、绿通道、蓝通道，如图 5-13 所示。

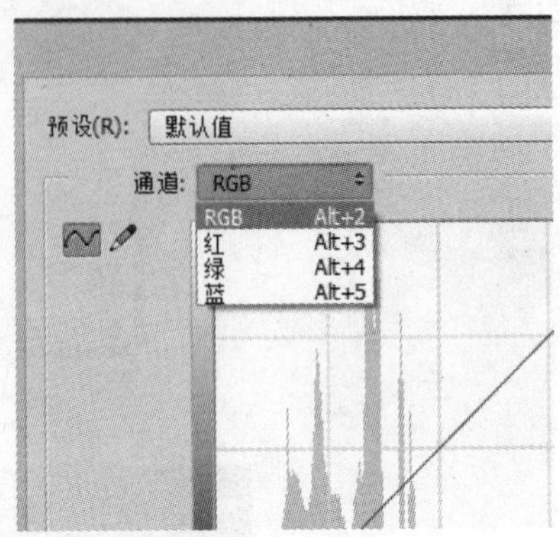

图 5-13 曲线通道

当我们选择红色通道时，曲线向上，图像的红色增多，曲线向下，图像的青色增多，如图 5-14 和图 5-15 所示；当我们选择绿色通道时，曲线向上，图像的绿色增多，曲线向下，图像的洋红色增多，如图 5-16 和图 5-17 所示；当我们选择蓝色通道时，曲线向上，图像的蓝色增多，曲线向下，图像的黄色增多，如图 5-18 和图 5-19 所示。

图 5-14 图像偏红

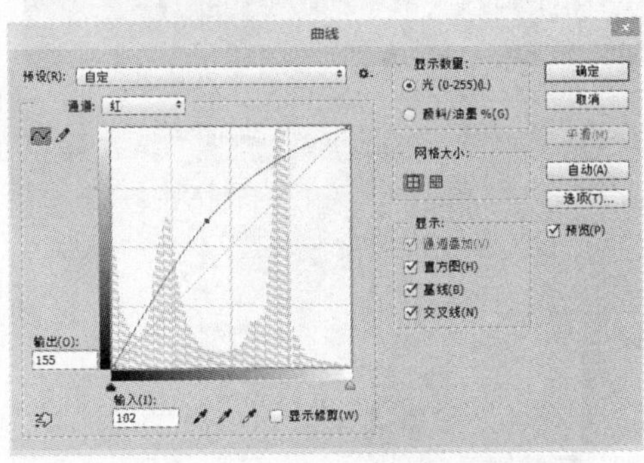

图 5-15 调整曲线红通道

图 5-16 图像偏绿

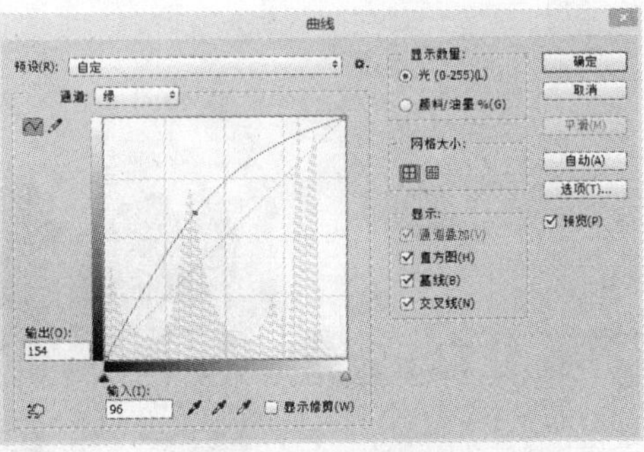

图 5-17 调整曲线绿通道

图 5-18　图像偏蓝

图 5-19　调整曲线蓝通道

【例 5-1】 利用曲线调整黄金色的日落照片。

原图分析：原照片未经处理，照片颜色比较暗淡，日落效果不明显，如图 5-20 所示。我们可以通过曲线来调整图像的色调，让图像呈现金黄色的日落效果，效果如图 5-21 所示。

图 5-20　原图

图 5-21　效果图

01 执行“图像”→“调整”→“曲线”命令，或按组合键【Ctrl+M】，可打开“曲线”对话框，选择 RGB 通道，在曲线的中间加一个点往上拉，让曲线的弧度向上，整体调亮图片的颜色，由于图片亮度区域太亮，所以把右上角的点往下边拖动，压暗亮部，效果和参数设置如图 5-22 和图 5-23 所示。

图 5-22　调整图像亮度

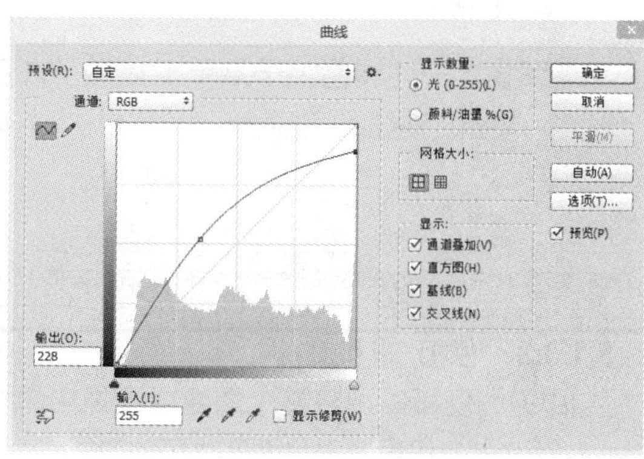

图 5-23　“曲线”参数设置

02 选择红色通道，在曲线的中间加一个点往上拉，让曲线的弧度向上，增加红色，效果和参数设置如图 5-24 和图 5-25 所示。

图 5-24 图像增加红色

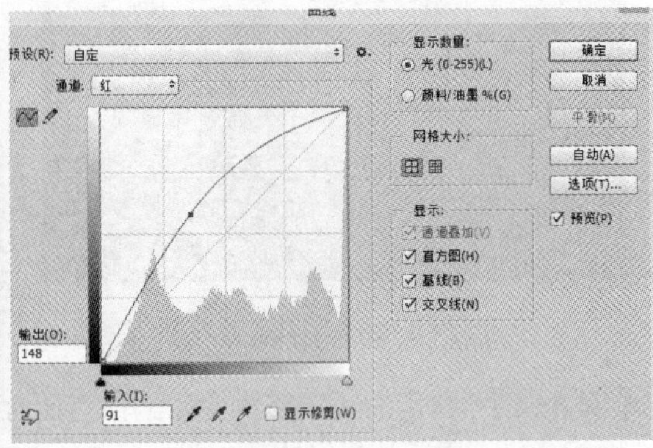

图 5-25 “曲线”参数设置

03 选择蓝色通道，在曲线的中间加一个点往下压，让曲线的弧度向下，减少蓝色，相当于给图片增加黄色，效果和参数设置如图 5-26 和图 5-27 所示。

图 5-26 图像增加黄色

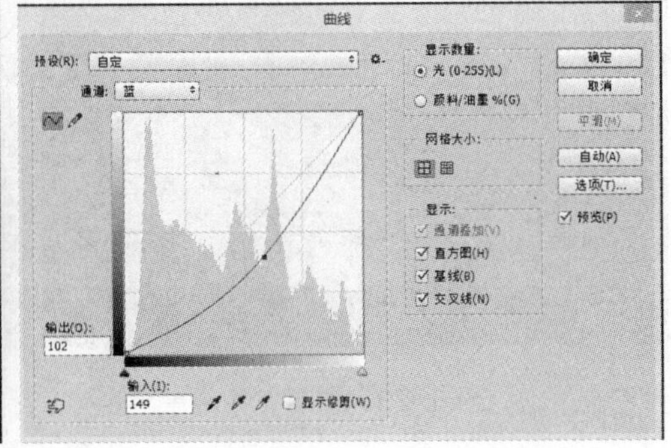

图 5-27 “曲线”参数设置

“图像”→“调整”子菜单下提供了许多图像调整的命令，建议在调整过程中，每个命令调整的幅度不宜过大，以免损失过多的细节，可通过多个命令多次调整，达到理想效果。

5.1.3.3 色相/饱和度

色相/饱和度可以调整整个图像或图像中单个颜色成分的色相、饱和度和明度。

1．“色相/饱和度”对话框的打开方式

执行“图像”→“调整”→“色相/饱和度”菜单命令，或按组合键【Ctrl+U】，可打开

"色相/饱和度"对话框，如图 5-28 所示。

图 5-28　"色相/饱和度"对话框

2．利用色相/饱和度调整图像的颜色

在"色相/饱和度"对话框中，拉动"色相"的三角形滑块，可以改变图像的颜色。图 5-29 中，图片的各种颜色变化，便是通过此方法实现的。

图 5-29　不同色相

3．利用色相/饱和度调整图像的饱和度

在"色相/饱和度"对话框中，拉动"饱和度"的三角形滑块，可以改变图像的饱和度。当滑块在最右边时，图像的饱和度最高；当滑块在最左边时，图像为黑白照片。图 5-30 为一张图片的不同饱和度。

图 5-30　不同饱和度

4．利用色相/饱和度调整图像的明度

在“色相/饱和度”对话框中，拉动“明度”的三角形滑块，可以改变图像的明度。调整明度，图像会整体变亮或整体变暗，相当于在图片中加入不同分量的黑色或白色。当滑块在最右边，图像变成纯白色，当滑块在最左边，图像变成纯黑色，图 5–31 为一张图片的不同明度。

图 5–31　不同明度

5．“编辑”下拉菜单的使用

在“编辑”下拉菜单中可以选择“全图”或其他颜色选项，当选择“全图”时，是对图像中的所有颜色进行调整，选择某一种颜色时，是对图像中某一种颜色进行调整。选择“全图”时，也可以利用对话框右下角的吸管吸取图像中的颜色，对吸取的颜色进行色相/饱和度的调整。

【例 5–2】 改变图像中花朵的颜色。

原图分析：原图为粉红色的月季花，如图 5–32 所示。我们可以通过色相/饱和度来调整图像中花朵的颜色，把花朵调整为黄色的月季。为了得到理想的效果，需要通过“编辑”选框，选择某一种颜色进行单独调整，调整后的花的效果如图 5–33 所示。

图 5–32　原图

图 5–33　效果图

01 调整花心的颜色。打开图片“月季花”，执行“图像”→“调整”→“色相/饱和度”菜单命令，或按组合键【Ctrl+U】，打开“色相/饱和度”对话框，在下拉菜单中选择

"红色"，色相滑块向右拖动，注意观察图像中花朵颜色的变化，让花心部分呈现黄色，效果和参数设置如图 5-34 和图 5-35 所示。

图 5-34　调整花心的颜色

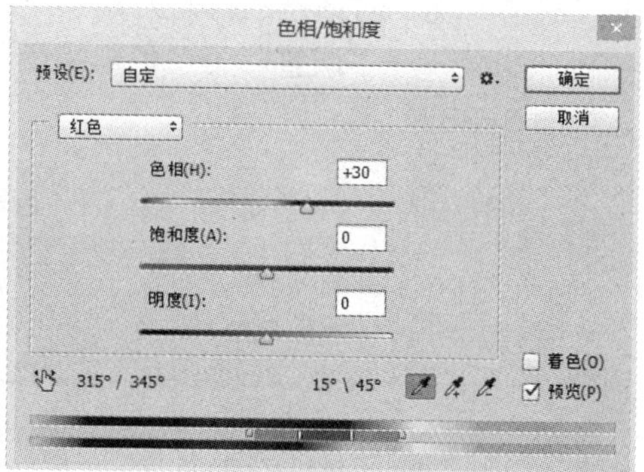

图 5-35　参数设置

02　在下拉菜单中选择选择"洋红"，色相滑块向右拖动，注意观察图像中花朵颜色的变化，让整朵花都呈现出黄色，最终效果和参数设置如图 5-36 和图 5-37 所示。

图 5-36　调整整朵花的颜色

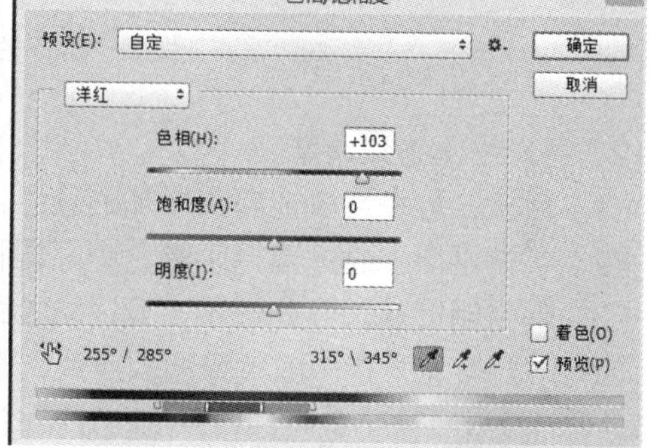

图 5-37　参数

当给一张黑白照片执行"色相/饱和度"菜单命令时，需要勾选"着色"复选框，才能给图片上色。

5.1.3.4　色彩平衡

"色彩平衡"命令可以更改图像的总体颜色混合，并且在暗调区、中间调区和高光区通过控制各个单色的成分来平衡图像的色彩。

在使用 Photoshop"色彩平衡"命令前要了解互补色的概念，这样可以更快地掌握"色彩平衡"命令的使用方法。所谓"互补"，就是 Photoshop 图像中一种颜色成分的减少，必然导致它的互补色成分的增加，绝不可能出现一种颜色和它的互补色同时增加的情况；另外，每一种颜色可以由它的相邻颜色混合得到（例如：绿色的互补色洋红色是由绿色和红色重叠混合而成，红色的互补色青色是由蓝色和绿色重叠混合而成）。

1．“色彩平衡”对话框的打开方式

执行“图像”→“调整”→“色彩平衡”，或按组合键【Ctrl+B】，打开“色彩平衡”对话框，如图 5-38 所示。

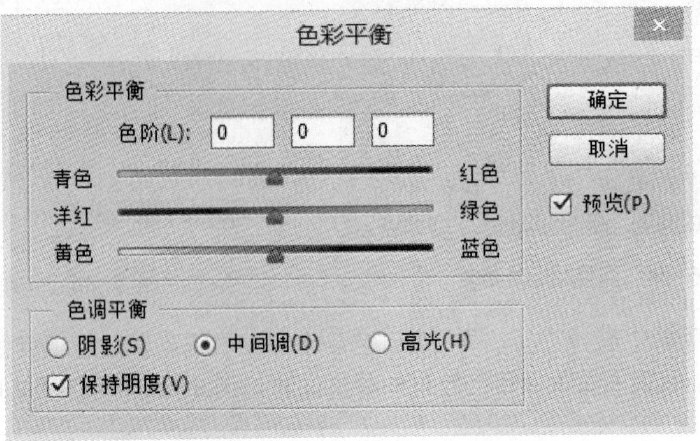

图 5-38 “色彩平衡”对话框

2．色彩平衡参数调整

（1）色阶：可将滑块拖向要增加的颜色，或将滑块拖离要减少的颜色。

（2）色调平衡：通过选择阴影、中间调和高光可以控制图像不同色调区域的颜色平衡。

（3）保持明度：勾选此选项，可以防止图像的亮度值随着颜色的更改而改变。

图片“野菊花”是一张黄绿调的照片，通过调整“色彩平衡”，可以快速地把图片的绿色去掉，照片呈现一片金黄色调，原图和效果图如图 5-39 和图 5-40 所示，参数调整如图 5-41 所示。

图 5-39 原图

图 5-40 金黄调

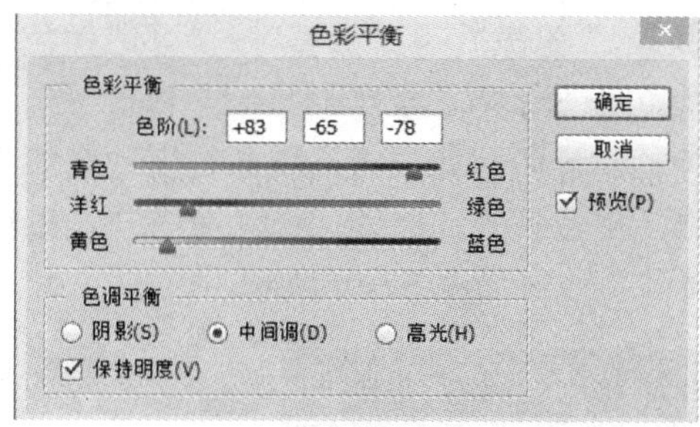

图 5-41　参数调整

5.1.3.5　可选颜色

“可选颜色”命令可以有选择地修改任何主要颜色中的印刷色数量，而不会影响其他主要颜色。选中相应的颜色，然后通过调整该颜色内各个色相参数，达到调整图像色彩的效果。

1．可选颜色的打开方式

执行“图像”→“调整”→“可选颜色”菜单命令，打开“可选颜色”对话框，如图 5-42 所示。

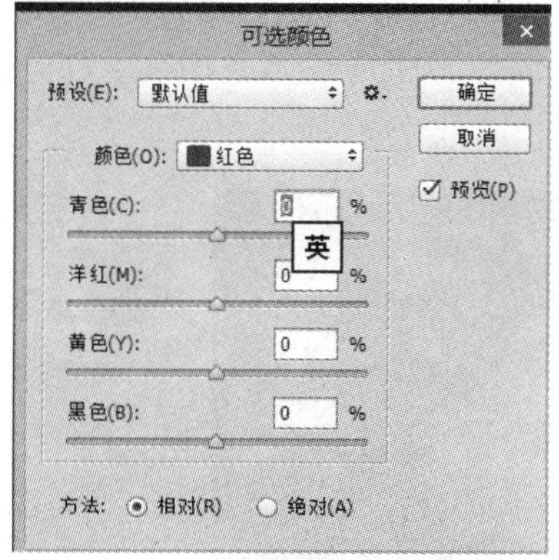

图 5-42　“可选颜色”对话框

2．可选颜色的色彩原理

“可选颜色”与“色阶”“色彩平衡”和“色相/饱和度”相比，它没有那么直观，如果不掌握色彩基础知识，在调整的过程中往往一头雾水，下面通过一个实验来详细讲解“可选颜色”中各个调整色分别代表什么。

在黑色的背景上面新建三个图层，每个图层放置一个颜色圆，分别为红、绿、蓝，更改它们的混合模式为“叠加”，效果如图 5-43 所示。

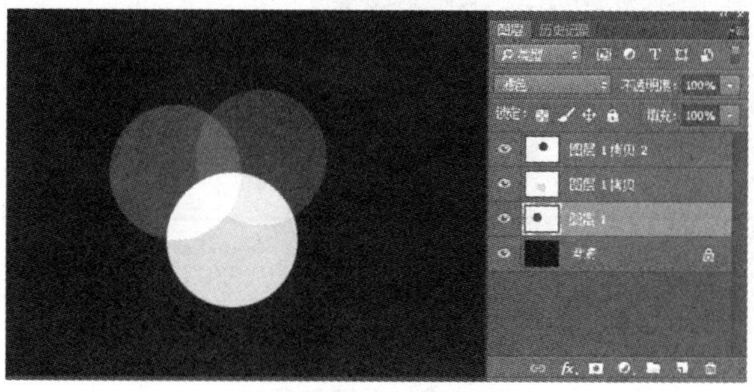

图 5-43　色彩实验

选择红色圆的图层，执行“图像”→“调整”→“可选颜色”，打开“可选颜色”对话框，选择“红色”颜色，拖动四个滑块，会得到以下结论。

（1）青色：青色是红色的对应色，如果把滑块向右拖动增加青色，红色是不是越来越黑了，那正是两个对应色混合，相互吸收的原理。拖动滑块向左减少青色，红色没有变化，因为在红色本色中就不含有青色，效果如图 5-44 所示。

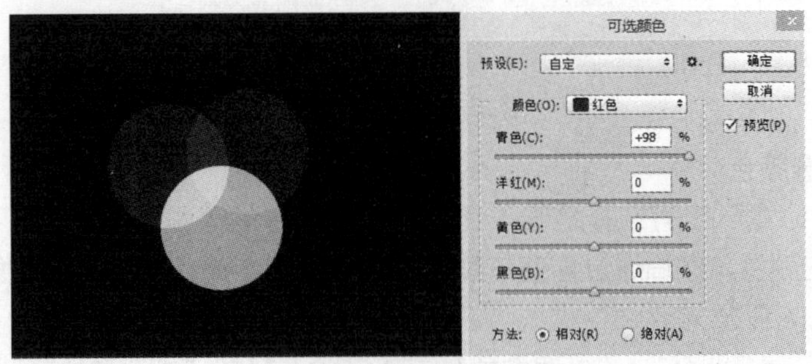

图 5-44 调整青色滑块

（2）洋红：红色是由洋红和黄色混合产生，这里的红色已经是 100%的纯红色，所以向右增加洋红，不会改变红色，向左减少洋红，会使红色部分越来越偏黄，降到-100，就变成纯黄色了，效果如图 5-45 所示。

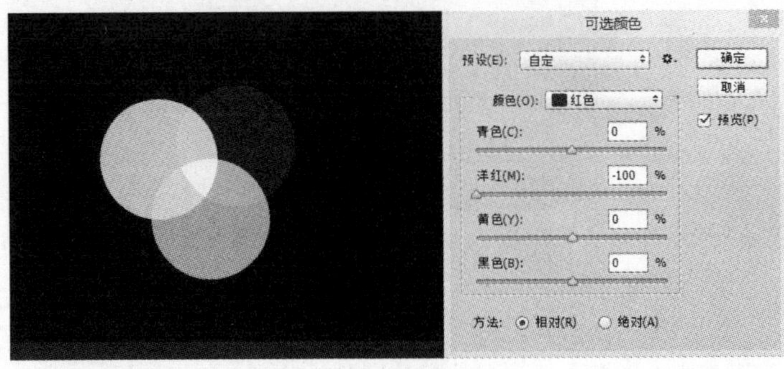

图 5-45 调整洋红滑块

（3）黄色：红色是由洋红和黄色混合产生，这里的红色已经是 100%的纯红色，所以向右增加黄色，不会改变红色，向左减少黄色，红色中包含的黄色减少，洋红相应会增加，这时红色部分越来越偏洋红，降到-100，就变成洋红了，效果如图 5-46 所示。

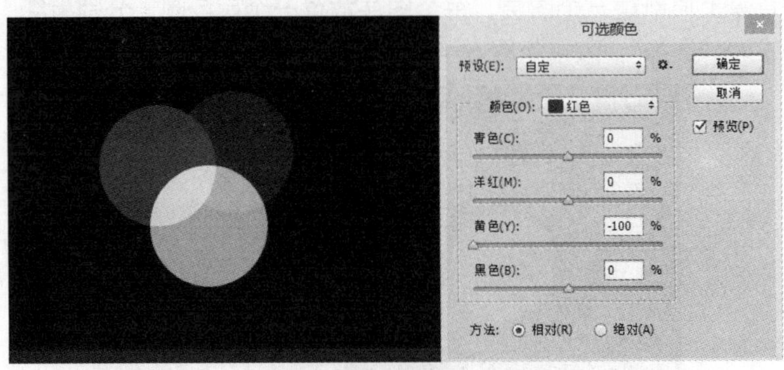

图 5-46 调整黄色滑块

（4）黑色：是调整红色的明度，左明右暗，将图 5-47 中黑色滑块向左拖动，提高红色的明度。

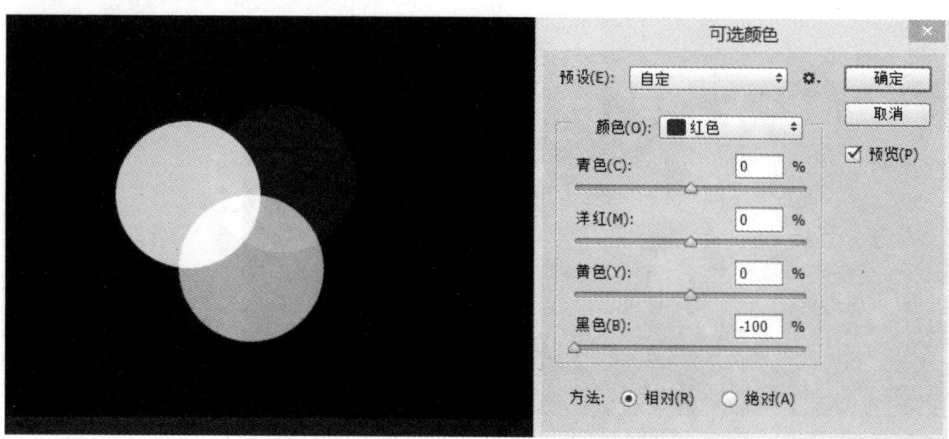

图 5-47　调整黑色滑块

5.1.3.6　照片滤镜

照片滤镜可以用来修正由于扫描、胶片冲洗、白平衡设置不正确造成的一些色彩偏差，用来还原照片的真实色彩，调节照片中轻微的色彩偏差，强调效果，突显主题，渲染气氛。

1．“照片滤镜”对话框的打开方式

执行“图像”→“调整”→“照片滤镜”菜单命令，打开“照片滤镜”对话框，如图 5-48 所示。

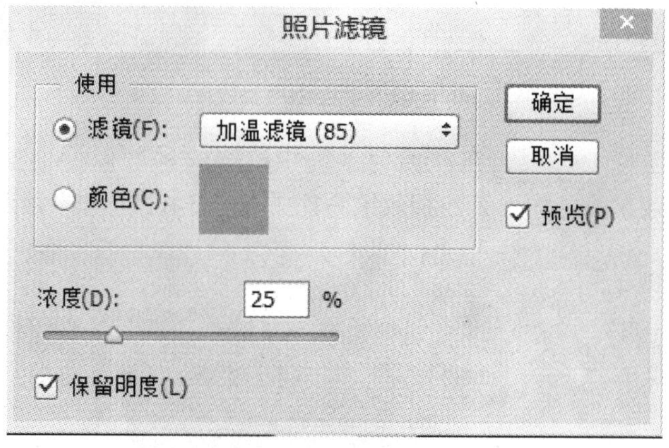

图 5-48　“照片滤镜”对话框

2．照片滤镜的应用

打开素材图片“樱花”，执行“图像”→“调整”→“照片滤镜”菜单命令，打开“照片滤镜”对话框，可以选择“滤镜”里面的任何一种滤镜，效果和参数设置如图 5-49 和图 5-50 所示。根据画面需要调整“浓度”，可调整图片的色彩，渲染气氛，突出主题，效果如图 5-51 所示。

图 5-49　效果

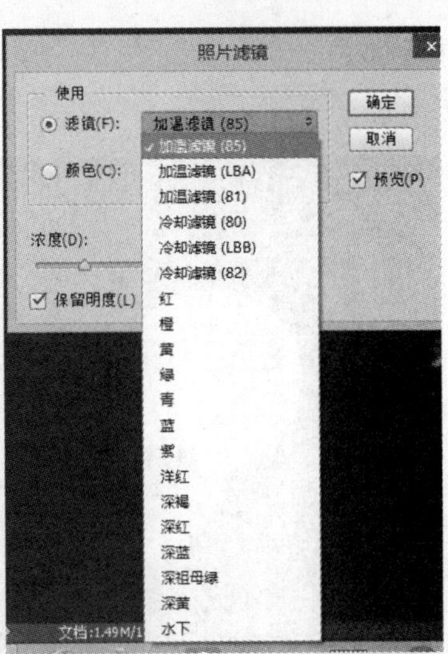

图 5-50　"照片滤镜"参数设置

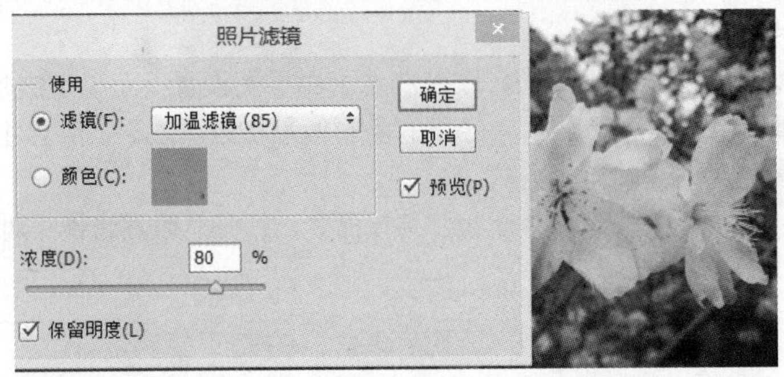

图 5-51　调整浓度及效果

也可以选择"颜色"选项，在"拾色器"中选取一种颜色，根据画面需要调整"浓度"，可以调出不同效果的色调。参数和效果图如图 5-52 和图 5-53 所示。

图 5-52　选择"颜色"选项

任务 1　风景照片的润色

5.1.1　案例效果

本案例“风景照片的润色”主要学习如何利用色彩调整命令调整图像的色调，使图片颜色更加艳丽。原图和效果如图 5-1 和图 5-2 所示。

图 5-1　风景照片原图

图 5-2　风景照片的润色效果

5.1.2　案例分析

本案例的原图整体感觉灰蒙蒙的，平淡无奇，但是通过色阶、色相/饱和度、照片滤镜命令的调整，可增强画面的饱和度，产生强烈的视觉冲击力。

5.1.3 相关知识

5.1.3.1 色阶

色阶表示的是图像亮度强弱的数值，色阶图是一张图像中不同亮度的分布图。一般以横坐标表示“色阶指数的取值”，标准尺度在 0~255 之间，0 表示没有亮度，黑色；255 表示最亮，白色；而中间是各种灰色。又以纵坐标表示包含“特定色调（即特定的色阶值）的像素数目”，于是其取值越大就表示在这个色阶的像素越多。使用“色阶”命令可以调整图像的阴影、中间调和高光的关系，从而调整图像的色调范围或色彩平衡。

1．“色阶”对话框的打开方式

执行“图像”→“调整”→“色阶”命令，或按组合键【Ctrl+L】可以调出“色阶”对话框，如图 5-3 所示。

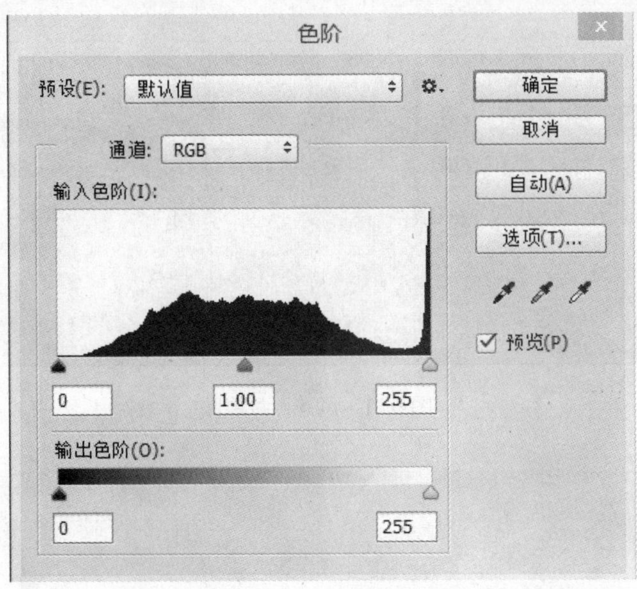

图 5-3 “色阶”对话框

2．色阶的参数调整

（1）通道：该选项是根据图像模式而改变的，可以对每个颜色通道设置不同的输入色阶与输出色阶值。当图像模式为 RGB 时，该选项中的颜色通道为 RGB、红、绿、蓝；当图像模式为 CMYK 时，该选项中的颜色通道为 CMYK、青色、洋红、黄色与黑色。

（2）输入色阶：该选项可以通过拖动色阶的三角滑块进行调整，也可以直接在“输入色阶”文本框中输入数值。

（3） 输出色阶：该选项中的“输出阴影”用于控制图像最暗数值；“输出高光”用于控制图像最亮数值。

（4）吸管工具：3 个吸管分别用于设置图像黑场、白场和灰场，从而调整图像的明暗关系。

（5）“自动”按钮：单击该按钮，即可将亮的颜色变得更亮，暗的颜色变得更暗，提高图像的对比度。它与执行“自动色阶”命令的效果是相同的。

（6）“选项”按钮：单击该按钮可以更改自动调节命令中的默认参数。

3．利用色阶处理曝光不足的照片

曝光不足的照片如图 5-4 所示，整体偏暗。按下【Ctrl+L】组合键，打开“色阶”对话框，如图 5-5 所示，直方图下方黑色、灰色、白色的滑块分别代表暗调（黑场）、中间调（灰场）和亮调（白场）。将白色滑块往左拖动，图像的亮调区域增大，图像变亮；将黑色滑块往右拖动，图像的暗调区域增大，图像变暗；灰色滑块代表中间调，向左拖动使中间调变亮，向右拖动使中间调变暗。调整后的图片效果和“色阶”对话框如图 5-6 和 5-7 所示。

图 5-4　曝光不足的照片

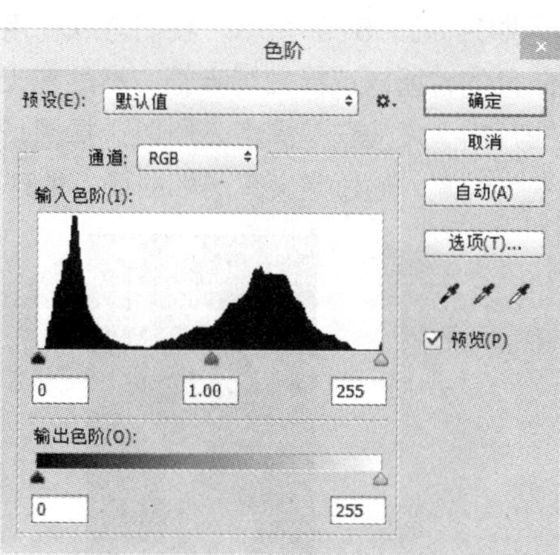

图 5-5　“色阶”对话框

图 5-6　调整后的照片

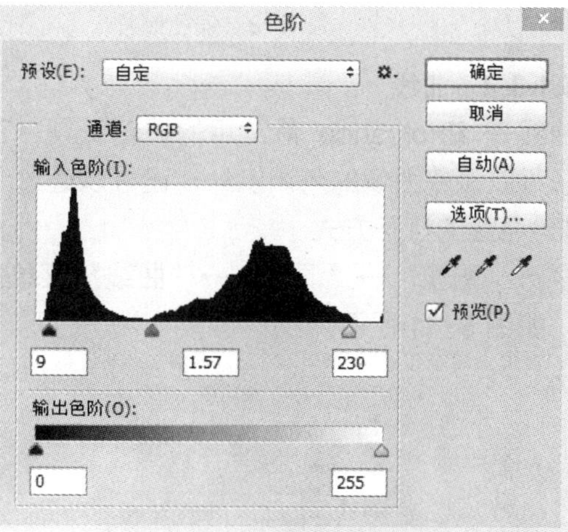

图 5-7　“色阶”对话框

色阶可以处理曝光不足的照片，同理，通过对暗部、灰部和亮部的调整，也可以处理曝光过度的照片或者照片偏灰、对比度不强的照片。

4．利用色阶处理照片偏色

色阶右下角位置有三个吸管，分别设置黑场、灰场和白场，如图 5-8 所示。选择吸管，然后在图像中单击，可以把单击处的像素及其同等亮度的像素变为纯黑、纯灰、纯白。在这个操作过程中，颜色可能会有所变化，所以也可以用来处理图片的偏色问题。

图 5-8　黑场、灰场、白场吸管

偏色照片如图 5-9 所示，我们可以利用黑场和白场来处理偏色问题。图片中树后面的天空应该是白色的，所以选择白场吸管，然后在天空处单击，使天空及和天空亮度值一样的颜色变成纯白；图片中头发应该是黑色，所以选择黑场吸管，在头发处单击，使头发及和头发亮度值一样的颜色变为纯黑，通过定义黑场和白场，处理偏色问题，最终效果图如图 5-10 所示。

图 5-9　偏色照片

图 5-10　正常颜色的照片

5.1.3.2　曲线

曲线是 Photoshop 最常用的调整工具，它和色阶一样可以调整图像的色调，但是，曲线除了可以调整图像的色调以外，还可以通过个别通道，调整图像的色彩。

1．曲线的打开方式

执行“图像”→“调整”→“曲线”菜单命令，或按【Ctrl+M】组合键调出“曲线”对话框，如图 5-11 所示。

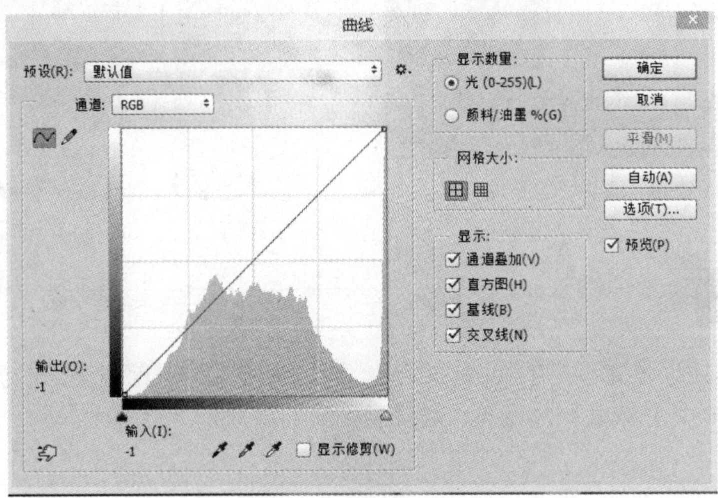

图 5-11　“曲线”对话框

2．通过曲线调整图像的色调

观察图 5-12，不难发现一些规律，将曲线向上拉，照片亮度提高，曲线向下拉，照片亮度降低，S 形曲线可增强对比度，反 S 形曲线降低对比度。

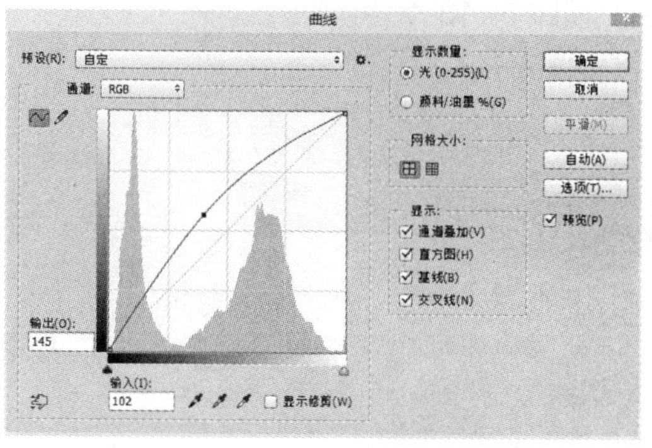

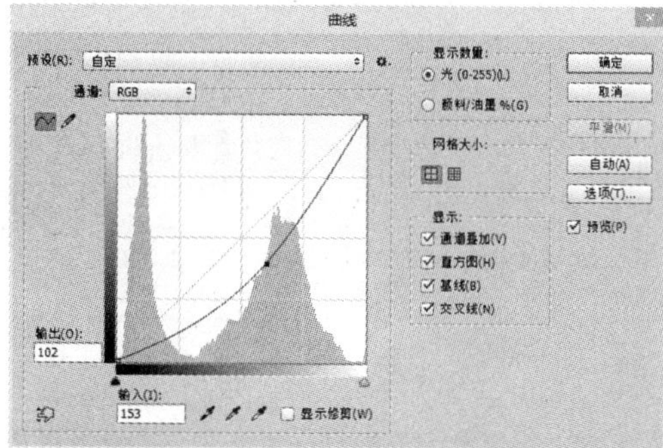

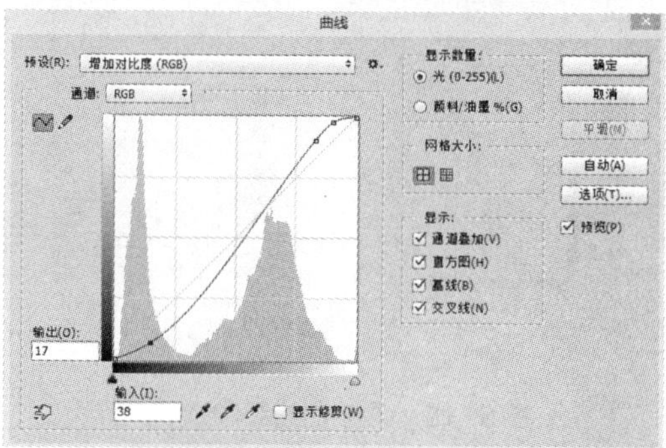

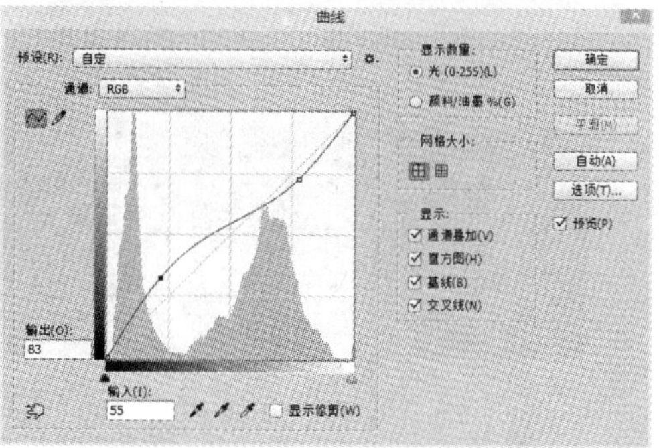

图 5-12 曲线调整

3. 通过曲线调整图像的颜色

与“色阶”对话框一样，“曲线”也可以调整图像的整体色调。但是“曲线”的功能更加强大，它还可以通过各个颜色通道对图像颜色进行精确的调整。以 RGB 模式为例，“曲线”对话框中可以选择红通道、绿通道、蓝通道，如图 5-13 所示。

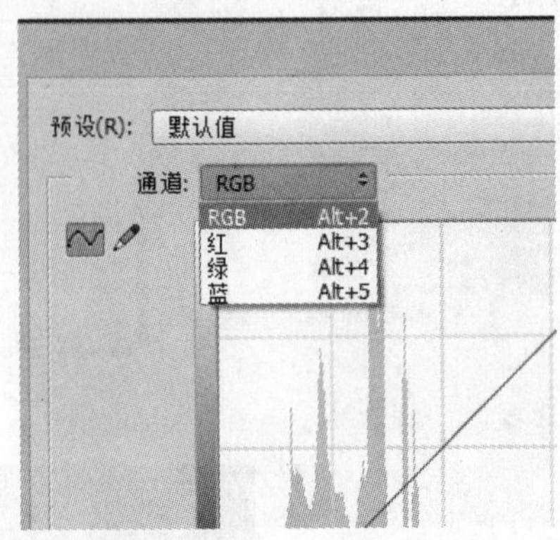

图 5-13　曲线通道

当我们选择红色通道时，曲线向上，图像的红色增多，曲线向下，图像的青色增多，如图 5-14 和图 5-15 所示；当我们选择绿色通道时，曲线向上，图像的绿色增多，曲线向下，图像的洋红色增多，如图 5-16 和图 5-17 所示；当我们选择蓝色通道时，曲线向上，图像的蓝色增多，曲线向下，图像的黄色增多，如图 5-18 和图 5-19 所示。

图 5-14　图像偏红

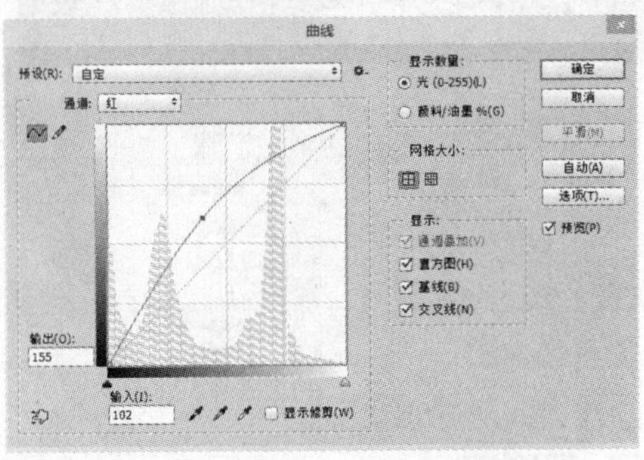

图 5-15　调整曲线红通道

图 5-16　图像偏绿

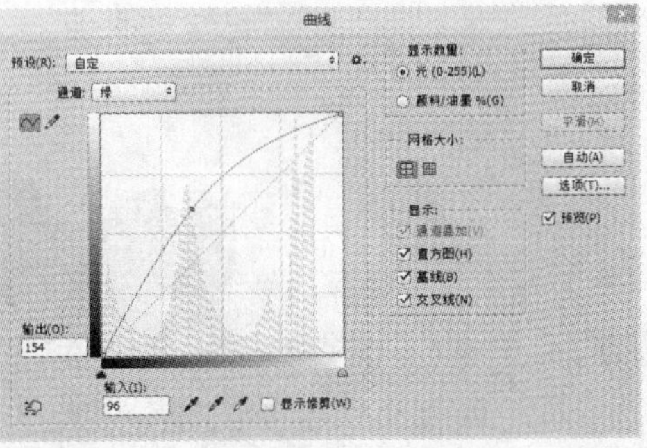

图 5-17　调整曲线绿通道

图 5-18　图像偏蓝

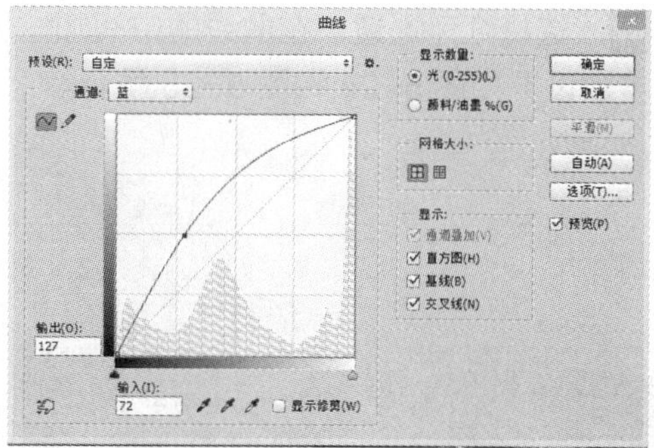

图 5-19　调整曲线蓝通道

【例 5-1】 利用曲线调整黄金色的日落照片。

原图分析：原照片未经处理，照片颜色比较暗淡，日落效果不明显，如图 5-20 所示。我们可以通过曲线来调整图像的色调，让图像呈现金黄色的日落效果，效果如图 5-21 所示。

图 5-20　原图

图 5-21　效果图

01 执行“图像”→“调整”→“曲线”命令，或按组合键【Ctrl+M】，可打开“曲线”对话框，选择 RGB 通道，在曲线的中间加一个点往上拉，让曲线的弧度向上，整体调亮图片的颜色，由于图片亮度区域太亮，所以把右上角的点往下边拖动，压暗亮部，效果和参数设置如图 5-22 和图 5-23 所示。

图 5-22　调整图像亮度

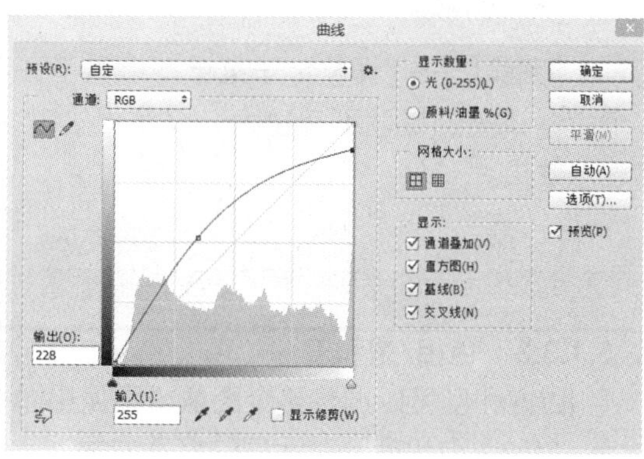

图 5-23　“曲线”参数设置

02 选择红色通道，在曲线的中间加一个点往上拉，让曲线的弧度向上，增加红色，效果和参数设置如图 5-24 和图 5-25 所示。

图 5-24 图像增加红色

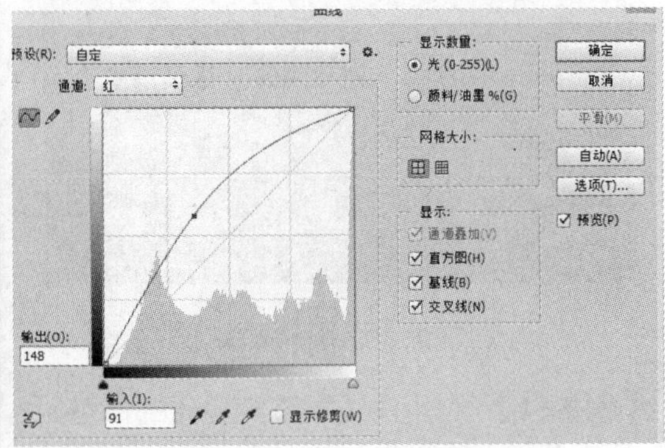

图 5-25 “曲线”参数设置

03 选择蓝色通道，在曲线的中间加一个点往下压，让曲线的弧度向下，减少蓝色，相当于给图片增加黄色，效果和参数设置如图 5-26 和图 5-27 所示。

图 5-26 图像增加黄色

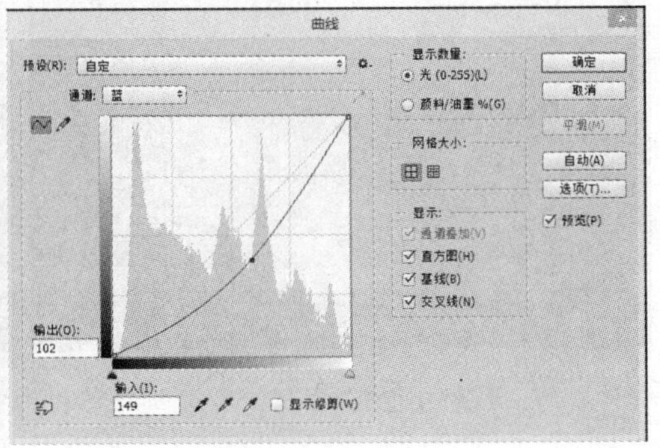

图 5-27 “曲线”参数设置

“图像”→“调整”子菜单下提供了许多图像调整的命令，建议在调整过程中，每个命令调整的幅度不宜过大，以免损失过多的细节，可通过多个命令多次调整，达到理想效果。

5.1.3.3 色相/饱和度

色相/饱和度可以调整整个图像或图像中单个颜色成分的色相、饱和度和明度。

1．“色相/饱和度”对话框的打开方式

执行“图像”→“调整”→“色相/饱和度”菜单命令，或按组合键【Ctrl+U】，可打开

“色相/饱和度”对话框，如图 5-28 所示。

色相/饱和度

预设(E): 默认值

确定

取消

全图

色相(H): 0

饱和度(A): 0

明度(I): 0

着色(O)

预览(P)

图 5-28　“色相/饱和度”对话框

2．利用色相/饱和度调整图像的颜色

在“色相/饱和度”对话框中，拉动“色相”的三角形滑块，可以改变图像的颜色。图 5-29 中，图片的各种颜色变化，便是通过此方法实现的。

图 5-29　不同色相

3．利用色相/饱和度调整图像的饱和度

在“色相/饱和度”对话框中，拉动“饱和度”的三角形滑块，可以改变图像的饱和度。当滑块在最右边时，图像的饱和度最高；当滑块在最左边时，图像为黑白照片。图 5-30 为一张图片的不同饱和度。

图 5-30　不同饱和度

4．利用色相/饱和度调整图像的明度

在“色相/饱和度”对话框中，拉动“明度”的三角形滑块，可以改变图像的明度。调整明度，图像会整体变亮或整体变暗，相当于在图片中加入不同分量的黑色或白色。当滑块在最右边，图像变成纯白色，当滑块在最左边，图像变成纯黑色，图 5-31 为一张图片的不同明度。

图 5-31　不同明度

5．“编辑”下拉菜单的使用

在“编辑”下拉菜单中可以选择“全图”或其他颜色选项，当选择“全图”时，是对图像中的所有颜色进行调整，选择某一种颜色时，是对图像中某一种颜色进行调整。选择“全图”时，也可以利用对话框右下角的吸管吸取图像中的颜色，对吸取的颜色进行色相/饱和度的调整。

【例 5-2】 改变图像中花朵的颜色。

原图分析：原图为粉红色的月季花，如图 5-32 所示。我们可以通过色相/饱和度来调整图像中花朵的颜色，把花朵调整为黄色的月季。为了得到理想的效果，需要通过“编辑”选框，选择某一种颜色进行单独调整，调整后的花的效果如图 5-33 所示。

图 5-32　原图

图 5-33　效果图

01 调整花心的颜色。打开图片“月季花”，执行“图像”→“调整”→“色相/饱和度”菜单命令，或按组合键【Ctrl+U】，打开“色相/饱和度”对话框，在下拉菜单中选择

“红色”，色相滑块向右拖动，注意观察图像中花朵颜色的变化，让花心部分呈现黄色，效果和参数设置如图 5-34 和图 5-35 所示。

图 5-34　调整花心的颜色

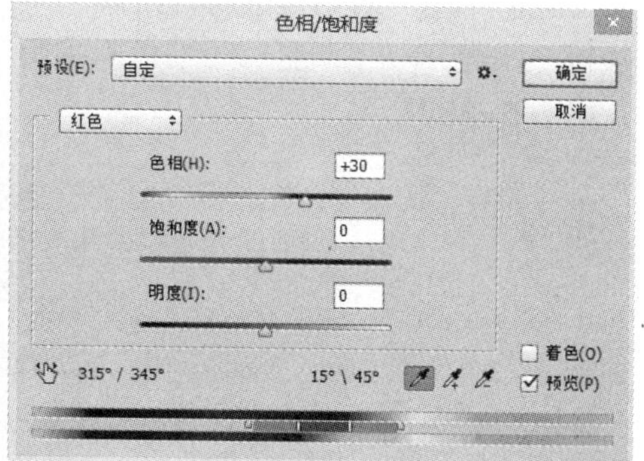

图 5-35　参数设置

02　在下拉菜单中选择选择“洋红”， 色相滑块向右拖动，注意观察图像中花朵颜色的变化，让整朵花都呈现出黄色，最终效果和参数设置如图 5-36 和图 5-37 所示。

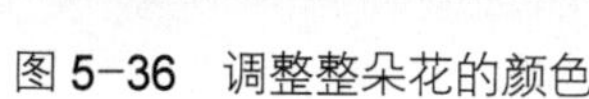

图 5-36　调整整朵花的颜色

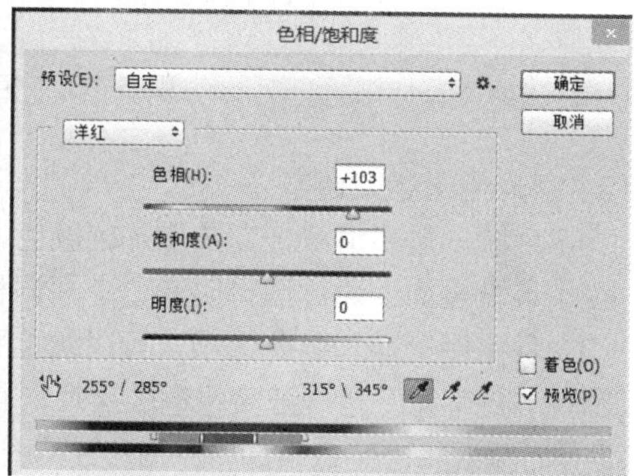

图 5-37　参数

当给一张黑白照片执行“色相/饱和度”菜单命令时，需要勾选“着色”复选框，才能给图片上色。

5.1.3.4　色彩平衡

“色彩平衡”命令可以更改图像的总体颜色混合，并且在暗调区、中间调区和高光区通过控制各个单色的成分来平衡图像的色彩。

在使用 Photoshop“色彩平衡”命令前要了解互补色的概念，这样可以更快地掌握“色彩平衡”命令的使用方法。所谓“互补”，就是 Photoshop 图像中一种颜色成分的减少，必然导致它的互补色成分的增加，绝不可能出现一种颜色和它的互补色同时增加的情况；另外，每一种颜色可以由它的相邻颜色混合得到（例如：绿色的互补色洋红色是由绿色和红色重叠混合而成，红色的互补色青色是由蓝色和绿色重叠混合而成）。

1．“色彩平衡”对话框的打开方式

执行“图像”→“调整”→“色彩平衡”，或按组合键【Ctrl+B】，打开“色彩平衡”对话框，如图 5-38 所示。

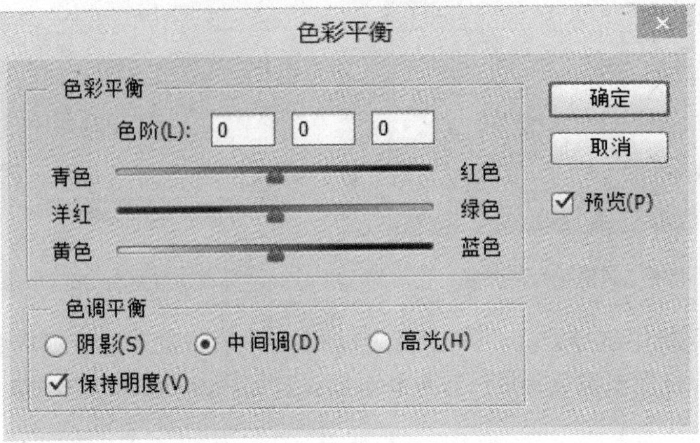

图 5-38 “色彩平衡”对话框

2．色彩平衡参数调整

（1）色阶：可将滑块拖向要增加的颜色，或将滑块拖离要减少的颜色。

（2）色调平衡：通过选择阴影、中间调和高光可以控制图像不同色调区域的颜色平衡。

（3）保持明度：勾选此选项，可以防止图像的亮度值随着颜色的更改而改变。

图片“野菊花”是一张黄绿调的照片，通过调整“色彩平衡”，可以快速地把图片的绿色去掉，照片呈现一片金黄色调，原图和效果图如图 5-39 和图 5-40 所示，参数调整如图 5-41 所示。

图 5-39 原图

图 5-40 金黄调

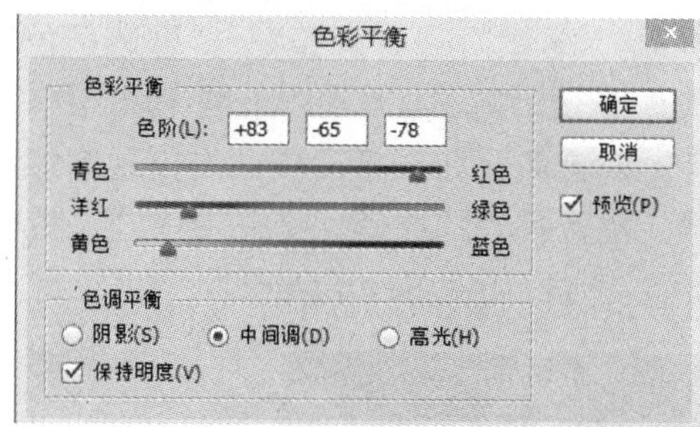

图 5-41　参数调整

5.1.3.5　可选颜色

“可选颜色”命令可以有选择地修改任何主要颜色中的印刷色数量，而不会影响其他主要颜色。选中相应的颜色，然后通过调整该颜色内各个色相参数，达到调整图像色彩的效果。

1．可选颜色的打开方式

执行“图像”→“调整”→“可选颜色”菜单命令，打开“可选颜色”对话框，如图 5-42 所示。

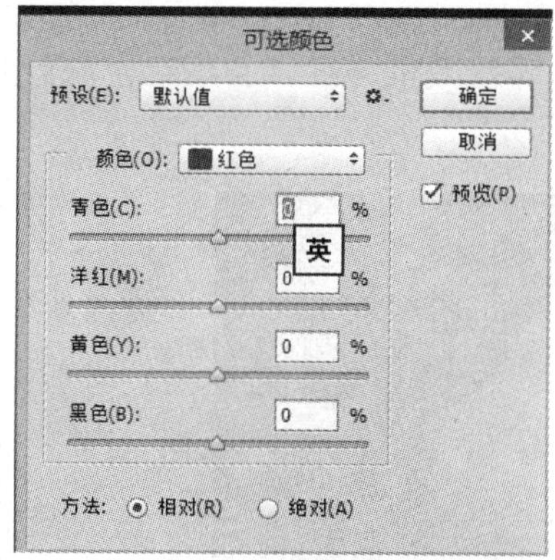

图 5-42　“可选颜色”对话框

2．可选颜色的色彩原理

“可选颜色”与“色阶”“色彩平衡”和“色相/饱和度”相比，它没有那么直观，如果不掌握色彩基础知识，在调整的过程中往往一头雾水，下面通过一个实验来详细讲解“可选颜色”中各个调整色分别代表什么。

在黑色的背景上面新建三个图层，每个图层放置一个颜色圆，分别为红、绿、蓝，更改它们的混合模式为“叠加”，效果如图 5-43 所示。

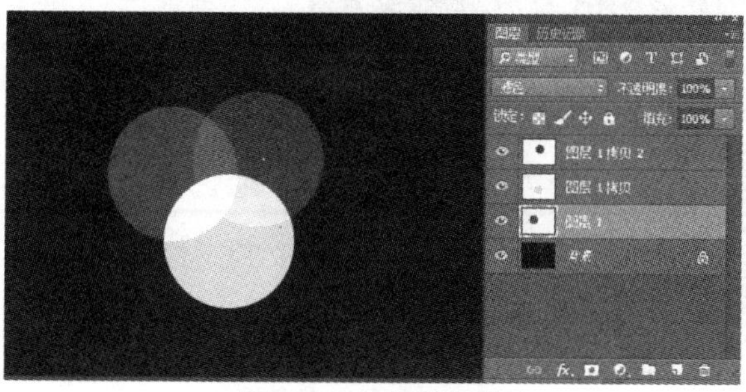

图 5-43　色彩实验

选择红色圆的图层，执行“图像”→“调整”→“可选颜色”，打开“可选颜色”对话框，选择“红色”颜色，拖动四个滑块，会得到以下结论。

（1）青色：青色是红色的对应色，如果把滑块向右拖动增加青色，红色是不是越来越黑了，那正是两个对应色混合，相互吸收的原理。拖动滑块向左减少青色，红色没有变化，因为在红色本色中就不含有青色，效果如图 5-44 所示。

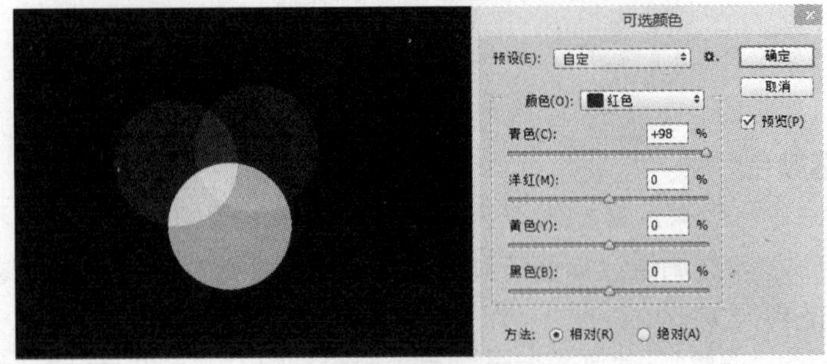

图 5-44　调整青色滑块

（2）洋红：红色是由洋红和黄色混合产生，这里的红色已经是 100%的纯红色，所以向右增加洋红，不会改变红色，向左减少洋红，会使红色部分越来越偏黄，降到-100，就变成纯黄色了，效果如图 5-45 所示。

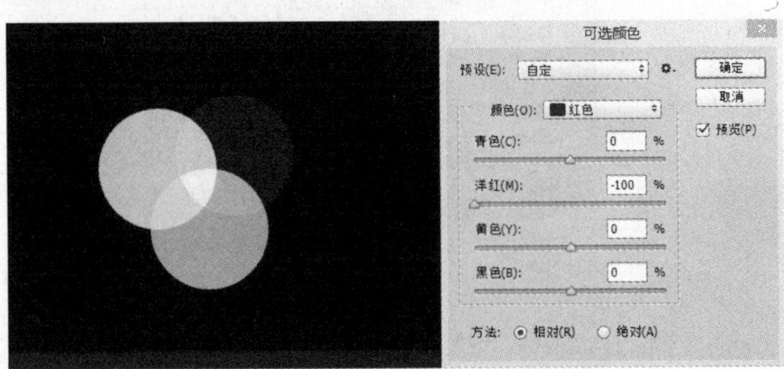

图 5-45　调整洋红滑块

（3）黄色：红色是由洋红和黄色混合产生，这里的红色已经是 100%的纯红色，所以向右增加黄色，不会改变红色，向左减少黄色，红色中包含的黄色减少，洋红相应会增加，这时红色部分越来越偏洋红，降到-100，就变成洋红了，效果如图 5-46 所示。

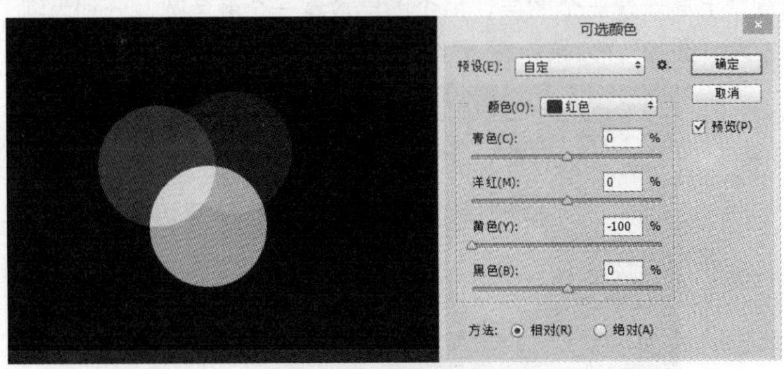

图 5-46　调整黄色滑块

（4）黑色：是调整红色的明度，左明右暗，将图 5-47 中黑色滑块向左拖动，提高红色的明度。

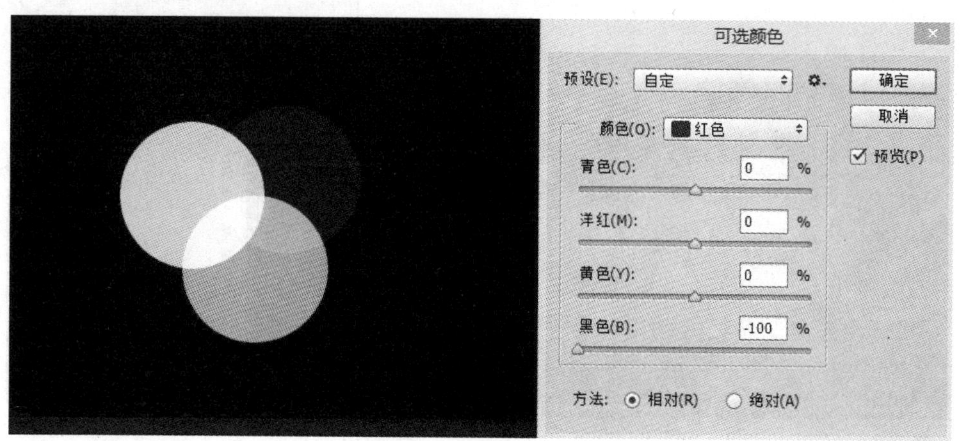

图 5-47　调整黑色滑块

5.1.3.6　照片滤镜

照片滤镜可以用来修正由于扫描、胶片冲洗、白平衡设置不正确造成的一些色彩偏差，用来还原照片的真实色彩，调节照片中轻微的色彩偏差，强调效果，突显主题，渲染气氛。

1．“照片滤镜”对话框的打开方式

执行“图像”→“调整”→“照片滤镜”菜单命令，打开“照片滤镜”对话框，如图 5-48 所示。

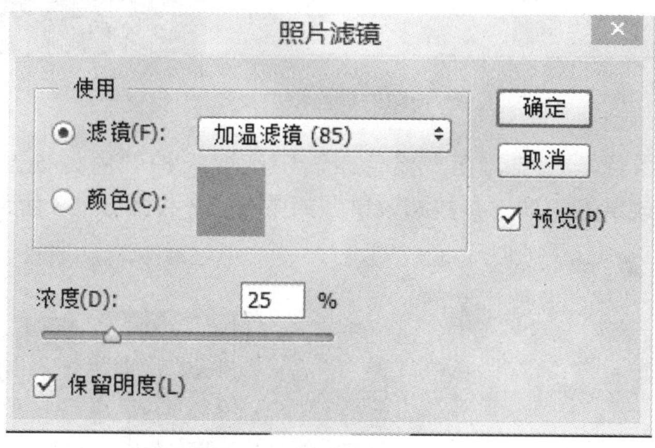

图 5-48　“照片滤镜”对话框

2．照片滤镜的应用

打开素材图片“樱花”，执行“图像”→“调整”→“照片滤镜”菜单命令，打开“照片滤镜”对话框，可以选择“滤镜”里面的任何一种滤镜，效果和参数设置如图 5-49 和图 5-50 所示。根据画面需要调整“浓度”，可调整图片的色彩，渲染气氛，突出主题，效果如图 5-51 所示。

图 5-49 效果

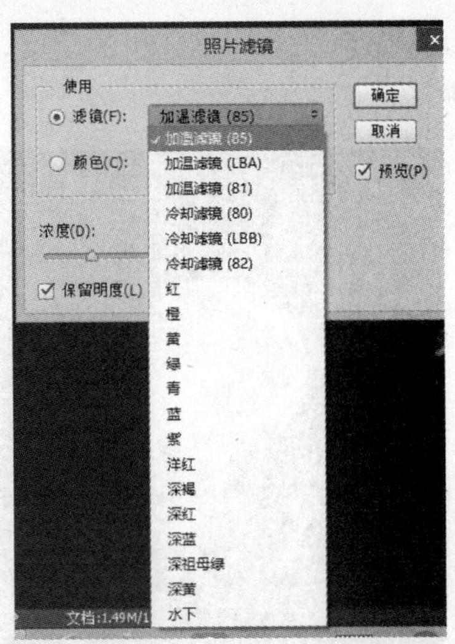

图 5-50 “照片滤镜”参数设置

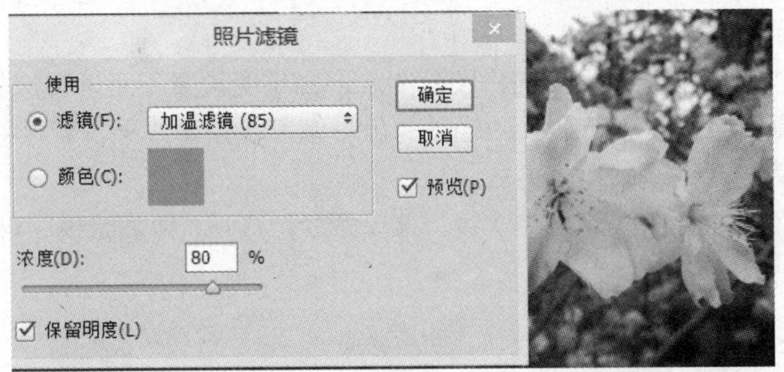

图 5-51 调整浓度及效果

也可以选择“颜色”选项，在“拾色器”中选取一种颜色，根据画面需要调整“浓度”，可以调出不同效果的色调。参数和效果图如图 5-52 和图 5-53 所示。

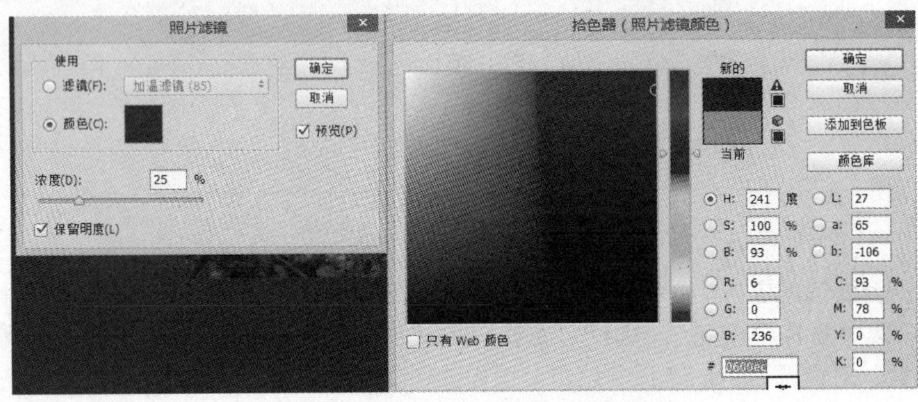

图 5-52 选择“颜色”选项

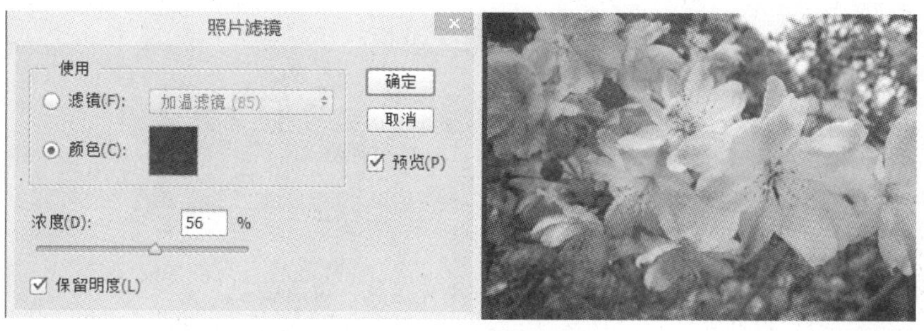

图 5-53　调整浓度及效果

【例 5-3】利用照片滤镜调出浪漫的紫色调。

原图分析：原照片是一张未经处理、色彩正常的照片，如图 5-54 所示。我们可以通过“照片滤镜”等色彩调整命令，改变图片的颜色，让图片呈现一片紫色的浪漫氛围，最终效果如图 5-55 所示。

图 5-54　原图

图 5-55　效果图

01　框选远处的树木。打开素材图片“湖景”，复制背景图层，选择“套索工具”，把图片远处的绿树选择出来，如图 5-56 所示；单击鼠标右键，在菜单中选择“羽化”，羽化值为“70”，如图 5-57 所示。

图 5-56　选择远处绿树区域

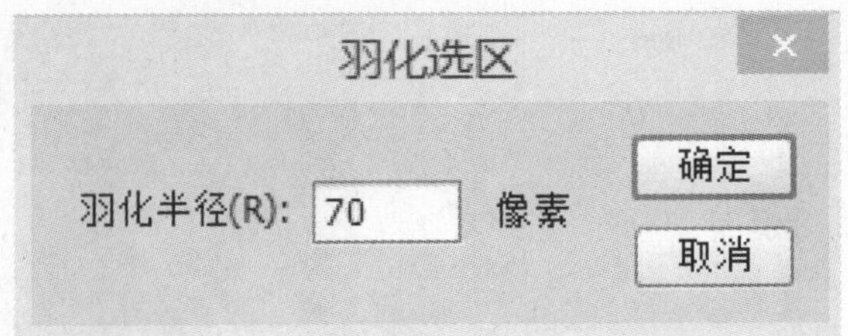

图 5-57 “羽化选区”对话框

02 给远处树木加上紫色调。执行“图像”→“调整”→“照片滤镜”菜单命令，选择“颜色”选项，在“拾色器”中选择颜色【# de00ec】，“浓度”调为 100%，参数设置和效果如图 5-58 和图 5-59 所示。

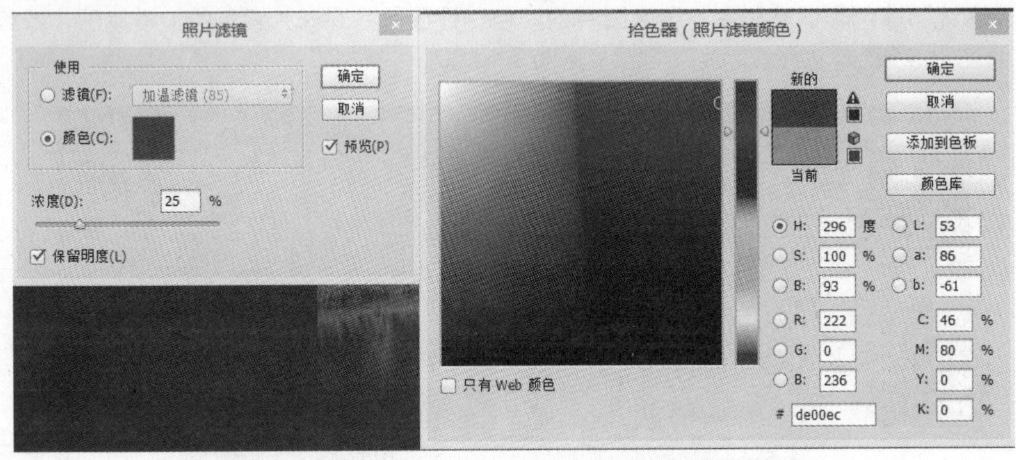

图 5-58 添加紫色照片滤镜参数设置

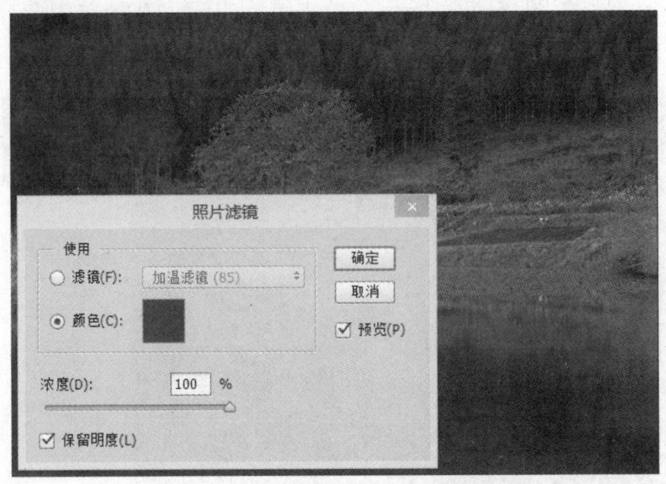

图 5-59 调整浓度参数设置及效果

03 框选中间区域的景色。按【Ctrl+D】组合键取消选区，选择“套索工具”，把图片中间的景色框选出来，在菜单中选择“羽化”，羽化值为“70”，效果如图 5-60 所示。

图 5-60　选择选区

04 调整中景的色调。执行“图像”→“调整”→“照片滤镜”菜单命令，选择“加温滤镜”选项，浓度调为“100%”，效果如图 5-61 所示。

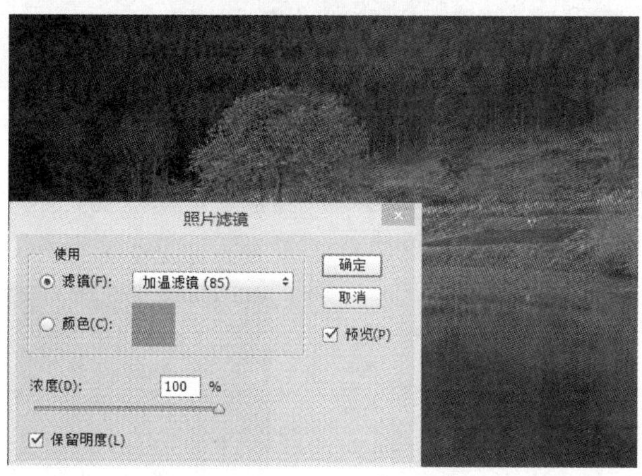

图 5-61　添加“加温滤镜”

05 框选近处的湖景。按【Ctrl+D】组合键取消选区，选择“套索工具”，把图片近处的湖景选择出来，如图 5-62 所示。单击鼠标右键，在菜单中选择“羽化”，羽化值为“70”。

图 5-62　选择选区

06 给近处湖景加上紫色调。执行“图像”→“调整”→“照片滤镜”菜单命令，选择“颜色”选项，在“拾色器”中选择颜色【# 001cec】，“浓度”调为 80%，按【Ctrl+D】组合键取消选区，效果如图 5-63 所示。

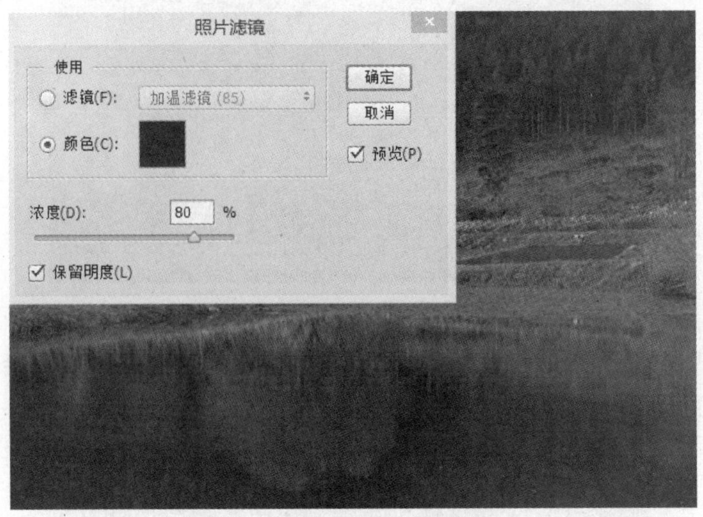

图 5-63　添加蓝色照片滤镜

07 执行“图像”→“调整”→“色彩平衡”菜单命令，对中间调的颜色进行调整，参数设置和最终效果如图 5-64 和图 5-65 所示。

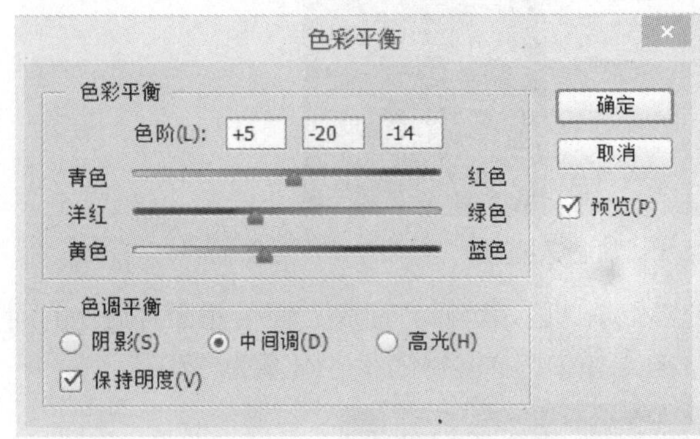

图 5-64　“色彩平衡”参数设置

图 5-65　最终效果

5.1.3.7　匹配颜色

“匹配颜色”命令可以将两个图像或图像中的两个图层的颜色和亮度相匹配，使其颜色色调和亮度协调一致；其中被调整修改的图像称为“目标图像”，而要采样的图像称为“源图像”。如果希望不同的照片中的颜色看上去一致，或者当一个图像中特定元素的颜色（如肤色）必须与另一个图像中某个元素的颜色相匹配时，该命令非常有用。

1．“匹配颜色”对话框的打开方式

执行“图像”→“调整”→“匹配颜色”菜单命令，打开“匹配颜色”对话框，如图 5-66 所示。

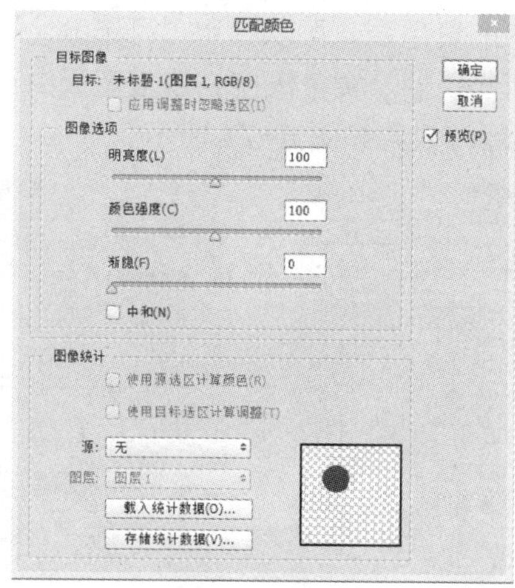

图 5-66　“匹配颜色”对话框

2．“匹配颜色”的应用

分别打开“月季花”和“风光图片”两张图片，如图 5-67 和图 5-68 所示，将“月季花”图片中的颜色和亮度值应用到“风光图片”中。

图 5-67　月季花

图 5-68　风光图片

选择“风光图片”为当前图像窗口，执行“图像”→“调整”→“匹配颜色”命令，打开“匹配颜色”对话框，在“源”下拉列表中选择“月季花.jpg”文件（下边的“图层”选项的意思是，如果所选的“源”图像有多个图层，选择使用哪个图层的颜色和亮度值与“目标”图像匹配）。调整“图像选项”中的“明亮度”“颜色强度”“渐隐”参数。这样，我们便把图片“月季花”的颜色和亮度值匹配到“风光图片”中去了，参数设置和效果如图 5-69 所示。

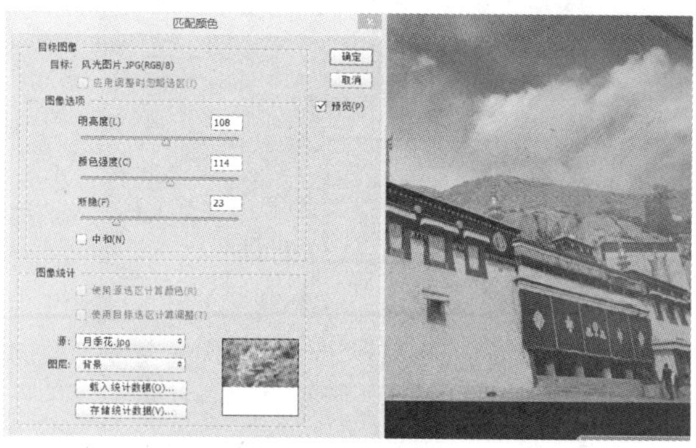

图 5-69　匹配颜色参数设置与效果

这时，如果想去掉天空中的黄色调，可以利用“可选颜色”，调整“青色”和“白色”，可以滤除由于“匹配颜色”而出现的灰黄色天空，恢复蓝天白云的效果，可选颜色的参数如图 5-70 所示，调整后的风景图片效果如图 5-71 所示。

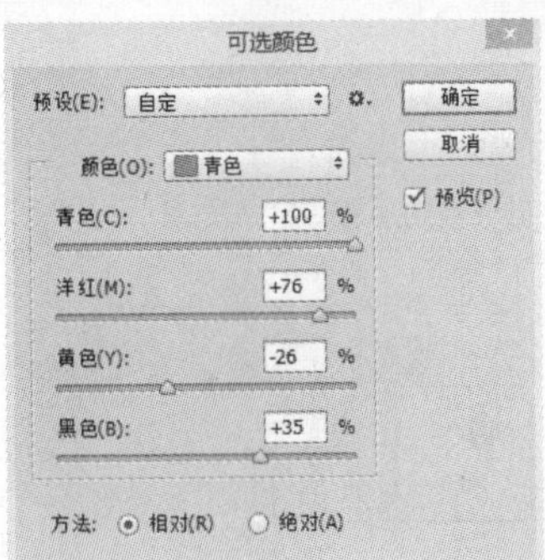

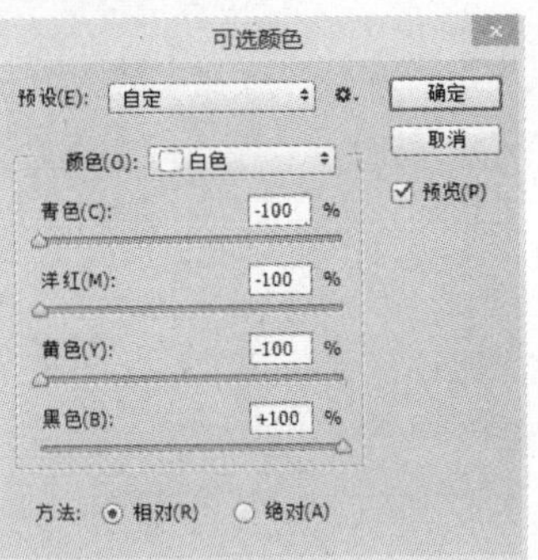

图 5-70　可选颜色参数

图 5-71　最终效果

5.1.3.8　通道混和器

“通道混和器”命令可以调整某一个通道中的颜色成分。通道混和器只在图像色彩模式为 RGB、CMYK 时才起作用，在图像色彩模式为 LAB 或其他模式时，不能进行操作。

1．“通道混和器”对话框的打开方式

执行“图像”→“调整”→“通道混和器”菜单命令，打开“通道混和器”对话框，如图 5-72 所示。

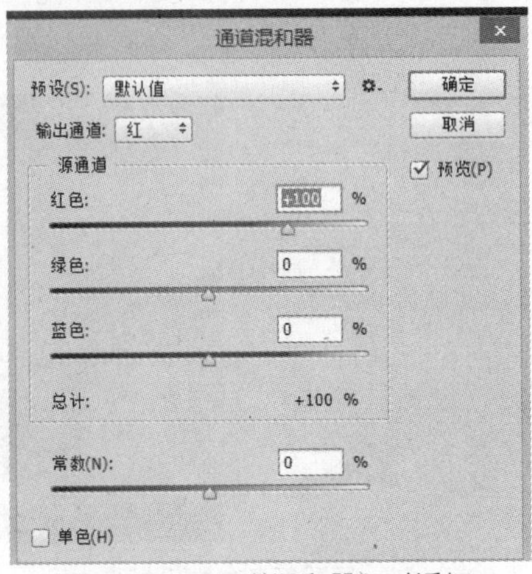

图 5-72　“通道混和器”对话框

2．通道混和器的参数

（1）输出通道：可以选取要在其中混合一个或多个源通道的通道。

（2）源通道：拖动划块可以减少或增加源通道在输出通道中所占的百分比，或在文本框中直接输入-200～+200 之间的数值。

（3）常数：该选项可以将一个不透明的通道添加到输出通道，若为负值视为黑通道，正值视为白通道。

（4）单色：勾选此选项对所有输出通道应用相同的设置，创建该色彩模式下的灰度图。

3．通道混和器的色彩原理

通道混和器可以调整某一个通道中的颜色成分。以 RGB 颜色模式为例，RGB 颜色模式有红、绿、蓝三个通道，这三个通道包含的色彩信息混合成图像的色彩信息。每种颜色都是由这三种颜色混合而来的。比如“红＋绿=黄”，“绿＋蓝=青”，“红＋蓝=品红”，“红+绿+蓝=白”，“红、绿、蓝数值都为零=黑色”。“通道混和器”就是利用这个特点来调整图像的整体色彩。图 5-73 为红、绿、蓝三原色，执行“图像”→“调整”→“通道混和器”菜单命令，打开“通道混和器”对话框，观察一下输出通道选择的是“红”，你会看到只有红色数值为 100，如图 5-74 所示，说明红色通道里有数值 100 的红色信息；在“通道混和器”对话框中“输出通道”选择“绿”，会看到只有绿色数值为 100，如图 5-75 所示，说明绿色通道里有数值 100 的绿色信息；“通道混和器”对话框中“输出通道”选择“蓝”，会看到只有蓝色数值为 100，如图 5-76 所示，说明蓝色通道里有数值 100 的蓝色信息。

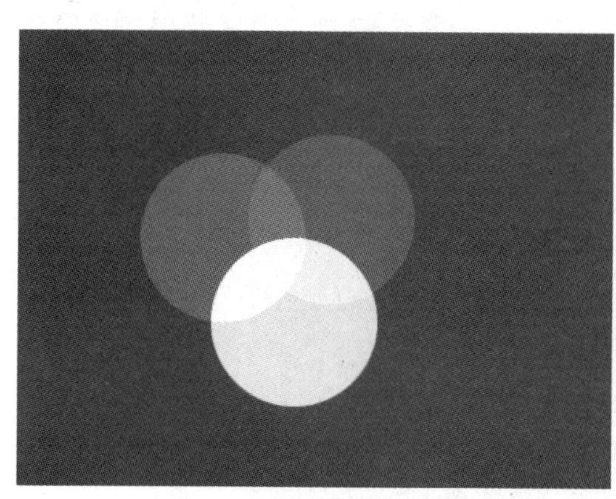

图 5-73　红、绿、蓝三原色

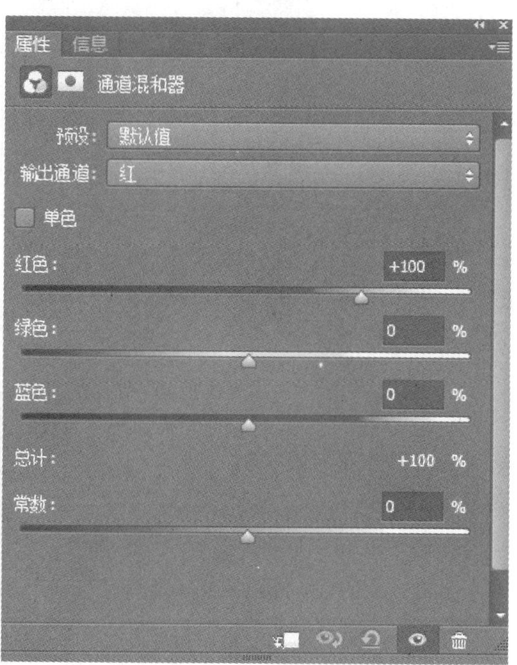

图 5-74　红色通道参数

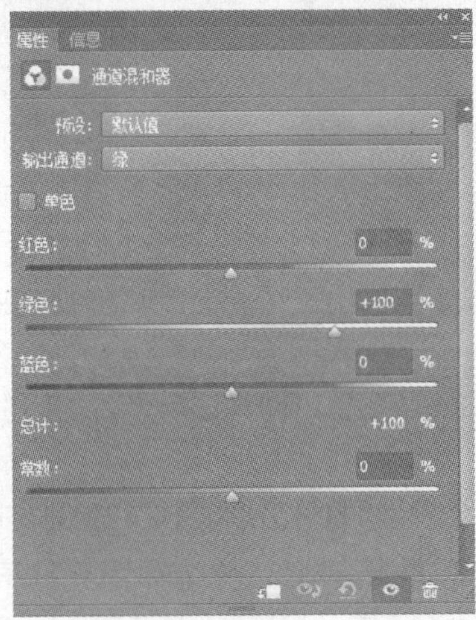

图 5-75　绿色通道参数

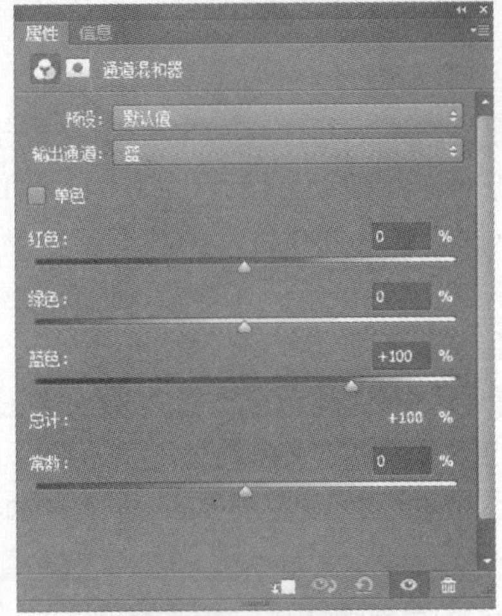

图 5-76　蓝色通道参数

如果把红、绿、蓝色通道的所有滑块分别移动到 0，显示的图像为黑色，如图 5-77 所示。

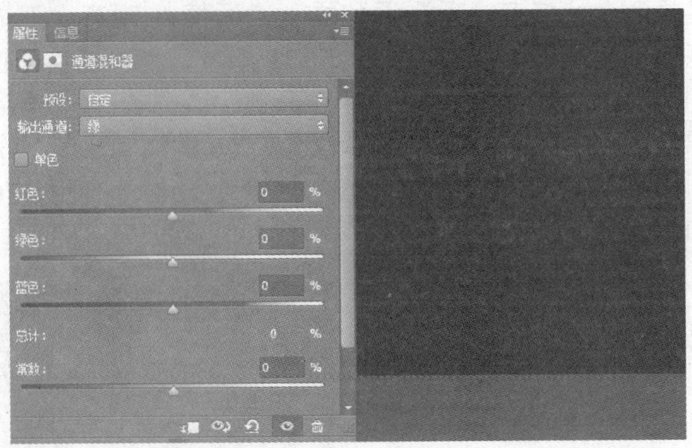

图 5-77　调整红、绿、蓝色通道

图像恢复到初始状态，“输出通道”选为“红”，把源通道里面绿色通道滑块移动为 100%，图像色彩变了，原来的绿色变为黄色，也就是“红色+绿色=黄色”，即“红色”通道里添加了 100%的绿色，结果在图像中显示的就是黄色，如图 5-78 所示。

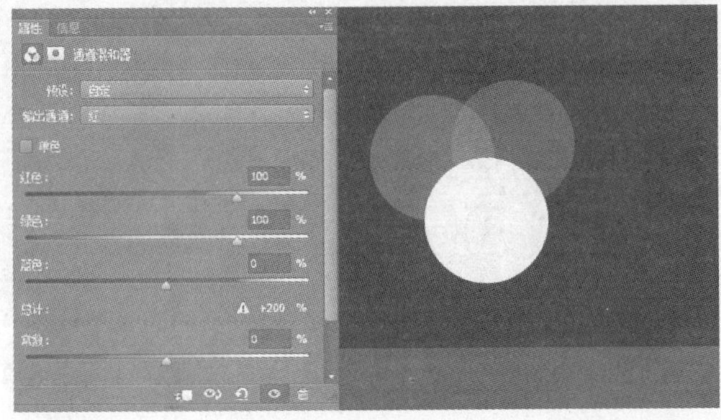

图 5-78　调整红色通道

图像恢复到初始状态，“输出通道”选为“红”，把源通道里面蓝色通道滑块移动为 100%，这时，原来的蓝色变为品红，也就是“红色+蓝色=品红”，即“红色”通道里添加了 100%的蓝色，结果在图像中显示的就是品红，如图 5-79 所示。

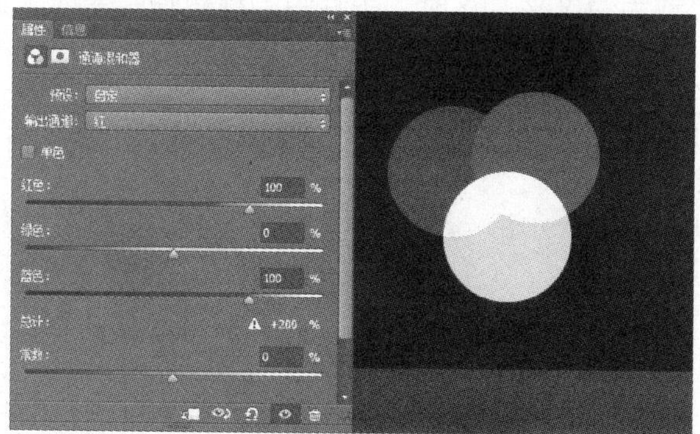

图 5-79　调整红色通道

图像恢复到初始状态，“输出通道”选为“绿”，把源通道里面蓝色通道滑块移动为 100%，这时，原来的蓝色变为青色，也就是“绿色+蓝色=青色”，即“绿色”通道里添加了 100%的蓝色，结果在图像中显示的就是青色，如图 5-80 所示。

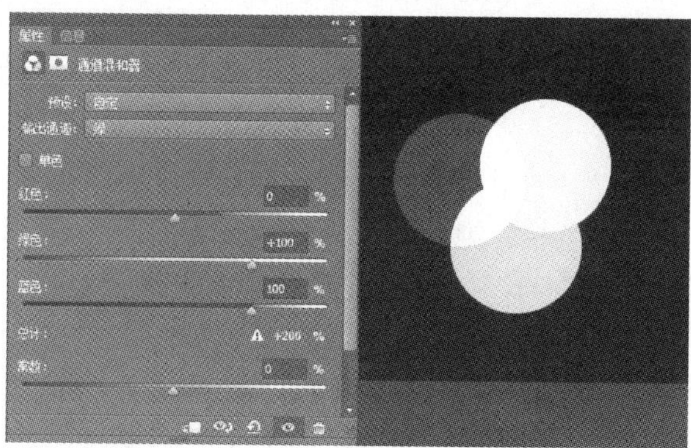

图 5-80　调整绿色通道

4．利用通道混和器制作秋天暖色照片

理解了通道混和器色彩的工作原理，我们可以轻而易举地把夏天绿油油的景色瞬间变成金色秋天的效果，如图 5-81 所示。

图 5-81　效果图

打开图片“山色”，执行“图像”→“调整”→“通道混和器”菜单命令，调出“通道混和器”对话框，根据“红色+绿色=黄色”的原理，将“输出通道”选为“红”色，把源通道里面绿色通道滑块移动为 100%，这时，图片中的绿树瞬间变成了金黄色。参数和效果如图 5-82 所示。

图 5-82　调整“通道混合器”参数及效果

5.1.3.9　其他色彩

Photoshop 还提供了其他的一些色彩调整命令，对于这些命令不再详细介绍，只采取简述的形式。

（1）替换颜色。

“替换颜色”是通过调整色相、饱和度和亮度参数将图像中指定区域的颜色替换成其他颜色。相当于“色彩范围”命令与“色相/饱和度”命令的综合运用。

（2）渐变映射。

渐变映射可以将相等的图像灰度范围映射到指定的渐变填充色；比如指定双色渐变填充，将图像中的阴影映射到渐变填充的一个端点颜色，高光映射到另一个端点颜色，而中间调映射到两个端点颜色之间的渐变。

（3）亮度/对比度。

主要用作调节图像的亮度和对比度。利用它可以对图像的色调范围进行简单调节。

（4）曝光度。

曝光度是用来控制图片色调强弱的工具。跟摄影中的曝光度有点类似，曝光时间越长，照片就会越亮。曝光度设置面板有三个选项可以调节：曝光度、位移、灰度系数校正。曝光度用来调节图片的光感强弱，数值越大图片会越亮。位移用来调节图片中灰度数值，也就是中间调的明暗。灰度系数校正是用来减淡或加深图片灰色部分，可以消除图片的灰暗区域，增强画面的清晰度。

（5）黑白。

黑白命令是专门用于制作黑白照片和黑白图像的工具，简单来说，就是控制每一种颜色的色调深浅，当然，还可以为灰色着色，使图像呈现单色效果。

（6）反相。

将图像中的色彩转换为反转色，白色转为黑色，红色转为青色，蓝色转为黄色等。效果类似于普通彩色胶卷冲印后的底片效果。

（7）色调分离。

大量合并亮度，最小数值为 2 时合并所有亮度到暗调和高光两部分，数值为 255 时相当于没有效果。此操作可以在保持图像轮廓的前提下，有效地减少图像中的色彩数量。

（8）阈值。

将图像转化为黑白 2 色图像(位图)，可以指定为 0～255 亮度中任意一级。使用时应反复移动色阶滑杆观察效果。一般设置在像素分布最多的亮度级上可以保留最丰富的图像细节。

（9）阴影/高光。

“阴影/高光”用来修改曝光过度和曝光不足的照片。

（10）去色。

相当于在色相/饱和度中将饱和度设为最低，把图层转变为不包含色相的灰度图像。

（11）色调均化。

将图像中最亮的部分提升为白色，最暗部分降低为黑色。这个命令会按照灰度重新分布亮度。使得图像看上去更加鲜明，因为是以原来的像素为准，因此它无法纠正色偏。

5.1.3.10　调整图层

图像的色彩调整除了可以通过执行“图像”→“调整”下拉菜单中的命令实现以外，还可以通过调整图层来实现。那什么是调整图层呢？它和前面讲的“图像”→“调整”下拉菜单中的各种调整命令有什么相同之处和不同之处呢？

调整图层是一种特殊的图层，它可以将颜色和色调调整等应用于图像，调整后的数据会保留在调整图层中，如果对调整的效果不满意，只需单击调整图层，弹出“调整图层“对话框，可以继续调整图像的色调，而且，只要隐藏或删除调整图层，便可以将图像恢复为原来的状态。它不会改变原图像的像素，因此，也不会对图像产生任何破坏。而使用“图像”→“调整”菜单中的调色命令来调图，虽然操作更加简单快捷，但是每次调整，图像的原始信息都会有一定的损失，不利于图像的反复调色。

创建一个调整图层，它会自带一个图层蒙版，可以控制图像调整的区域，即图像哪个地方不需要作用于调整图层，只需要在蒙版处用黑色擦除即可。而直接使用“图像”→“调整”下拉菜单中的各种调整命令，只能统一调整整张图片的色调。

如果我们只是需要简单地处理一下图片的颜色或色调，可以直接使用“图像”→“调整”下拉菜单中的各种调整命令来调整，操作方便快捷。如果图片需要更加复杂的颜色或色调的调整，建议使用调整图层，便于反复修改调整。

1. 创建调整图层

单击“图层”面板下方的按钮，下拉菜单中出现各种色彩调整命令，如图 5-83 所示。选择其中一个命令，可以创建一个调整图层，创建的调整图层在“图层”面板中如图 5-84 所示。

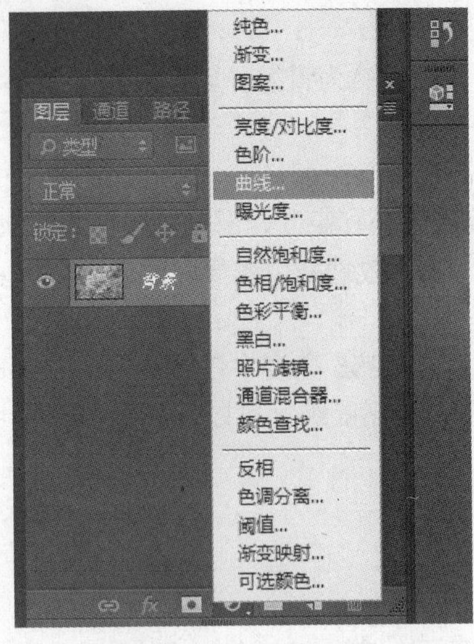

图 5-83　创建调整图层

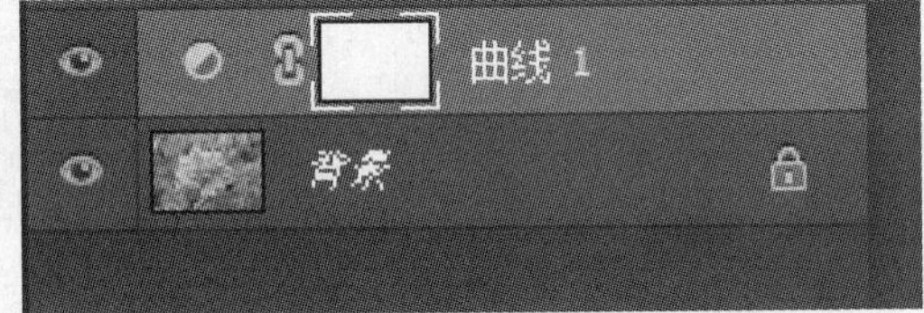

图 5-84　调整图层

2. 删除调整图层

选择调整图层，按【Delete】键，或者将调整图层拖动到“图层”面板底部的“删除图层”按钮 上，即可将其删除。

如果只想删除蒙版而保留调整图层，可以在调整图层的“图层蒙版缩览图”上单击鼠标右键，然后选择快捷菜单中的“删除图层蒙版”命令，即可将其删除。

5.1.4　案例实现

01　打开素材图片“风景 1”，复制背景图层。执行“滤镜”→“镜头矫正”命令，矫正图片的地平线，如图 5-85 所示。

图 5-85　原图

02 增强画面的整体艳丽度。创建“色阶”调整图层，分别调整黑、灰、白色滑块，参数和效果如图 5-86 所示。

图 5-86　色阶调整参数和效果

03 调整图像饱和度。创建“色相/饱和度”调整图层，向右拖动“饱和度”滑块，增强图片的整体饱和度。在编辑框中选择“红色”，向右拖动“饱和度”滑块，增强图像中红色的饱和度；在编辑框中选择“黄色”，向右拖动“饱和度”滑块，增强图像中黄色的饱和度。参数和效果图如图 5-87～图 5-90 所示。

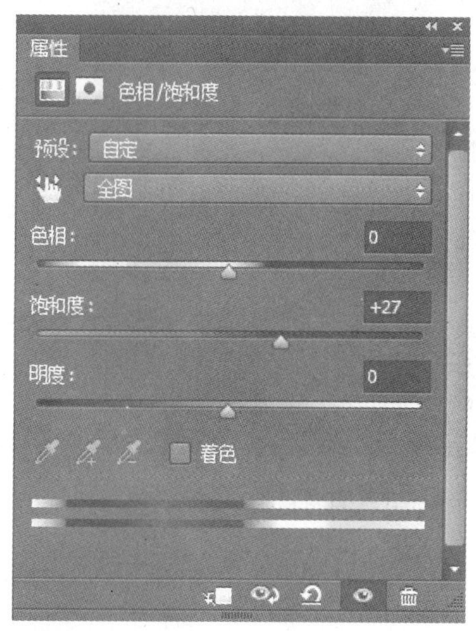

图 5-87　添加“色相/饱和度”调整图层

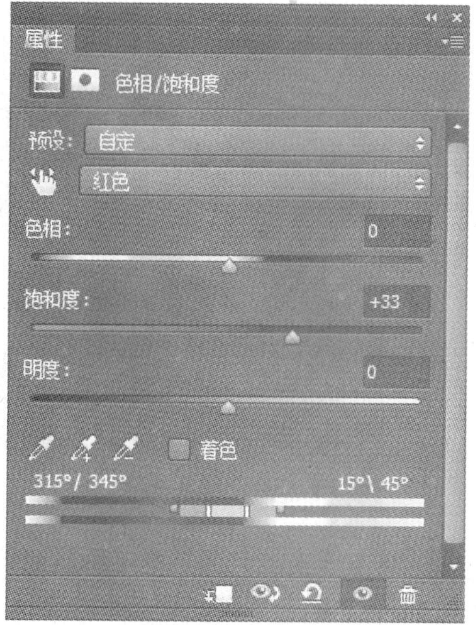

图 5-88　调整红色饱和度

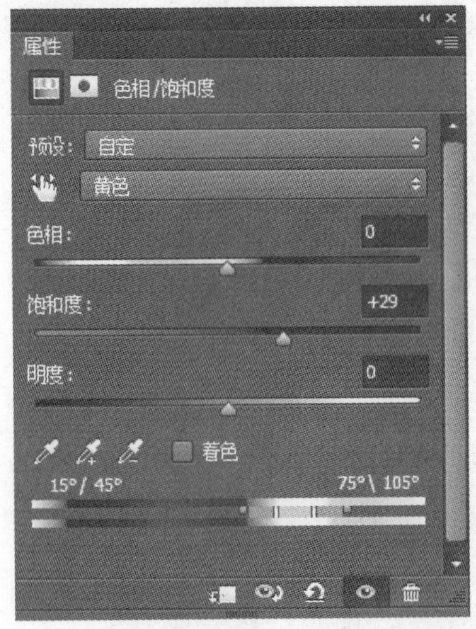

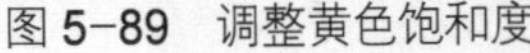

图 5-89　调整黄色饱和度　　图 5-90　调整后效果

04 为图片增加橙色色调。新建“照片滤镜”调整图层，滤镜选择“橙”，浓度调到 100%。参数及效果图如图 5-91 所示。

图 5-91　添加“照片滤镜”调整图层的参数及效果

05 恢复天空的色调。把“照片滤镜 1”图层的混合模式改为“叠加”。按【X】键复位前景色和背景色，选择渐变工具，选择“前景色到透明”的渐变形式，选择对称渐变，在“照片滤镜 1”的蒙版中，将天空区域填充为黑色，如图 5-92 所示。

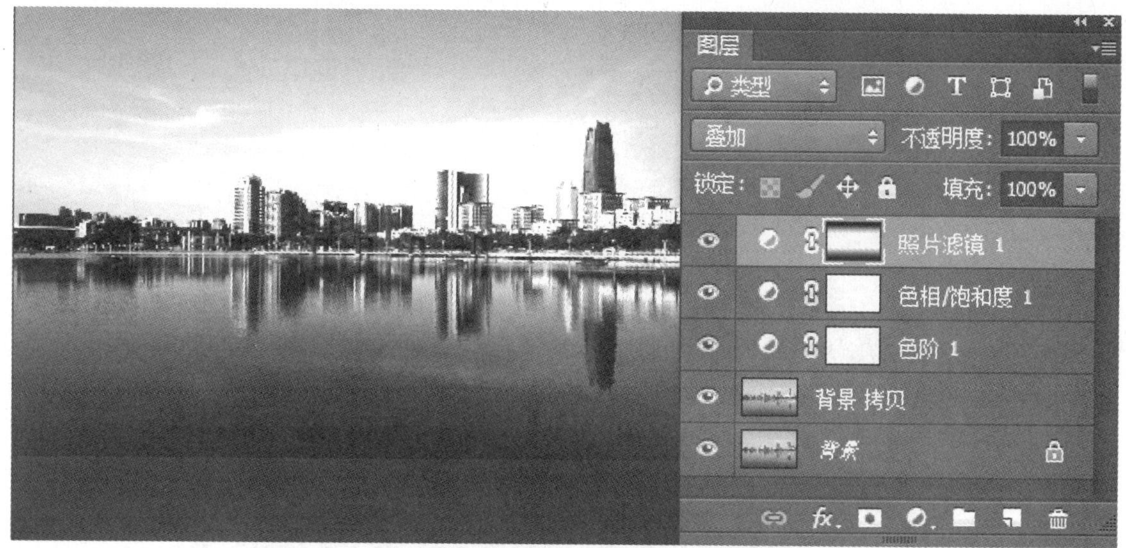

图 5-92　更改“照片滤镜”调整图层的混合模式

06　盖印图层，减少噪点和锐化。按【Ctrl+Alt+Shift+E】组合键，盖印图层，执行“滤镜”→“杂色”→“减少杂色”菜单命令，去掉一些因为色彩调整后出现的杂点；执行“滤镜”→“锐化”→“USM 锐化”菜单命令，增强画面的清晰度。最终效果如图 5-93 所示。

图 5-93　最终效果

5.1.5　案例拓展

本拓展案例为“昏暗的风景照片色彩美化处理”，原图曝光不足，画面灰暗且颜色单调，调整后的画面色彩饱满，对比度强，且呈现出夕阳西下的金黄色景象，视觉冲击力强。

原图和效果图如图 5-94 和图 5-95 所示。

图 5-94　原图

图 5-95　效果图

01 调整画面的色调和亮度。打开素材图片，复制背景图层。执行“图像”→“调整”→“曲线”菜单命令，对 RGB、红、通道进行调整，分别提亮图片，增加图片的红色调。

02 调整图片的对比度。新建“色阶”调整图层，调整黑、灰、白滑块，微调画面的对比度。

03 增强画面的红色调。新建“可选颜色”调整图层，分别对红色、黄色、绿色、白色进行调整，增强红色，营造日落的效果。

04 增强地平线周围的颜色鲜艳度。新建渐变调整图层，渐变颜色选择橙色到透明，对称样式，缩放 60%，让地平线周围的颜色更加鲜艳饱和。

05 微调色调。通过新建“亮度/对比度”“色相/饱和度”“渐变映射”等图层样式，微调图片的色彩和对比度。好的配色效果都是通过重复步骤来调配出最佳的效果，可以根据画面的需要调配出自己最喜欢的颜色。

06 减噪和锐化。按【Ctrl+Alt+Shift+E】组合键盖印图像，通过滤镜中的“减少杂色”和“USM 锐化”，降低图片的噪点，增加清晰度。

任务 2　人像脸部的修饰

5.2.1　案例效果

本案例“人像脸部的修饰”主要学习如何利用修饰工具美化人的脸部，使人像的皮肤更加光滑，五官更加分明。原图和效果图如图 5-96 和图 5-97 所示。

图 5-96　原图

图 5-97　效果图

5.2.2　案例分析

本案例原图中人物皮肤有些痘痘，肤色灰暗，眉毛、嘴巴和眼睛还不够精致，整体效果较普通。通过仿制图章等修补工具使脸部皮肤光滑，使眼睛更加清澈，眉毛更加修长，嘴巴边界分明。最后利用色彩调整，调整整体色调，使皮肤更加红润有光泽。

5.2.3　相关知识

5.2.3.1　仿制图章工具

“仿制图章工具”可以将一幅图像的选定点作为取样点，将该取样点周围的图像复制到同一图像或另一幅图像中。仿制图章工具是专门的修图工具，可以用来消除人物脸部斑点、背景部分不相干的杂物、填补图片空缺等，其快捷键为【J】。

选择“仿制图章”工具，在需要取样的地方按住【Alt】键取样，然后在需要修复的地方涂抹就可以快速消除污点，同时也可以在Photoshop 属性栏调节笔触的混合模式、大小、流量等更为精确地修复污点。

在使用“仿制图章工具”复制图像的过程中，复制的图像将一直保留在仿制图章上，除非重新取样；如果在图像中定义了选区内的图像，复制将仅限于在选区内有效。

1.“仿制图章工具”的使用方法

（1）选择“仿制图章工具”。

（2）在选项栏中，选取画笔笔尖，并设置“混合模式”“不透明度”和“流量”画笔选项。

（3）确定想要对齐样本像素的方式。在选项栏中选择“对齐”，会对像素连续取样，而不会丢失当前的取样点，即使松开鼠标按键时也是如此。如果取消选择“对齐”，则会在每次停止并重新开始绘画时使用初始取样点中的样本像素。

（4）在选项栏中选择“使用所有图层”可以从所有可视图层对数据进行取样；取消选择“使用所有图层”将只从现有图层取样。

（5）在任意打开的图像中定位指针，然后按住【Alt】键并点按。

（6）在要校正的图像部分上拖移。

2．使用“仿制图章工具”复制花朵

打开图片“小野花”，原图如图 5-98 所示。新建“图层 1”，选择“仿制图章工具”，在工具选项栏中选择柔角笔刷，画笔大小为“150”，不透明度和流量为“100%”，勾选“对齐”，样本选择“所有图层”，其他参数保持默认设置，参数如图 5-99 所示。

图 5-98　原图

150　模式：正常　不透明度：100%　流量：100%

对齐　样本：所有图层

图 5-99　“仿制图章工具”选项栏

在图像中需要复制的地方按住【Alt】键不放，单击鼠标左键，设置取样点；在需要被复制的图像区域拖动鼠标进行涂抹绘制，被涂抹的图像区域将绘制出相同的图像。在拖动涂抹的过程中，复制在仿制图章上的图像会一直保留在仿制图章上，这时可根据需要重新按

【Alt】键进行采样。效果如图 5-100 所示。

图 5-100　效果图

5.2.3.2 “图案图章”工具

“图案图章工具”用来复制预先定义好的图案。使用“图案图章工具”可以利用图案进行绘画，可以从图案库中选择图案或者自己创建图案。

1．“图案图章工具”的使用方法

（1）选择“图案图章工具”。

（2）在选项栏中选取画笔笔尖，并设置画笔选项（混合模式、不透明度和流量）。

（3）在选项栏中选择“对齐”，会对像素连续取样，而不会丢失当前的取样点，即使您松开鼠标按键时也是如此。如果取消选择“对齐”，则会在每次停止并重新开始绘画时使用初始取样点中的样本像素。

（4）在选项栏中，从“图案”弹出调板中选择图案。

（5）在图像中拖移可以使用该图案进行绘画。

2．“图案图章工具”的应用

首先新建文件，选择“图案图章工具”，然后选择自己喜欢的样式，设置好涂抹的笔触大小和硬度，根据自己的需要设置流量和透明度等参数，这里选择“扎染”样式，然后在画布上进行涂抹。得到效果如图 5-101 所示。

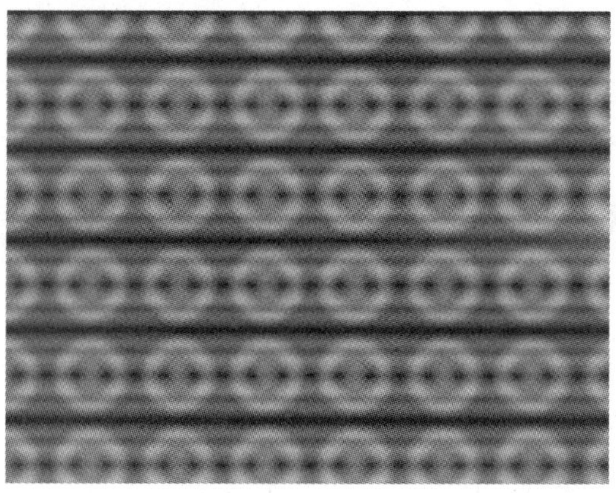

图 5-101　使用“图案图章工具”制作图案

5.2.3.3 污点修复画笔工具

"污点修复画笔工具"可以快速移去照片中的污点和其他不理想部分。在使用"污点修复"画笔工具时，不需要定义原点，只需要确定需要修复的图像位置，调整好画笔大小，移动鼠标就会在确定需要修复的位置自动匹配，所以在实际应用时比较实用，而且在操作时也简单。"污点修复画笔工具"选项栏如图 5-102 所示。

图 5-102 "污点修复画笔工具"选项栏

画笔设置复选项：可设置画笔大小、硬度、间距及角度和圆度。

模式：用来设置修复图像时使用的混合模式。

类型：用来设置修复方法。选择"近似匹配"，可以使用选区边缘周围的像素来近似匹配要修复的区域；选择"创建纹理"，可以使用选区中的所有像素创建一个用于修复该选区的纹理；选择"内容识别"，可使用选区周围的像素进行修复。

5.2.3.4 修复画笔工具

"修复画笔工具"可以去除图像中的杂斑、污迹，修复的部分会自动与背景色相融合，其操作方法与"仿制图章工具"无异，但所复制之处即使跟下方原图之间颜色有差异，也会自动匹配做颜色过渡，修复后边缘自动融合，非常自然。"修复画笔工具"选项栏如图 5-103 所示。

图 5-103 "修复画笔工具"选项栏

源：选择"取样"，可以用取样点的像素来覆盖单击点的像素，从而达到修复的效果。选择此选项，必须按下【Alt】键进行取样。选择"图案"，指用"修复画笔工具"移动过的区域以所选图案进行填充，并且图案会和背景色相融合。

对齐：勾上"对齐"，再进行取样，然后修复图像，取样点位置会随着光标的移动而发生相应的变化；若去掉勾选，再进行修复，取样点的位置保持不变。

5.2.3.5 修补工具

"修补工具"可以修复选区内的图像。选择需要修复的选区，拉取需要修复的选区拖动到附近完好的区域方可实现修补。一般用来修复一些大面积皱纹的照片，细节处理则需要用"仿制图章"工具。"修补"工具选项栏如图 5-104 所示。

图 5-104 "修补工具"选项栏

修补：选择"源"，指选区内的图像为被修改区域；选择"目标"，指选区内的图像为去修改区域。

透明：勾上"透明"，再移动选区，选区中的图像会和下方图像产生透明叠加。

使用图案：在未建立选区时，"使用图案"不可用。画好一个选区之后，"使用图案"被激活，首先选择一种图案，然后再单击"使用图案"按钮，可以把图案填充到选区当中，并且会与背景产生一种融合的效果。

5.2.3.6　内容感知移动工具

“内容感知移动工具”可以简单到只需选择图像场景中的某个物体，然后将其移动到图像中的任何位置，经过 Photoshop 的计算，完成极其真实的 Photoshop 合成效果。操作方法：在工具箱的“修复画笔工具”栏选择“内容感知移动工具”，鼠标上就有出现有“X”图形，按住鼠标左键并拖动就可以画出选区，跟套索工具操作方法一样。先用这个工具把需要移动的部分选取出来，然后在选区中再按住鼠标左键拖动，移到想要放置的位置后松开鼠标后系统就会智能修复。“内容感知移动工具”选项栏如图 5-105 所示。

图 5-105　“内容感知移动工具”选项栏

打开素材“红花”，在工具箱“内容感知移动工具”中将“模式”选择为“移动”，在图像中按住鼠标左键不放拖动鼠标，套选出要移动的花朵，如图 5-106 所示，把鼠标光标移动到选区内，按住鼠标不放，拖拽选择的选区到图像的任何位置。移动到合适位置后，松开鼠标左键，按【Ctrl+D】组合键取消选区，原来选区内的图像自动融合，效果如图 5-107 所示。

图 5-106　选择选区

图 5-107　利用内容感知移动花朵

如果“内容感知移动工具”选项栏的模式选择“扩展”，则对选区内的图像进行完美复制，效果如图 5-108 所示。

图 5-108　利用内容感知复制花朵

5.2.3.7 红眼工具

“红眼工具”主要用于处理在拍摄时因闪光造成的红眼现象，改变图像的不自然感。按住“修复工具”不放，在弹出的选项里可以找到“红眼工具”。用该工具拉个框框住红眼中心，该红点可快速消除。

5.2.3.8 模糊、锐化、涂抹工具

在模糊工具组中包含 3 个工具，分别为“模糊工具”“锐化工具”和“涂抹工具”，如图 5-109 所示。使用该工具组中的工具，可以进一步修饰图像的细节。

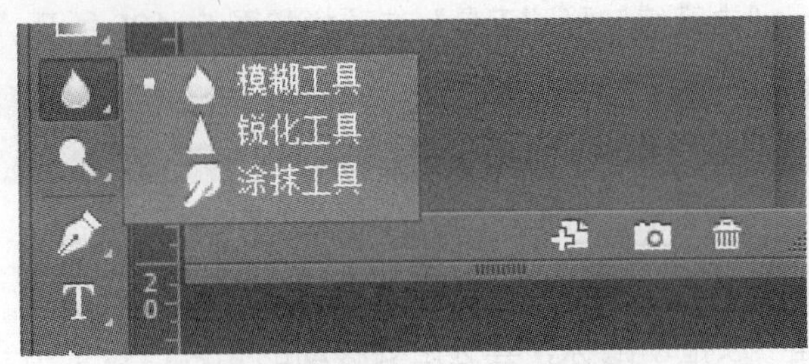

图 5-109 模糊、锐化、涂抹工具

（1）模糊工具。

“模糊工具”可以柔化图像中的硬边缘或区域，同时减少图像中的细节。它的工作原理是降低像素之间的反差。“模糊工具”选项栏如图 5-110 所示。

图 5-110 “模糊工具”选项栏

画笔：画笔的形状、大小、硬度等。

模式：色彩的混合方式。

强度：画笔的压力。

对所有图层取样：可以使模糊作用于所有层的可见部分。

（2）锐化工具。

锐化工具与模糊工具相反，它是一种使图像色彩锐化的工具，也就是增大像素间的反差。锐化工具选项栏如图 5-111 所示。

图 5-111 锐化工具选项栏

（3）涂抹工具。

涂抹工具使用时产生的效果好像用干笔刷在未干的油墨上擦过一样。也就是说笔触周围的像素将随笔触一起移动。“涂抹工具”选项栏如图 5-112 所示。

图 5-112 涂抹工具选项栏

5.2.3.9　减淡、加深、海绵工具

在减淡工具组中包含有 3 个工具，分别为“减淡工具”“加深工具”和“海绵工具”，如图 5-113 所示。使用该工具组中的工具，可以进一步修饰图像的细节。

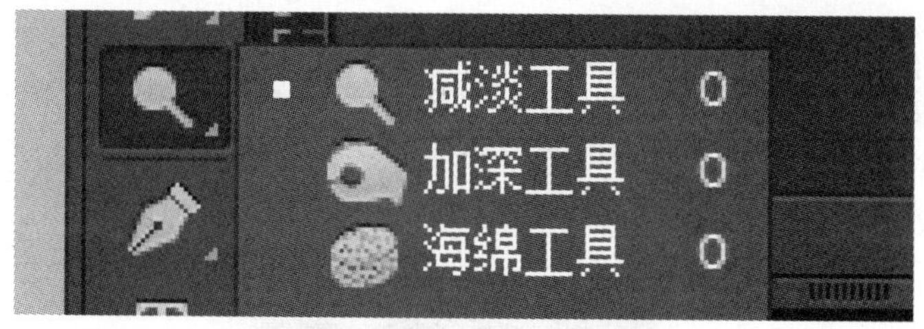

图 5-113　减淡、加深、海绵工具

（1）减淡工具。

“减淡工具”常通过提高图像的亮度来校正曝光度。减淡工具选项栏如图 5-114 所示。

图 5-114　减淡工具选项栏

在“范围”下拉式列表包括了 3 个选项，分别为“阴影”“中间调”和“高光”，如图 5-115 所示。选择“中间调”后，在图像上单击并拖动鼠标，可以减淡图像的中间调区域,选择“阴影”后，可以减淡图像的暗部，选择“高光”，可以减淡图像的亮部；不同的“曝光度”将产生不同的图像效果，值越大，效果越强烈。

图 5-115　“范围”选择

（2）加深工具。

“加深工具”的功能与“减淡工具”相反，它可以降低图像的亮度，通过加暗来校正图像的曝光度。加深工具选项栏如图 5-116 所示。

图 5-116　加深工具选项栏

“加深工具”的使用方法与“减淡工具”相同，工具选项栏内的设置及功能键的使用也相同。

（3）海绵工具

“海绵工具”可精确地更改图像的色彩饱和度，使图像的颜色变得更加鲜艳或更灰暗，如果当前图像为灰度模式，使用“海绵工具”将增加或降低图像的对比度。“海绵工具”选

项栏如图 5-117 所示。

图 5-117 “海绵工具”选项栏

单击打开“模式”下拉列表，如图 5-118 所示，在下拉列表中包括“加色”和“去色”两个选项。选择“加色”选项后将增强涂抹区域内图像颜色的饱和度，选择“去色”选项将降低涂抹区域内图像颜色的饱和度。

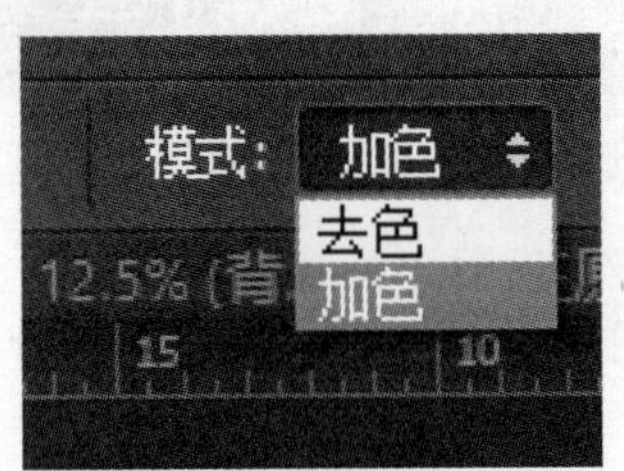

图 5-118 模式选择

5.2.4 案例实现

01 初调色调。打开素材图片“人物 1”，复制背景图层。新建“曲线”调整图层，调整整体的亮度，并通过调整“红通道”“绿通道”的曲线，适当增加图片的红色调，使皮肤看起来更加红润。曲线的参数如图 5-119～图 5-121 所示。

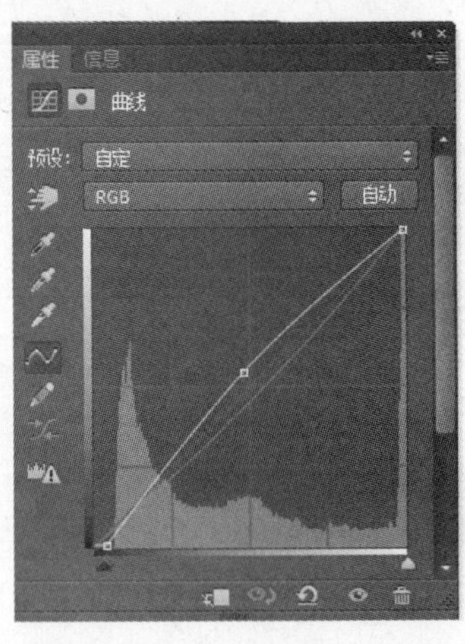

图 5-119 调整整体亮度

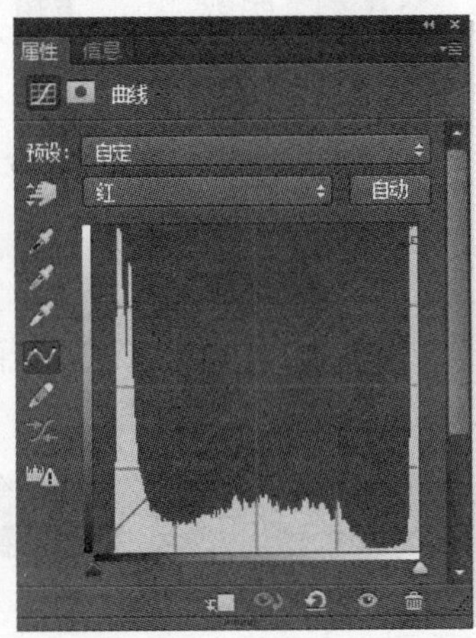

图 5-120 调整红色通道

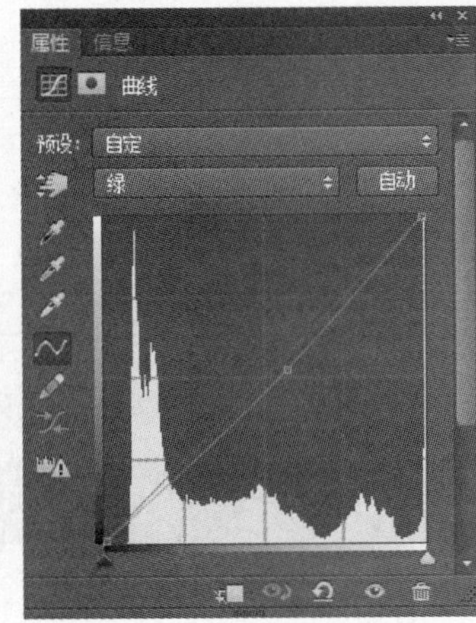

图 5-121 调整绿色通道

02 修饰脸部皮肤。新建“图层 1”，改名为“皮肤”，选择“污点修复画笔工具”，笔刷大小改为“15”左右，类型选择“内容识别”，勾选“对所有图层取样”，把脸上的头发和较为明显的痘印去除掉。参数如图 5-122 所示。

15 模式：正常 类型：近似匹配 创建纹理 内容识别 ☑ 对所有图层取样

图 5-122　设置“污点修复画笔工具”参数

选择“仿制图章工具”，根据需要调整笔刷大小，将不透明度改为“30%”，样本选择“所有图层”，其他参数不变，对皮肤进行手工磨皮，注意磨皮的过程要根据脸部的结构和肌肉的走向来，磨皮的过程要胆大心细。参数如图 5-123 所示，磨皮的效果如图 5-124 所示。

150 模式：正常 不透明度：30% 流量：100% ☑ 对齐 样本：所有图层

图 5-123　设置“仿制图章工具”参数

图 5-124　人物脸部皮肤磨皮

03 修饰嘴唇。新建“图层 2”，改名为“嘴唇”，选择“钢笔工具”，绘制出嘴唇的轮廓，按【Ctrl+Enter】组合键，路径转换为选区，羽化 1 个像素，选择“仿制图章工具”，参数与前面的磨皮一样，在嘴唇的周围进行盖印，清晰嘴唇的轮廓；将选区进行反选，同样对嘴唇周围进行修饰，修饰后的嘴唇边界清晰，但有些不自然，选择“模糊工具”，在嘴唇四周进行涂抹，让嘴唇过度自然，修饰前和修饰后的嘴唇效果对比如图 5-125 和图 5-126 所示。

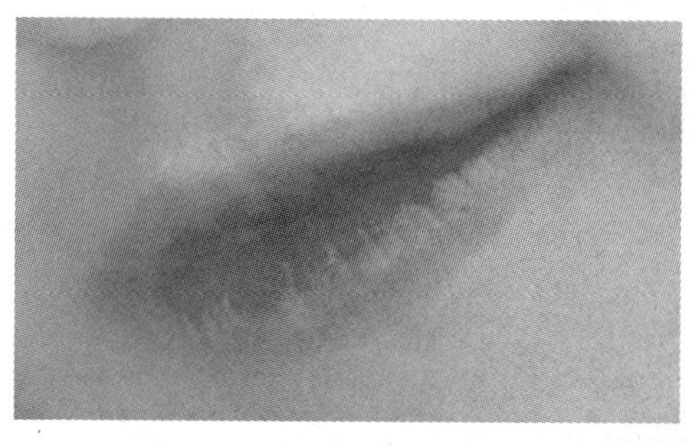

图 5-125　修饰前嘴唇效果

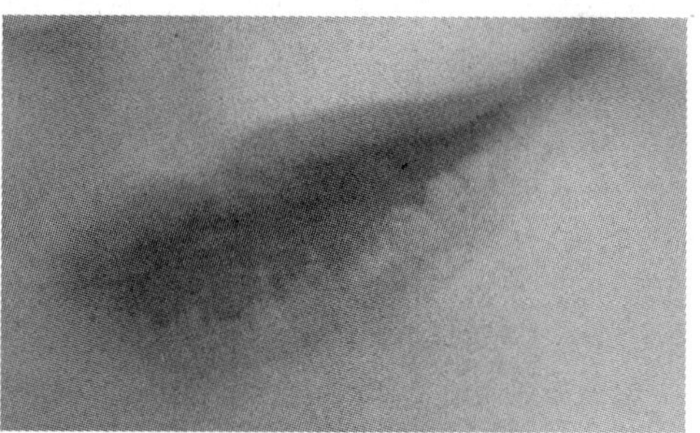

图 5-126　修饰后嘴唇效果

04 修饰眼睛。新建“图层 3”，改名为“眼睛”，选择“椭圆选框工具”，框选出右眼珠轮廓，效果如图 5-127 所示。

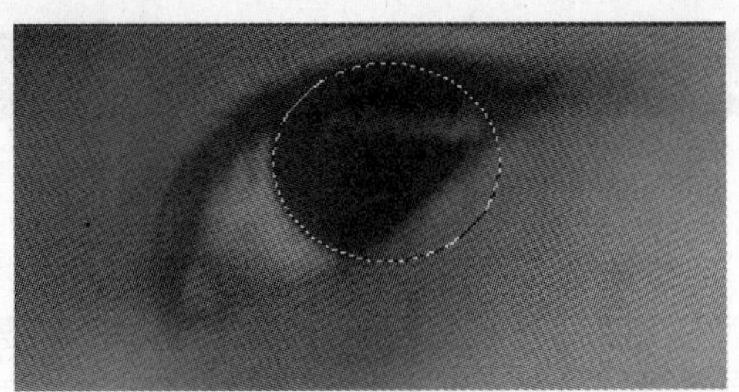

图 5-127　修饰眼睛

羽化 1 个像素，选择“仿制图章工具”，参数与前面的磨皮一样，在眼白和眼珠选区周围进行盖印，再反选选区，同样在眼白和眼珠的周围进行盖印，清晰眼珠的边缘；按【Ctrl+Alt+Shift+E】盖印图层，选择“减淡工具”，减淡眼白和眼珠反光的区域，选择“加深工具”，加深眼珠，左眼和右眼的修饰方式一样。

05 修饰眉毛。新建“图层 4”，改名为“眉毛右”，选择“钢笔工具”，绘制出右眉毛的轮廓，按【Ctrl+Enter】组合键，将路径转换为选区，羽化 1 个像素，选择“仿制图章工具”，参数与前面的磨皮一样，在眉毛的周围进行盖印，清晰眉毛的轮廓；选区进行反选，同样对眉毛周围进行修饰，修饰后的眉毛边界清晰，但有些不自然，选择“模糊工具”，在眉毛四周进行涂抹。左眉毛的修饰方式与右眉毛一样。让眉毛过度自然，修饰前和修饰后的眉毛效果对比如图 5-128 和图 5-129 所示。

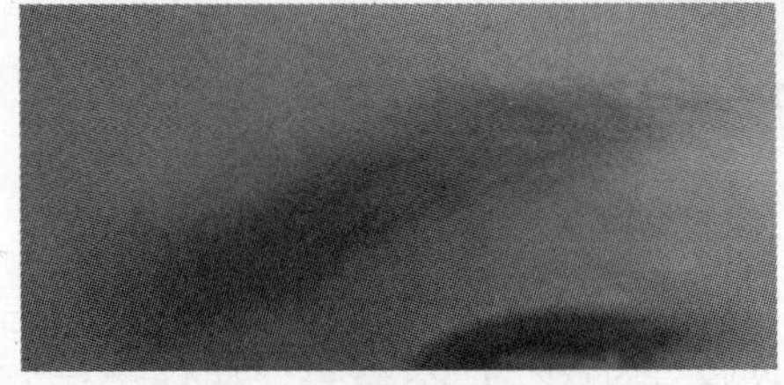

图 5-128　修饰前眉毛效果

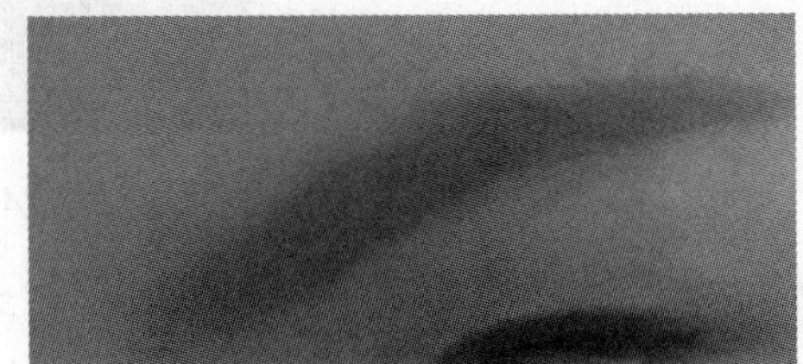

图 5-129　修饰后眉毛效果

06 修饰鼻子。用修饰嘴巴、眼睛、眉毛的方法修饰鼻翼，使鼻翼的轮廓更加清晰精致。

07 后期色调的调整。新建“可选颜色”“色彩平衡”“曲线”“色相/饱和度”“亮度/对比度”“色阶”等调整图层，对图片的颜色进行调整，这一步骤需要多次反复地微调，直到达到满意效果为止。调整后的效果如图 5-130 所示。

图 5-130　人物色调调整

08 调整脸部轮廓。按住【Ctrl+Alt+Shift+E】组合键盖印图层，执行“滤镜”→“液化”菜单命令，选择“向前变形工具”，调整脸部的轮廓，让脸型更加精致美观。最终效果如图 5-131 所示。

图 5-131　最终效果

5.2.5　案例拓展

本拓展案例为“人像后期处理”，原图整体色调暗黄，脸上有少许痘印和斑点，我们可以通过“修复工具”去除脸上的痘印和斑点，再通过色彩调整提亮肤色，让皮肤更加白皙。案例原图和效果图如图 5-132 和图 5-133 所示。

图 5-132　原图

图 5-133　效果图

01 调整画面的构图。打开素材图片“人物 2”，选择“裁切工具”，根据画面需要进行裁切，重新构图，此步骤也可以省略。

02 调整图片的色调。新建“色阶”调整图层，调整黑、灰、白滑块，提亮画面，增强对比度；新建“曲线”调整图层，先选择 RGB 通道，向上拉曲线，提亮整体色调，再选择

“红”通道，向下压曲线，减少红色，选择“绿”通道，向上拉曲线，增加绿色；新建“可选颜色”调整图层，分别调整红、黄、白的颜色，增加皮肤的红色，减少黄色，让肤色看起来更加红润。

03 去除脸部的头发和较明显的斑点痘印。新建“图层 1”，选择“污点修复画笔工具”，调整笔圈大小略比头发的直径大一些，类型选择“内容识别”，勾选“对所有图层取样”，去除脸部的头发和较明显的斑点痘印。

04 对皮肤进行磨皮。新建“图层 2”，选择“仿制图章”工具，适当调整笔圈大小，将不透明度改为“30%”,勾选“对齐”，样本为“所有图层”，然后在脸上进行盖印，去除脸上粗糙的皮肤，使皮肤光滑，使用“盖章工具”磨皮的过程必须沿着脸部的结构和肌肉的走向来盖印。

05 调整眼影的颜色。选择“套索工具”，框选眼睛眼皮周围的区域，设置羽化值为“25”，新建“曲线”调整图层，通过调整 RGB、红、绿、蓝通道中的曲线，来调整眼影的颜色。调整到满意的颜色后，按【X】键复位前景色和背景色，选择“画笔工具”，选择柔边的笔刷，在“曲线”中调整图层的蒙版中进行涂抹，把非眼影的区域去除。注意过渡自然。

06 调整五官。按【Ctrl+Alt+Shift+E】组合键盖印图层，选择“加深工具”，在眉毛上进行涂抹，加深眉毛的颜色，还可以适当加深眼珠的颜色，选择“减淡工具”，减淡眼珠高光和眼白区域的颜色。选择“海绵工具”，模式选择“加色”，在嘴唇上进行涂抹，使嘴唇的颜色更加鲜艳饱和。

任务 3　主题色调调色技法

5.3.1　淡雅日系色调

5.3.1.1　案例效果

本案例“淡雅日系色调”主要学习如何利用色彩调整调出甜美的日系淡雅效果。原图和效果图如图 5-134 和图 5-135 所示。

图 5-134　原图

图 5-135　效果图

5.3.1.2　案例分析

日系色调的调色思路是色调不能过浓，要清爽清晰，这种风格的照片对比度弱，并且有一种泛黄的温暖感。色彩调整过程中可以适当降低对比度和饱和度，并且整体提亮，亮部偏暖色调，暗部增加蓝色调。

5.3.1.3　案例实现

01　调亮图片暗部颜色　。打开素材图片“人物 3”，创建“曲线”调整图层，对 RGB、绿、蓝通道进行调整，提亮暗部的颜色，并让暗部呈现蓝绿的冷色调。参数和效果图如图 5-136 和图 5-137 所示。

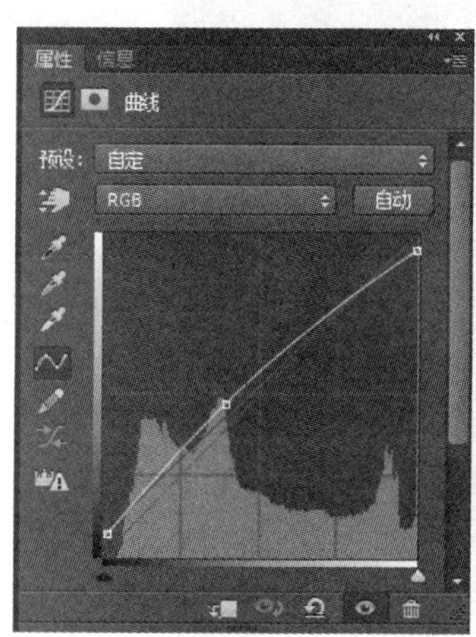

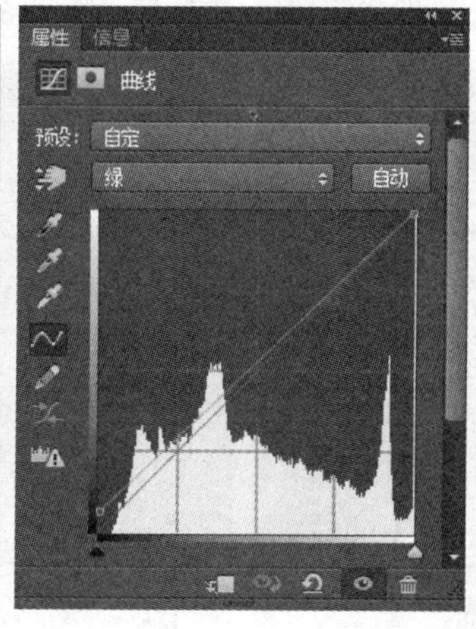

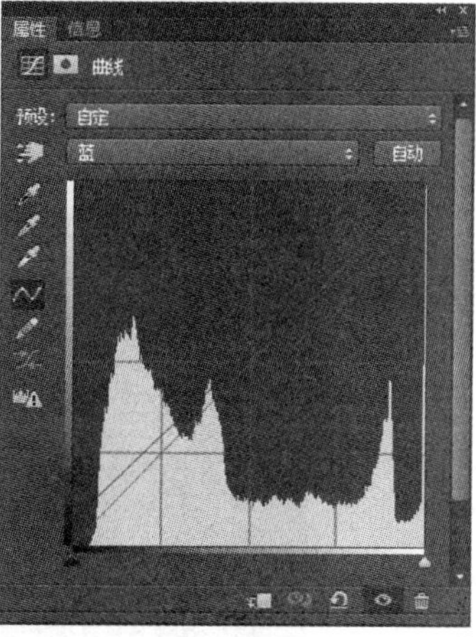

图 5-136　调整“曲线”的参数

图 5-137　曲线调整后的效果图

02　调淡图片中的黄绿色。创建“可选颜色”调整图层，对黄、绿、白、黑进行调整，把图片中的黄绿色调调淡，参数和效果图如图 5-138 和图 5-139 所示。

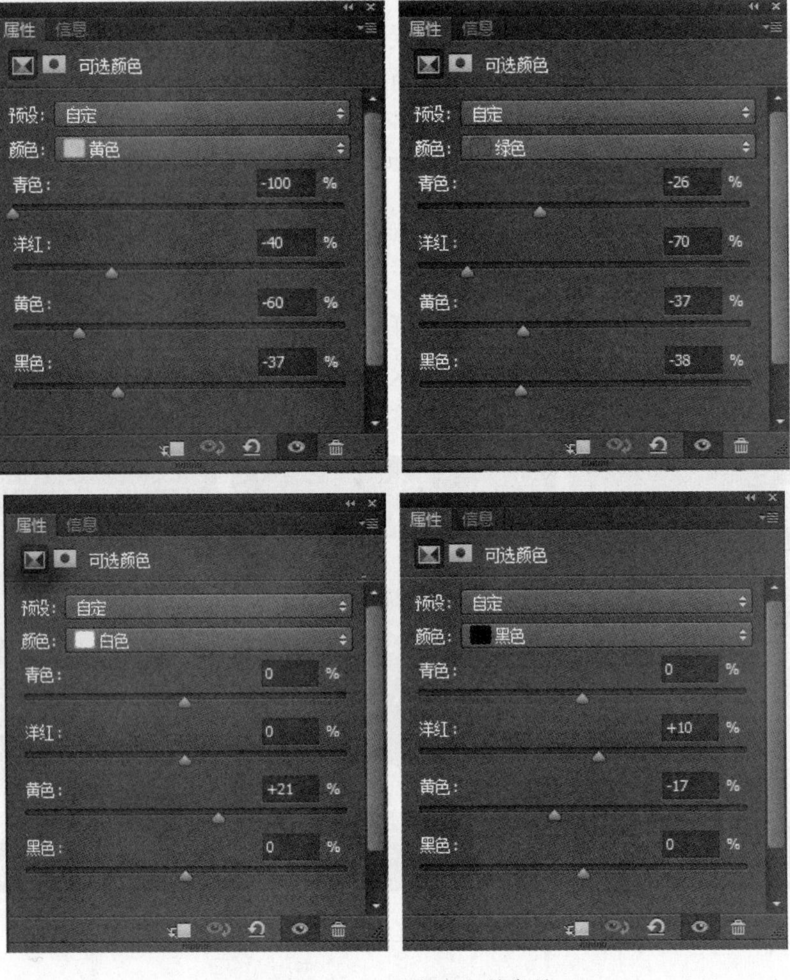

图 5-138　“可选颜色”的参数

图 5-139　调整“可选颜色”后的效果

03 增加淡黄色。创建“色彩平衡”调整图层，对中间调、高光进行调整，给图片增加淡黄色；可复制“色彩平衡”调整图层，降低不透明度，增强效果。参数和效果图如图 5-140 和图 5-141 所示。

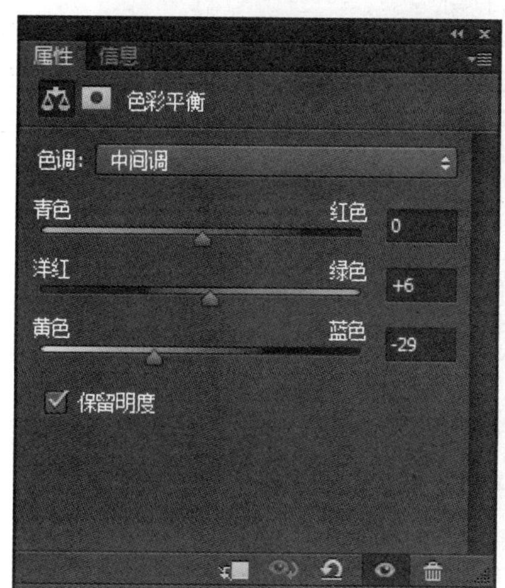

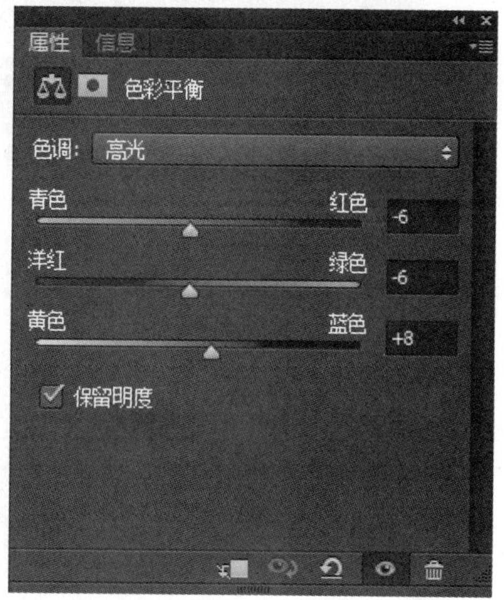

图 5-140　“色彩平衡”参数

图 5-141　调整“色彩平衡”后的效果

04 微调图片中的黄绿色和肤色的颜色。对红、黄、绿、白、黑进行调整，其中红、黄颜色主要调整皮肤的颜色，绿、白、黑主要微调图片中的黄绿色，参数和效果图如图 5-142 和图 5-143 所示。

图 5-142 “可选颜色”的参数

图 5-143 再次调整“可选颜色”后的效果

05 降低图片中黄色的饱和度，并提亮明度。创建“色相/饱和度”调整图层，调整黄色的饱和度和明度，参数和效果图如图 5-144 和图 5-145 所示。

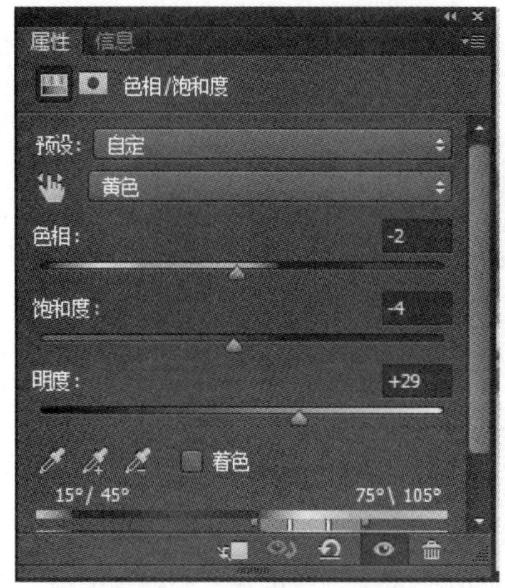

图 5-144　“色相/饱和度”参数

图 5-145　调整“色相/饱和度”后的效果

06 增加暗部的蓝色调，并提亮暗部。创建“曲线”调整图层，对 RGB、绿、蓝通道进行调整，RGB 通道的调整主要是提亮暗部，绿、蓝通道的调整主要是给暗部增加蓝调。参数和效果图如图 5-146 ~ 图 5-149 所示。

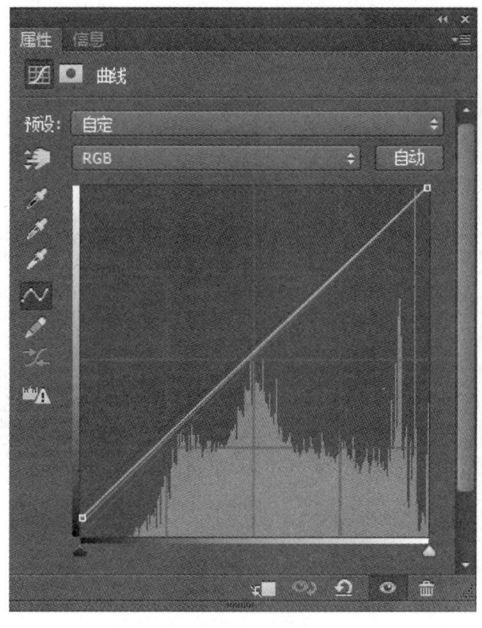

图 5-146　调整整体亮度

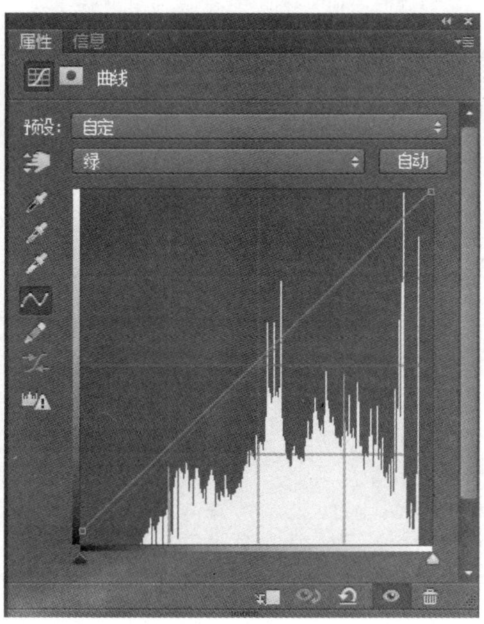

图 5-147　调整绿色通道

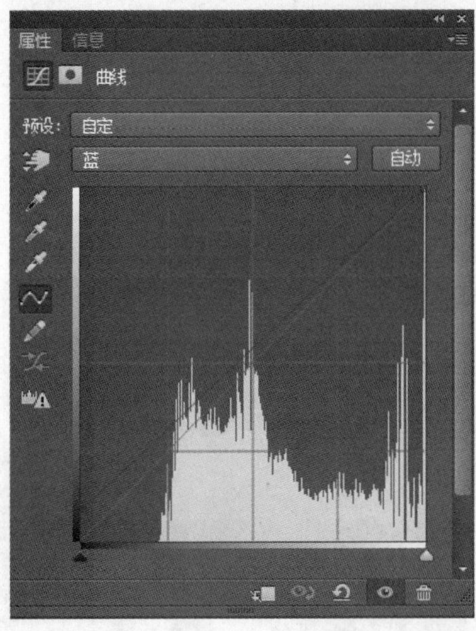

图 5-148 调整蓝色通道

图 5-149 再次调整“曲线”后的效果

07 继续降低图片的黄绿色调，并给高光增添淡黄色。创建“可选颜色”调整图层，对黄、绿、白、黑进行调整，继续降低图片中的黄绿色调，增加柔美感觉，调整的方法参照步骤 4。创建“色彩平衡”调整图层，对高光进行调整，给高光增加一点淡黄色调。参数和效果图如图 5-150 和图 5-151 所示。

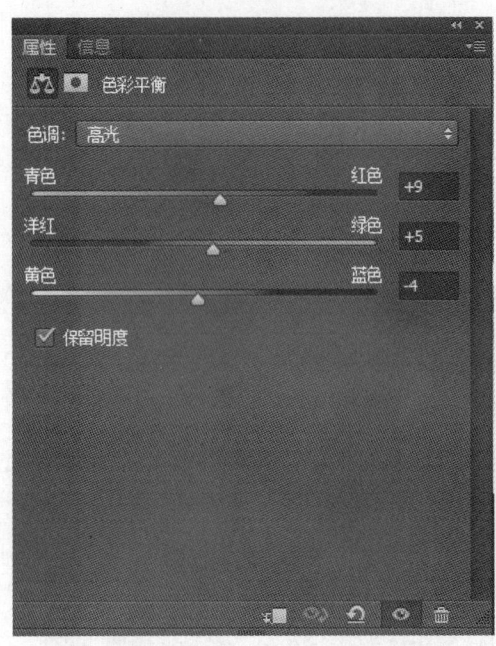

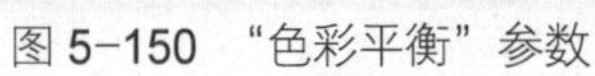

图 5-150 “色彩平衡”参数

图 5-151 调整后的效果

08 肤色的调整。复制背景图层，按【Ctrl+Shift+]】组合键把图层置放到最顶层，按

【Alt】键添加蒙版，用白色画笔把人物擦拭出来，然后创建“可选颜色”调整图层，调整红色和黄色，让皮肤的颜色更加红润，参数和效果图如图 5-152 和图 5-153 所示。

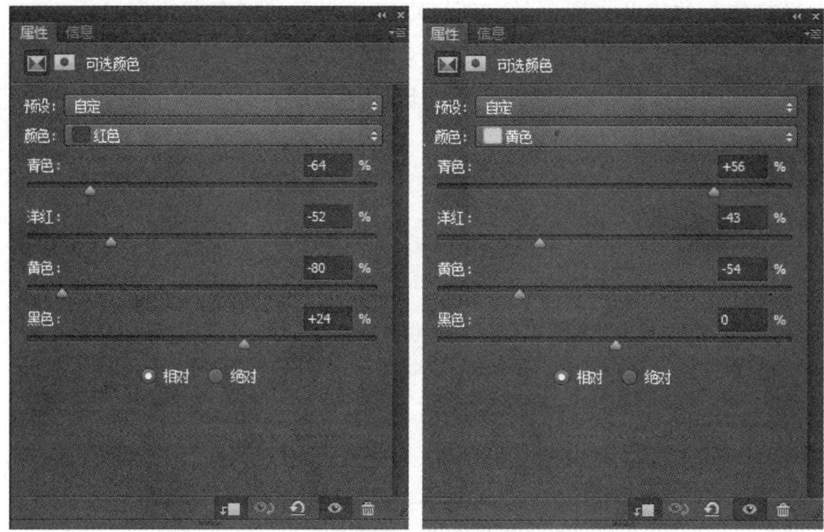

图 5-152　“可选颜色”的参数

图 5-153　调整后的效果

09　提亮亮部。按【Ctrl+Shift+Alt+E】组合键盖印图层，选择“减淡工具”，提亮树叶上的白色光斑，创建“亮度/对比度”调整图层，适当增加亮度和对比度。调整后的效果图如图 5-154 所示。

图 5-154　提亮亮部

10 添加光晕效果。新建大小 20cm×20cm、分辨率为 300 像素的文档，填充黑色，执行“图像”→“滤镜”→“渲染”→“镜头光晕”菜单命令，在文档的中心添加一个“50～300 毫米变焦”的镜头光晕，并高斯模糊镜头光晕，把图层拉到“人物 3”，生成图层 3，图层混合模式为“滤色”，按【Ctrl+T】组合键放大光晕，并放置在左上角，根据画面需要可适当调整光晕的颜色，最终效果如图 5-155 所示。

图 5-155　最终效果

5.3.2　浓郁色彩风格色调

5.3.2.1　案例效果

本案例“浓郁色彩风格色调”主要学习如何利用色彩调整出浓郁的、唯美的艺术风格色调效果，原图和效果图如图 5-156 和图 5-157 所示。

图 5-156　原图

图 5-157　效果图

5.3.2.2　案例分析

“浓郁色彩风格色调”的调色思路是必须让图片的色彩丰富且富有层次感。案例中的图片看上去平淡无奇，但经过处理后，给图片罩上一层淡黄色，色彩变得非常浓郁、富有艺术性，为了增加画面的层次感，远处的山处理成蓝绿色调，与整体的黄色调产生互补色，近处的河流再罩上一层暖暖的橘红色，冷暖对比，颜色丰富，画面呈现一种浓郁的、唯美的艺术效果。

5.3.2.3　案例实现

01　给图片罩上淡黄色色调。打开素材图片“风景 3”，按【Ctrl+Alt+2】组合键，调处图像高光区域，添加一个浅黄色的纯色填充图层，图层模式改为“颜色”。效果如图 5-158 所示。

图 5-158　添加淡黄色调

02　增加图片的对比度。新建“通道混和器”调整图层，勾选“单色”，输出灰度，将图层的混合模式改为“柔光”，选择黑色画笔，在图层蒙版中擦除过暗和过亮的区域，参数和效果图如图 5-159 和图 5-160 所示。

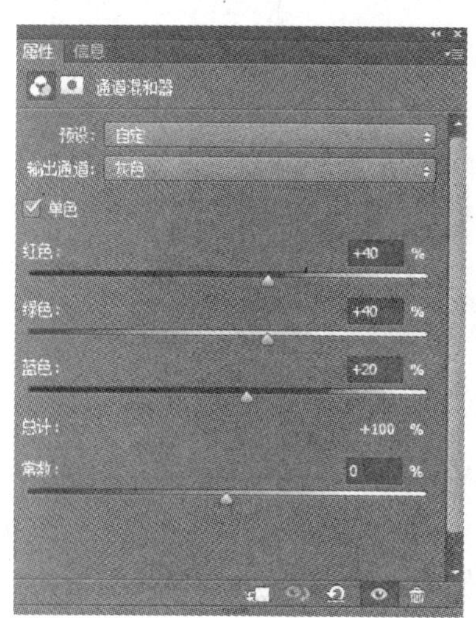

图 5-159　“通道混和器”参数

图 5-160　添加“通道混合器”后的效果

03 增加图片的朦胧感。按【Ctrl+Alt+Shift+E】组合键两次，盖印两次图层，第一个盖印图层，执行“滤镜”→“模糊”→“高斯模糊”菜单命令，将图层模式改为“正片叠底”，不透明度改为“70%”，图层蒙版中用黑色画笔在过暗的地方进行擦除；第二个盖印图层，执行“滤镜”→“模糊”→“高斯模糊”菜单命令，将图层模式改为“颜色减淡”，不透明度改为“70%”，图层蒙版中用黑色画笔在过亮的地方进行擦除；再次按【Ctrl+Alt+Shift+E】组合键盖印一个图层，执行“滤镜”→“其他”→“高反差保留”菜单命令，参数调到只看到物体的外轮廓即可，将图层的混合模式改为“叠加”，不透明度改为“70%”,目的是让图片的边缘清晰。调整后的效果图如图 5-161 所示。

图 5-161　增加图片的朦胧感

04 增强对比度。创建“色阶”调整图层，灰色滑块调整到“0.93”，将图层的混合模式改为“柔光”，选择黑色画笔在图层蒙版中擦除过暗的区域，将图层的不透明度改为“50%”，参数和效果图如图 5-162 和图 5-163 所示。

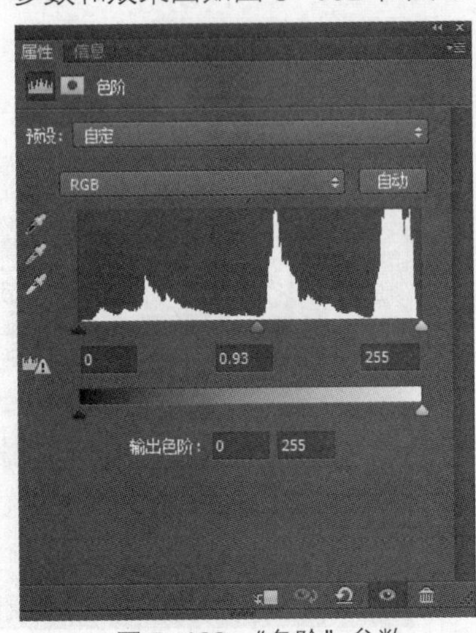

图 5-162　“色阶”参数

图 5-163　调整“色阶”后的效果

05 给远山加上淡淡的蓝绿色。创建“色彩平衡”调整图层，分别调整“阴影”“中间调”和“高光”，让远处的山呈现淡淡的蓝绿色。用黑色画笔在图层蒙版中把远山以外的其他地方遮盖掉，参数和效果图如图 5-164～图 5-167 所示。

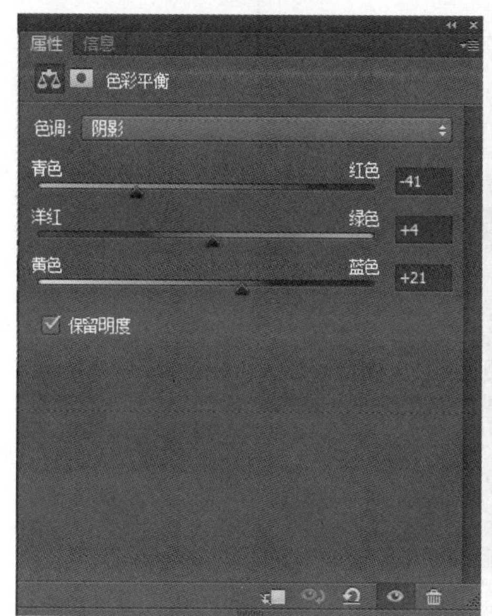

图 5-164　调整“色彩平衡”的“阴影”

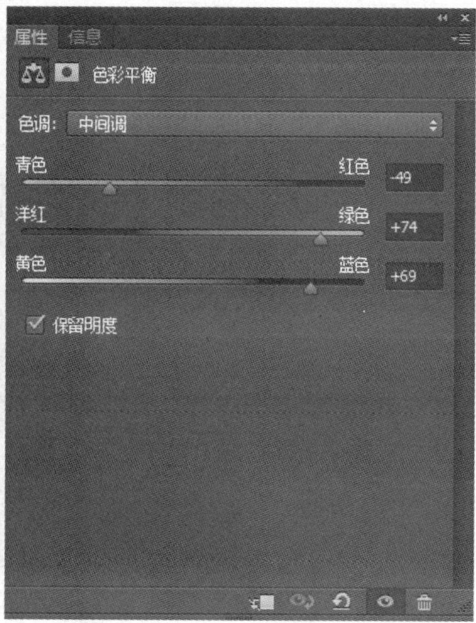

图 5-165　调整“色彩平衡”的“中间调”

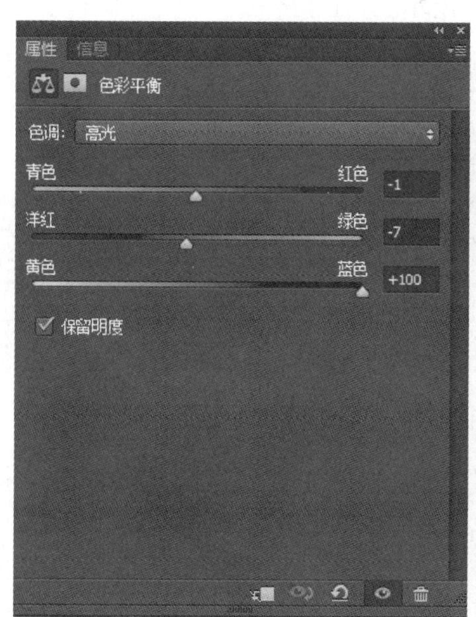

图 5-166　调整“色彩平衡”的“高光”

图 5-167　调整“色彩平衡”后的效果

06 增添湖面橙黄色的暖色调。新建空白图层，适当降低图层的不透明度，选择“画笔工具”，颜色选择橙黄色，在画面中的水面进行涂抹，增添水面的橙黄色，调整后的效果图如图 5-168 所示。

图 5-168　增添湖面的暖色调

07 整体调整。创建“通道混和器”调整图层，调整蓝色通道，让图片整体色调更加和谐，参数和最终效果图如图 5-169 和图 5-170 所示。

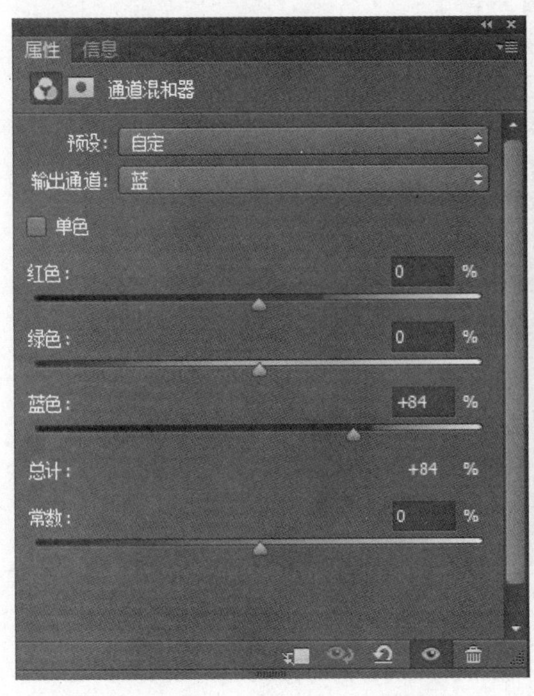

图 5-169　“通道混和器”参数

图 5-170　最终效果

5.3.3　黑白雪景色调

5.3.3.1　案例效果

本案例“黑白雪景色调”主要学习如何利用色彩调整把一张普通的照片调出黑白雪景风格色调效果，原图和效果图如图 5-171 和图 5-172 所示。

图 5-171　原图

图 5-172　效果图

5.3.3.2　案例分析

把普通的彩色照片处理成黑白照片的方法有很多，较常见的一种方法是利用 Lab 模式来处理黑白照片，原因是它能调出更有层次感的黑白艺术照片。本案例并不是完全处理成黑白照片，在人物部分和花的部分，还是保留了色彩，所以，这需要我们利用蒙版等方式把人物或花的区域擦除出来。

5.3.3.3　案例实现

01　把背景变成黑白。打开素材图片“人物 4”，执行“图像”→“模式”→“Lab 颜色”菜单命令，图片转到 Lab 颜色模式，进入“通道”面板，选择“明度”通道，按【Ctrl+A】组合键全选，按【Ctrl+C】组合键复制明度通道，回到 Lab 复合通道，再回到“图层”面板，新建“图层 1”，按【Ctrl+V】组合键粘贴明度通道，给“图层 1”添加蒙版，用黑色画笔把人物擦出来。效果如图 5-173 所示。

图 5-173　把背景变成黑白

02 加强背景的黑白对比。创建“曲线”调整图层，对“明度”通道的曲线进行调整。参数和效果如图 5-174 和图 5-175 所示。

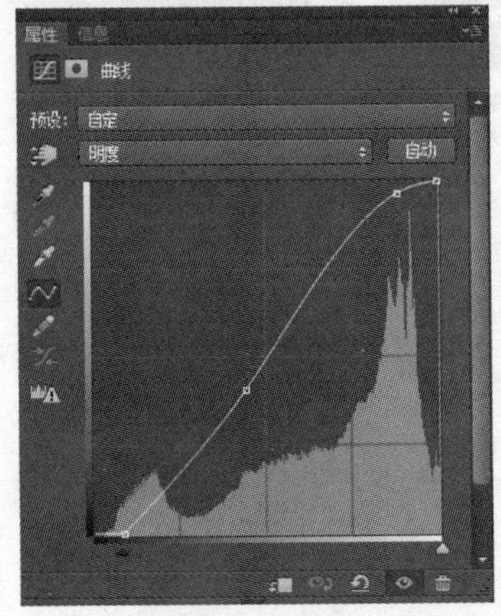

图 5-174　“曲线”参数

图 5-175　“曲线”调整后的效果

03 调整皮肤的颜色。选择背景图层，在背景图层上创建“曲线 2”调整图层，调整 a、b 通道的曲线，调整皮肤的颜色，参数和效果如图 5-176 和图 5-177 所示。

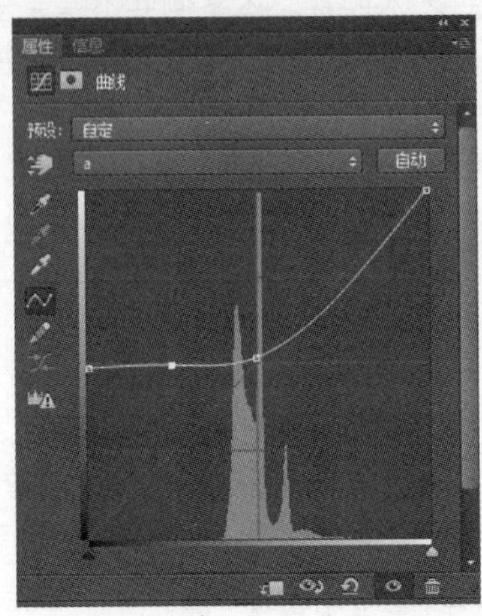

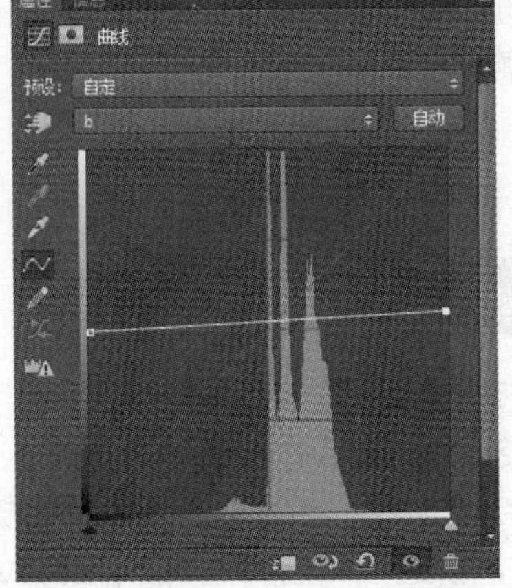

图 5-176　“曲线”参数

图 5-177　调整后的效果

04 保留花的颜色。关闭“曲线 1”“图层 1”前面的“眼睛”图标，选择“背景”图层，在“通道”面板中，复制 a 通道，按【Ctrl+L】组合键，调出“色阶”面板，增加黑白对比。参数和效果如图 5-178 和图 5-179 所示。

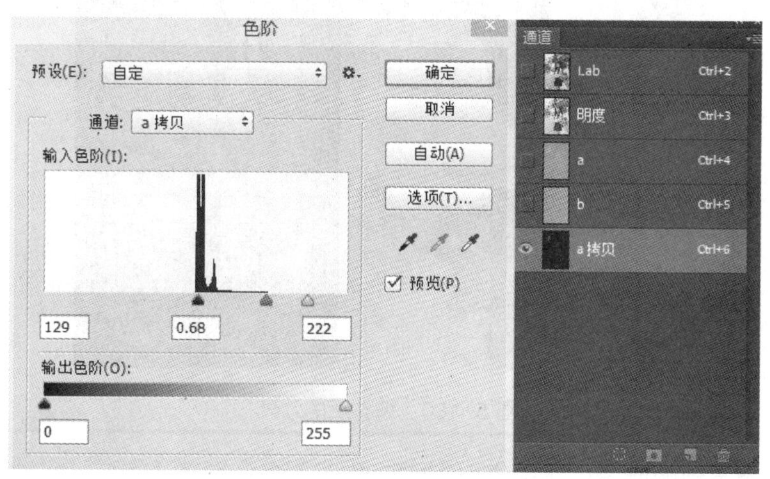

图 5-178　“色阶”参数

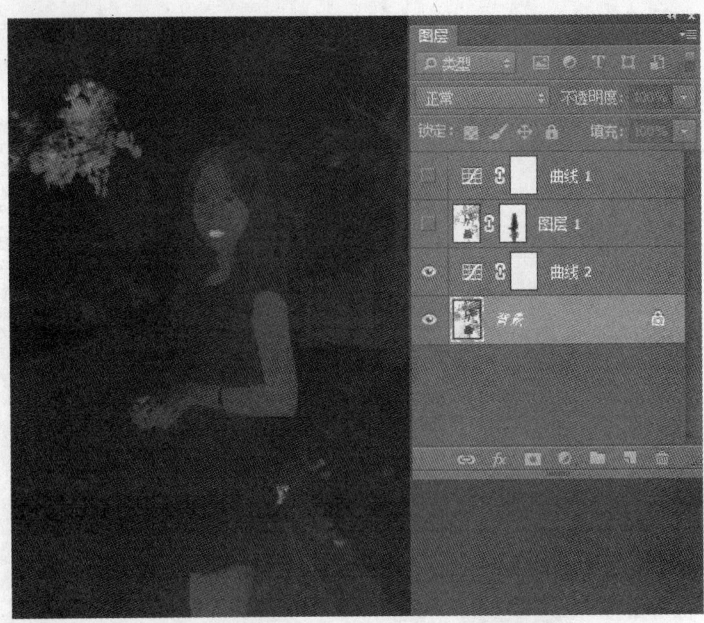

图 5-179　通道的效果

按【Ctrl】键单击“a 拷贝”，载入选区，回到“Lab”复合通道，选择“背景”图层，按【Ctrl+c】组合键复制选区，在“曲线 1”上面新建“图层 2”，按【Ctrl+V】组合键复制选区，把“背景”图层中的花复制到了“图层 2”上面，效果如图 5-180 所示。

图 5-180　调整后的效果

05　加强图片中的白色。按【Ctrl+Alt+Shift+E】组合键盖印图层，创建“色阶”调整图层，调整画面的黑白灰关系，加强白色，参数和效果如图 5-181 和图 5-182 所示。

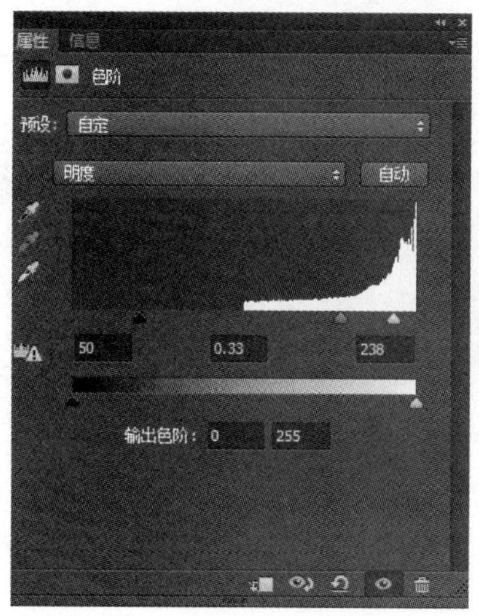

图 5-181　“色阶”参数

图 5-182　调整后的效果

用黑色画笔在“色阶 1”的蒙版中涂抹，恢复脸部和地面等地方的颜色。最终效果如图 5-183 所示。

图 5-183　最终效果

06　把图片转换为 RGB 色彩模式。执行“图像”→“模式”→“RGB 色彩模式”菜单命令，在弹出的对话框中选择“拼合”。

5.3.4 案例拓展

本拓展案例通过“可选颜色”“渐变映射”等色彩调整命令把一张蓝白对比分明的图片，处理成朦朦胧胧的粉色调。原图和效果图如图 5-184 和图 5-185 所示。

图 5-184 原图　　图 5-185 效果图

01 提亮画面。打开素材图片“花”，复制一层，执行“图像”→“应用图像”菜单命令，在弹出的“应用图像”对话框中，“混合”选择“滤色”，“不透明度”选择“90%”，其他参数不变，调整完后单击“确定”按钮。

02 图片调整为蓝紫色。创建“可选颜色”调整图层，调整“中性色”颜色，参数分别为：-18、+16、-42、-11。新建“图层 1”，填充颜色“2a62f2”，修改图层模式为“柔光”，不透明度为“20%”。

03 调亮花的颜色。创建“可选颜色”调整图层，调整“白色”颜色，参数分别为：0、-33、+30、-93。如果效果不明显，可以多复制一层“可选颜色”调整图层，适当降低不透明度。

04 给图片加一些暖色调。创建“渐变映射”调整图层，选择 Photoshop 自带的“橙、黄、橙渐变”，设置图层的混合模式为“亮光”，不透明度为“5%”。

05 添加光晕效果。按【Ctrl+Alt+Shift+E】组合键盖印图层，执行“滤镜”→“渲染”→“镜头光晕”菜单命令，给图片加一些光晕效果。

项目6 综合作品设计

任务 1　海报设计

6.1.1　海报设计简介

海报是招贴画的别称，是视觉传达的表现形式之一，是大众化的传播体裁，用来完成一定的宣传、鼓动任务，或是为报导、广告、劝喻、教育等目的服务。通过对画面中图片、文字、色彩有组织、有规律地编排，吸引观众的目光，使观众获得感观刺激，并获得设计者所要宣传的信息。

海报从内容上划分，可以分为文化海报、商业海报、公益海报和电影海报。文化海报，用于文化宣传，是指各种社会文体活动及各类展览的宣传海报。展览的种类很多，不同的展览有其不同的内容和特点，设计师在设计海报之前需要了解展览和活动的内容才能恰如其分地利用海报把宣传信息传递出去。商业海报，用于推销某种产品或服务的商业广告性海报，是商业广告中的一种表现形式，在设计商业海报时，要恰当地配合产品或服务的功能和定位，才能设计出符合产品或服务的设计。公益海报，用于公益宣传的海报，这类海报具有特定的公益教育性质，其主题包括各种社会公益、道德宣传或政治思想宣传，弘扬爱心奉献、共同进步的精神等。电影海报，主要是对新上映的电影做宣传，往往一部电影在上映前和上映期间，会推出一系列的电影海报，目的是吸引观众注意、增加电影票房收入。

在海报设计过程中，要了解海报的特点，对于不同的设计，要用不同的设计原则，使版面有序合理，主题明确，能够传递画面所要表达的信息。

海报是广告的一种表现形式，可以在媒体上刊登，但大部分是张贴于人们易于见到的地方。当商品或服务投入社会中，就需要依托市场竞争，势必需要投入广告来推销产品或服务。海报要在视觉上吸引受众，必须要求设计本身具有强烈的广告效应，通过创意和表现，产生强烈的视觉冲击力。

海报的功能性指海报是以传递信息为首要任务的，无论什么类型、什么风格的海报，最终的目的都是要传达一定的信息，而且，这种信息是以图文的语言作为表达方式，设计师必须准确地利用图形语言和受众建立对话，才能有效地传递信息。所以，在海报设计中，通常要写清楚活动的性质，活动的主办单位、时间、地点、广告商等内容。

6.1.2 产品宣传海报设计

6.1.2.1 案例效果

本案例是以华为手机 Mate 8 为主题制作的宣传海报，如图 6-1 所示。

图 6-1 手机海报效果图

6.1.2.2 案例分析

本案例综合性强，主要运用画笔、滤镜、色彩调整等命令制作出绚丽夺目光线效果，用来制作海报的背景。背景用色上采用了产品本身的金色，色彩协调统一。构图上采用重心构图，突出体现产品特征。

6.1.2.3 案例实现

01 新建尺寸为 60cm×60cm、分辨率为 72 像素的画布。由于下面涉及到滤镜中的“极坐标”命令，所以，画布创建时一定要正方形。

02 制作颗粒感渐变背景。新建“图层 1”，选择“渐变工具”，制作黑白渐变效果；执行“滤镜”→“杂色”→“添加杂色”菜单命令，数量调整为 15，选择“高斯模糊”，勾选“单色”，单击“确定”按钮，为渐变添加颗粒感。效果如图 6-2 所示。

图 6-2 颗粒感渐变背景

03 制作动感模糊效果。执行“滤镜”→“风格化”→“风”菜单命令，方法选择“大风”，方向选择“从右”，单击“确定”按钮。执行“滤镜”→“模糊”→“动感模糊”菜单命令，设置角度为 0，距离为 115，单击“确定”按钮。按【Ctrl+F】组合键，再次执行动感模糊。效果如图 6-3 所示。

图 6-3　动感模糊效果

04 制作光线效果。执行“图像”→“图像旋转”→“逆时针 90 度”，单击“确定”按钮。执行“滤镜”→“扭曲”→“极坐标”菜单命令，选择“平面坐标到极坐标”，单击“确定”按钮。极坐标效果如图 6-4 所示。执行“色阶”命令，调整黑白灰效果。色阶调整后效果如图 6-5 所示。

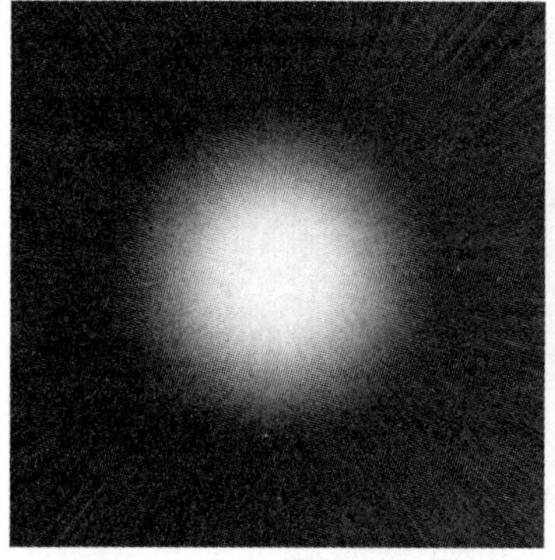

图 6-4　极坐标效果

图 6-5　色阶调整后效果

05 给光线上色。创建“渐变映射”调整图层，渐变颜色为“d59521”到白色的渐变，单击“确定”按钮。效果如图 6-6 所示。

图 6-6　上色效果

06 制作圆点。关闭“图层 1”的眼睛。选择画笔，设置画笔大小为 12 像素，硬度为 80%，打开“画笔”面板，选择“画笔笔尖形状”，“间距”调整为 120%。勾选“形状动态”，设置“大小抖动”为 100%，勾选“散布”，设置“散布”为 1000%。将前景色设置为黑色，新建“图层 2”，选择“椭圆工具”，绘制一个正圆路径，单击鼠标右键，选择“描边路径”命令，在工具下拉菜单中选择“画笔”。单击“确定”按钮。效果如图 6-7 所示。复制“图层 2 副本”，结合【Shift】键和【Alt】键同心等比例缩放，调整不透明度。根据需要可以继续复制，复制效果如图 6-8 所示。

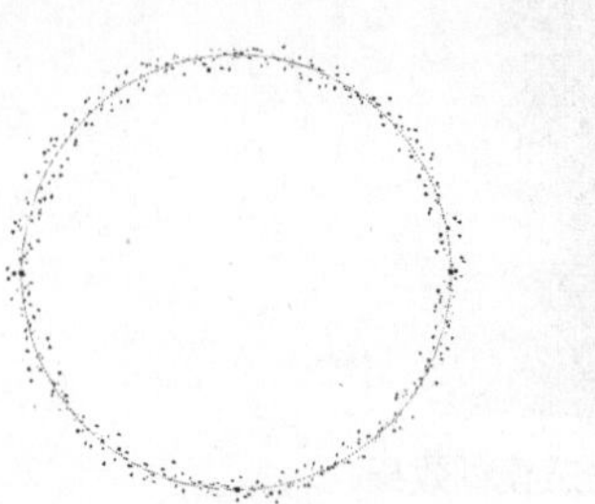

图 6-7　画笔绘制圆点效果　　　图 6-8　复制圆点效果

07 把“图层 2”和“图层 2 副本”编组，创建填充图层，填充白色，作用于组。打开所有图层的眼睛。如图 6-9 所示。

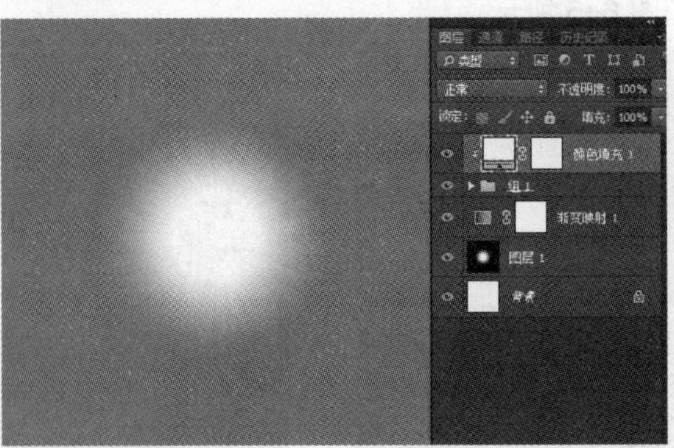

图 6-9　打开所有图层的眼睛

08 添加手机素材和文字素材，根据需要进行适当的色彩调整，最终效果如图 6-10 所示。

图 6-10　最终效果

任务 2　封面设计

6.2.1　封面设计简介

封面是书籍给读者的第一印象，这个第一印象往往决定读者是否产生购买欲望，同样内容的书，封面设计精美，会比封面设计粗糙随意的书更受读者青睐。封面设计通过艺术设计的形式和图形、色彩、文字的编排设计来反映书籍的内容。

图形、色彩和文字是平面设计的三要素，封面设计就是根据书的不同性质、用途和读者对象，把这三者有机地结合起来，从而表现出书籍的丰富内涵，并以传递信息为目的将美感呈现给读者。在书籍的装帧设计中，文字是构成书籍最基本并且也是最重要的元素之一，它是读者了解书籍内容的钥匙，文字体现内容的精神内涵，字体的大小、组成形式都会影响到整个装帧的美感。书面文字要有主次之分，也要根据不同读者来设计不同的视觉效果。色彩是最具感染力的元素，适当的色彩搭配，会使书籍产生美感。不同颜色有不同的意义，设计师要根据不同年龄读者的心理来搭配书籍中的色彩，要灵活地运用出最好的色彩，在对比中达到统一协调，从而营造出书籍的美感。图形是最具吸引力的元素，也是书籍封面设计的关键，图形与文字的编排，不能让读者产生视觉的拥挤与错乱。图形要能够准确地表现文章的内涵，安排得妥当才能使得书籍表达出整体的美感。

好的封面设计应该在内容的安排上做到繁而不乱，要有主有次，层次分明，简而不空。例如在色彩、印刷、图形的装饰设计上多做些文章，使人看后有一种意境或者格调。

根据题材不同，封面设计手法上也会有所区别。

1. 儿童类书籍

儿童类书籍为了吸引小孩子，色彩上应使用较鲜艳的颜色，比如原色的搭配，避免使用低饱和度或明度较低的色彩搭配。图像多以插图为主，再配以活泼稚拙的文字，来构成书籍封面，如图 6-11 所示

图 6-11　儿童类书籍的封面

2. 画册类书籍

画册类书籍封面以简洁为主，多以几何形状作为设计的主要元素，如 C 形封面、U 形封面、方形封面、条形封面、圆形封面等，如图 6-12 所示。

图 6-12 画册类书籍的封面

3. 文化类书籍

文化类书籍较为庄重，以素雅为主。在设计时，常常以大面积的留白来提升书的品味。也常采用内文中的重要图片作为封面的主要图形，或以作者的照片作为封面的主要图形。文字的字体也较为庄重，多用黑体或宋体，避免使用不常见的广告体或其他太过活泼的字体。整体色彩的纯度和明度较低，视觉效果沉稳，以反映深厚的文化特色。如图 6-13 所示。

图 6-13 文化类书籍的封面

4. 丛书类书籍

整套丛书设计手法一致，但视觉上要有区别，每册书根据介绍的种类不同，更换书名和主要图形，也可以用颜色区分。

5. 工具类图书

一般比较厚，而且经常使用，因此在设计时，为了防止磨损，多用硬书皮；封面图文设计较为严谨、工整，有较强的秩序感。

6.2.2　书籍封面设计

6.2.2.1　案例效果

本案例为书籍封面设计，效果如图 6-14 所示。

图 6-14　书籍封面

6.2.2.2　案例分析

本案例是一个书籍的封面设计，包括封面、封底和书脊，设计中封面和封底需保持统一和谐，同时又有主次之分。书脊的位置可以用标尺预留出来，书脊预留的宽度要结合书的厚度。画布设置的大小需要根据书本开本，它以 2，4，8，16，32……的几何级数来开切，这种开切法经济、合理，纸张利用率高，印刷和装帧都很方便，但也有根据设计需要设计的开本大小，这时没有严格的尺寸要求。由于书籍属于印刷品，对文件的分辨率有要求，分辨率必须在 300ppi（像素/每英寸）以上才满足印刷需要。

6.2.2.3　案例实现

01　为封面加底纹。新建一个文件，大小为 5669×3071 像素，分辨率为 300 像素。利用参考线留出书脊的位置。 新建一个大小为 50×50 像素，分辨率为 300 像素的文件，新建“图层 1”，选择“矩形选框工具”在画布中间绘制一个正圆，填充浅灰色，效果如图 6-17 所示。执行“编辑”→“定义图案”菜单命令，把浅灰色的圆定义为图案。再回到大文件，新建“图案填充”图层，图案选择刚才定义的圆，为画布填充圆形的底纹，效果如图 6-15 所示，放大局部效果如图 6-16 和图 6-17 所示。

图 6-15　定位书脊

图 6-16　制作背景　　　　图 6-17　制作圆元素

02 绘制矩形。选择“矩形工具”，绘制两个矩形，两个矩形之间留一个小缝。设置长方形的颜色为“#cecece”，效果如图 6-18 所示。

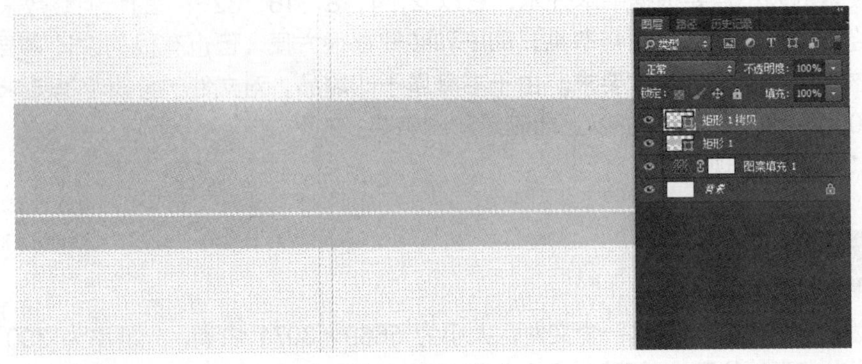

图 6-18　绘制矩形

03 利用剪贴蒙版放入名画。导入 6 张名画图片，需要把名画放入小的长方形中，利用剪贴蒙版的方法，让矩形作为剪贴蒙版的基层，名画作为剪贴蒙版的内容层。先选用一张名画放在小的长方形上面，在两个图层之间按【Alt】键并单击鼠标左键，这时两个图层成为剪贴图层，其他名画也用同样的方法放入到矩形框中，效果如图 6-19 所示。

图 6-19　添加名画

04　加上文字。在适当的位置为封面添加书名、出版社等信息。注意位置的摆放和文字的大小，效果如图 6-20 所示。

图 6-20　添加文字

任务 3　网页界面设计

6.3.1　网页界面设计简介

网页界面设计将艺术与设计相结合。网页设计首先要考虑其功能性，满足操作的便利、网页的稳定以及浏览的速度等，所以网页界面的版式设计对设计人员的综合能力与文化素养要求比较高。

比如，在艺术领域，色彩本身并无高低之分，单色不代表其艺术性低于多色搭配，但在网页界面设计领域，浏览者会更青睐彩色的页面。在色彩的设计上，既要符合网站整体特征，又要适合所渲染信息的特征。网站的主色调一般采用同类色搭配或类比色搭配。再如，美学中有秩序的美和凌乱的美，但在网页界面设计中，必须让浏览者快速浏览有用的信息，所以，网页的界面编排都必须整齐，富有秩序感。越明确，越通俗的设计，越可以满足大众的口味。一切分散浏览者注意力的图形、线条、可有可无的“装饰”都应摒弃，使参与形式构成的诸元素均与传播的内容直接相关。

网页的界面按内容划分，包括网站 Logo、导航条、Banner、内容栏和版末 5 个部分。

（1）网站 Logo。

网站 Logo 是整个网站对外的标志，通常包括特定的图形和文本，Logo 一般和开发网站的企业紧密相连，体现其文化、精神和价值观等。

（2）导航条。

导航条是索引网站内容，帮助用户快速访问网站、查找内容的工具。一个网站可以有多个导航条，或用多级导航条以显示更多的导航内容。

（3）Banner。

Banner 的中文意思是网幅，是一种可以由文本、图像和动画相结合而成的网页栏目，一般放置在网页的上部分，大小比较自由，主要放置网站的广告信息，包括网站本身的产品信息和其他企业合作的广告信息。

（4）内容栏。

内容栏是网页内容的主体，包含网站提供的所有内容和信息，可以由一个或多个子栏构成。在设计上，内容栏可以是文本、图像，也可以是图文结合的形式。

（5）版末。

版末是放置制作者或者公司信息的地方。

一个好的网页设计作品就必然有一个好的网页布局，那么，在网页设计过程中有哪些布局类型呢？网页布局大致可分为“国”字框架、T 形结构、对称对比布局结构、封面框架结构等，下面分别论述。

（1）“国”字框架。

“国”字框架也称为同型布局，是一些大型网站喜欢使用的布局类型。最上面是网站的标题以及横幅广告条，接下来是网站的主要内容，左右分列一些小条内容，中间是主要部分，与左右一起罗列，最下方是网站的一些基本信息、联系方式、版权声明等。这种布局通常用于主页的设计，其主要优点是页面容纳内容多，信息量大。

（2）T 形结构。

所谓 T 形结构，就是指页面顶部为横条网站标志+广告条，下方左面为主菜单，右面显示内容的布局，整体效果类似英文字母 T，所以称之为 T 形布局。这是网页设计中用得最广泛的一种布局方式。这种布局的优点是页面结构清晰，主次分明，是初学者最容易上手的布局方法。缺点是规矩呆板，如果不注意细节色彩，版面便会过于平淡。

（3）对称对比布局结构。

对称对比布局结构，是采取左右或者上下对称的布局，或一半深色一半浅色，一般用于设计型网站。优点是视觉冲击力强，缺点是很难将两部分有机地结合起来。

（4）封面框架结构。

封面框架结构就是指页面布局像一张宣传海报，以一张精美图片作为页面的设计重心。常用于时尚类站点。优点是画面美观，缺点是浏览速度慢。

6.3.2　网站首页界面设计

6.3.2.1　案例效果

本案例是设计一个汽车网站首页的界面，效果如图 6-21 所示。

图 6-21　效果图

6.3.2.2　案例分析

本案例的背景是一个广阔的荒漠，以灰冷色调为主，突出汽车。本案例的难点在于如何利用图层蒙版和色彩调整合成富有层次感的荒漠背景，导航条的设计以简洁为主。

6.3.2.3　案例实现

01　制作地面。新建一个文件，大小为 1330×700 像素，分辨率为 72 像素。把素材“沙漠 1”拖入文件中，改名为“地面”，移动到画面左下角，按【Ctrl+J】组合键，复制“地面副本”把“地面副本”移动到画面右下角，两个图层中间部分重叠，为“地面副本”创建图层蒙版，用黑色画笔把不需要的地方擦除。效果如图 6-22 所示。

图 6-22　制作地面

02 制作天空。把图片“天空 1”拖入文件中，放在左上角。按【Ctrl+J】组合键复制“天空 1 副本”，放在右上角。两个图层之间有重叠，为两个图层都添加图层蒙版，用黑色画笔把不需要的地方擦除，效果如图 6-23 所示。为了不让复制的天空两边太对称而显得不自然，把“天空 2”拖入文件中，放在画面天空的中间部分，为“天空 2”添加图层蒙版，擦除不需要的部分，效果如图 6-24 所示。

图 6-23　制作天空

图 6-24　添加天空的细节

03 更改天空的颜色。“天空 2”的颜色和“天空 1”的颜色有差异，所以创建“色相/饱和度”“可选颜色”两个调整图层，参数如图 6-25 和图 6-26 所示。按住【Ctrl】键，在“天空 2”和两个调整图层之间单击，让两个调整图层只作用于“天空 2”，效果如图 6-27 所示。

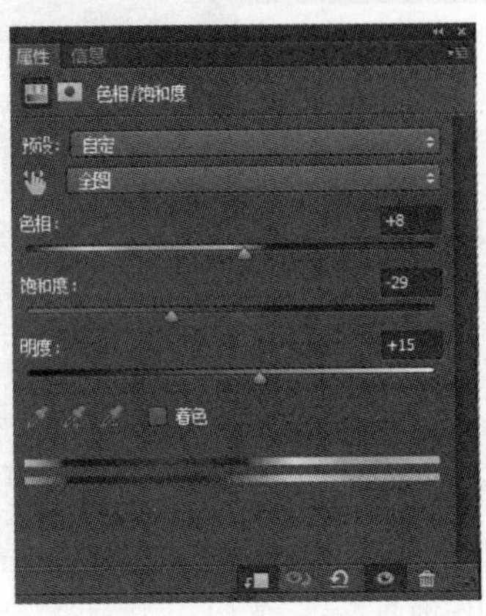

图 6-25　“色相/饱和度”参数

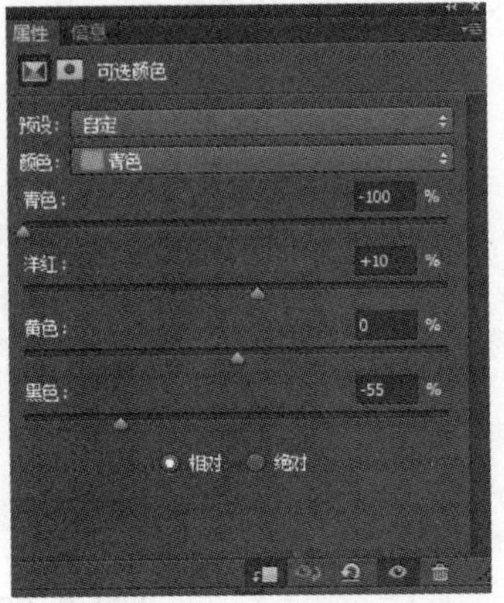

图 6-26　“可选颜色”参数

图 6-27　统一天空的颜色

04 前景增添细节。把素材“沙漠 2”“沙漠 3”拖入文件中，放到画面的下边，为地面增添细节。分别为它们添加图层蒙版，把不需要的地方擦除，效果如图 6-28 所示。

图 6-28　添加前景细节

05 添加群山。把素材“沙漠 4”拖入文件中，放在沙漠与天空的分界线上，靠左侧，复制“沙漠 4 副本”，靠右侧，为两个图层添加图层蒙版，擦除不需要的部分。群山的颜色和前面沙漠的颜色不一致，先把“沙漠 4”和“沙漠 4 副本”合并成“沙漠 4”，为“沙漠 4 副本”添加“色相/饱和度”、“可选颜色”调整图层，让它的颜色和地面的颜色保持一致，效果如图 6-29 所示。

图 6-29　添加群山

06 更改图片的整体色调。为图片添加“色相/饱和度”“亮度/对比度”“照片滤镜”调整图层，降低图像的饱和度，增强对比度，并添加蓝色的照片滤镜，使画面呈现冷色，以凸显荒凉的感觉，效果如图 6-30 所示，调整图层的参数分别如图 6-31～图 6-33 所示。

图 6-30　降低图像饱和度

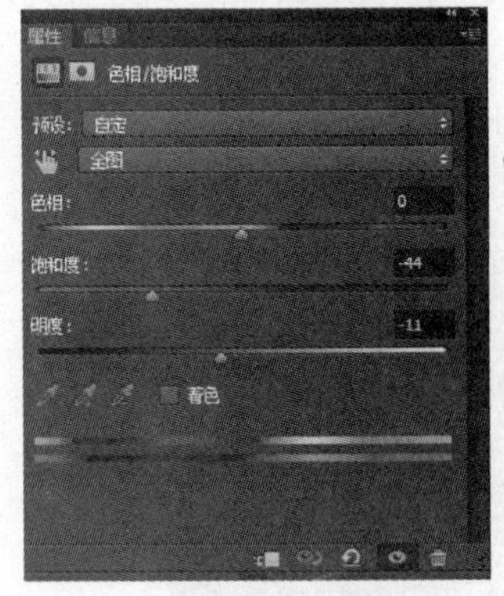

图 6-31　“色相/饱和度”参数

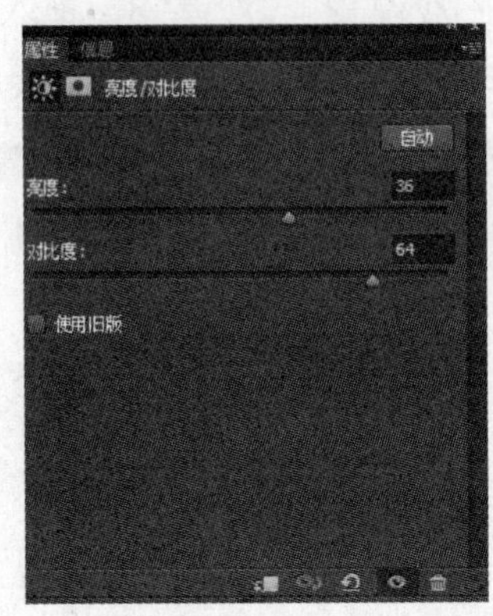

图 6-32　“亮度/对比度”参数

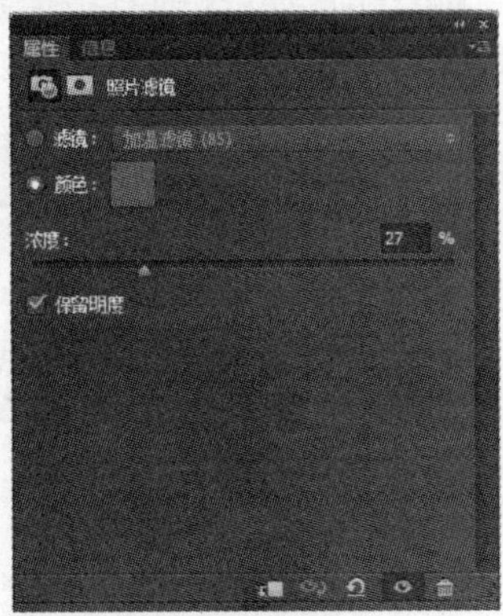

图 6-33　“照片滤镜”参数

07　添加汽车。把素材“沙漠 5 拖入文件中，放置在前景的沙漠中，再给前景增添细节，按【Ctrl+J】组合键复制“沙漠 5 副本”，为两个图层添加图层蒙版，擦除多余部分。添加 Logo、导航条、广告语等文字信息。最终效果图如 6-34 所示。

图 6-34　最终效果

优秀畅销书　精品推荐

多媒体技术及应用（第 4 版）

书号：ISBN　978-7-111-48213-0

作者：鲁家皓　定价：35.00 元（含 1CD）

获奖情况："十二五"职业教育国家规划教材
普通高等教育精品教材

推荐简言：本书前 3 版共计印刷 20 余次，印数 8 万余册。本次为最新改版，采用企业真实项目编写，以案例群覆盖知识面，以项目体系构建教学布局。为了配合项目的深入学习，更是采用知识点来支撑项目，突出了"学中教，做中学"的职业教育特色。本书配有光盘，内含丰富的素材和电子课件。

Flash CS5 动画设计实例教程（第 2 版）

书号：ISBN　978-7-111-49490-4

作者：邹利华　定价：43.80 元（含 1CD）

获奖情况："十二五"职业教育国家规划教材

推荐简言：本书采用项目化的形式组织教学内容，和企业共同开发实际工作中的典型项目，将工作中常用的理论知识、技能融合到项目任务中，注重对学生动手能力的培养。本书由 7 个大项目组成，7 个项目又由 20 个任务组成。随书光盘中含素材和效果。

数字影视后期合成项目教程（第 2 版）

书号：ISBN　978-7-111-47042-7

作者：尹敬齐　定价：43.00 元（含 1CD）

获奖情况："十二五"职业教育国家规划教材

推荐简言：本书采用 After Effect CS4 版本，在每一个项目的实施中都基于工作过程构建教学过程，以真实的项目为载体，以软件为工具，根据项目的需求学习软件应用，即将软件的学习和制作流程与规范的学习融到项目实现中。本书多媒体教学光盘包含案例素材及效果。

CorelDraw X4 平面设计教程

书号：ISBN　978-7-111-43577-8

作者：邹利华　定价：42.00 元

获奖情况："十二五"职业教育国家规划教材

推荐简言：本书将实际教学中的"项目教学法"融入到编写中，共由 14 个项目构成，内容分为两部分，第 1 部分以 6 个项目案例的形式介绍了 CorelDRAW 的基本操作，第 2 部分以 8 个综合项目的形式介绍了 CorelDRAW 在各个领域中的应用。本书免费提供素材和电子课件。

Premiere Pro CS5 影视制作项目教程（第 2 版）

书号：ISBN 978-7-111-39310-8

作者：尹敬齐　定价：42.00 元（含 1CD）

推荐简言：本书在每一个项目的实施中都基于工作过程构建教学过程，以真实的项目为载体，以软件为工具，根据项目的需求学习软件应用，即将软件的学习和制作流程与规范的学习融到项目实现中。本书多媒体教学光盘包含案例素材及效果。

3ds max 三维动画制作实例教程

书号：ISBN　978-7-111-33484-2

作者：许朝侠　定价：28.00 元

推荐简言：本书是一本以实例为引导介绍 3ds max 三维动画制作应用的教程，采用实例教学，实例由作者精心挑选，并提供具有针对性的拓展训练上机实训项目。本书免费提供电子教案。